劉惠丞、禾七 編者

職場小人研究室

喧囂的職場，
你更需要看懂同事的小心思

主管愛找事、同事愛搶功、下屬愛裝死……

對同事仁慈就是對自己殘忍！

拿手托腮成癖的人，其實在掩飾自己的弱點？

邊注視邊行禮的人，懷有想占盡優勢的欲望？

看人識人╳用人管人，生活中不可不知的交際學

目錄

目錄

第四章　研究小人的個性，躲避暗箭中傷

目錄

第五章　明察秋毫，辦公室中生存有道

第六章　管理者要有識人、用人之術

目錄

前言

前言

每個人都有不同的性格，這些性格，有些是與生俱來的，有些是後天逐漸養成的。性格，所稱脾氣、秉性，是我們做人做事、說話看人的習慣。江山易改，本性難移。性格一旦形成，很難改變。

在現實生活中，我們的許多行為和思想，都受到性格的影響和制約，這些性格有好有壞，我們的思想和行為從而有好有壞，直接決定和影響著我們為人處世的方法和做人做事的結果。

同樣，我們每天要和不同的人打交道、與不同性格的人交往，也許是與同事一起工作，最終成為朋友或對手……

性格對我們的日常生活的影響無處不在，可以說性格決定命運，如何看透對方的性格特點、與不同性格的人交往，成為一門非常重要和實用的學問。

人的心理是最難掌握的，人的性格也是複雜多變的，要想在複雜的人際關係和激烈的社會競爭中站穩腳跟，就必須具備一雙識人的慧眼，看透人們的心理，識破人們的性格特徵，這樣，必然能夠瀟灑應對，在競爭中始終立於不敗之地。

本書，正是對生活和工作中，涉及看人識人、用人管人、說話做事、交際往來等不可避免的社交學問。書中，你可以了解到如何看透人們的性格特

點，透過小的細節知人心，結交真朋友，防備偽君子，員工如何應對職場上各種性格的人，領導者如何管理好不同性格的下屬，如何避免識人失誤等知識，是一本讓你全面的利用性格科學為人處世，成就自己的心理勵志讀物。

本書在編寫過程中，得到了一些專業人士的指導，我們在這裡表示衷心的感謝。此外，書中如有不當之處，也歡迎讀者朋友批評指正。

第一章

性格決定人品——
　看人先要看性格

好性格充實人生

性格是一個人穩定個性的心理特徵，表現在對現實的態度和相對的行為方式上。從好的方面講，人對現實的態度包括熱愛生活、對榮譽的追求、對友誼和愛情的忠誠、對他人的禮讓關懷和幫助、對邪惡的仇恨等等；人對現實的行為方式比如舉止端莊、態度溫和、情感豪放、談吐幽默等。人們對現實的態度和行為模式的結合就構成了一個人區別於他人的獨特性格。在性格這個問題上，人的性格不僅表現在做什麼，而且表現在怎麼做。做什麼說明一個人在追求什麼，拒絕什麼，反映了人對現實的態度，怎麼做說明人是怎麼追求的，反映了人對現實的行為方式。

如果一個人沒有自己的愛好和追求，沒有自己的完整性格，沒有自己獨立的世界，也就是沒有自己特殊的觀察世界、理解世界和對待世界的方法，沒有自己所憧憬、所幻想的世界，那他怎麼會不感到空虛、單調、欠缺和失落呢？

不知從什麼時候開始，在人們的心中形成了一種印象：似乎文學家、藝術家總帶幾分瘋狂；科學家、發明家總有幾分古怪。諸如盧梭喜愛光著腳站在烈日下曝晒，愛迪生把手錶當雞蛋蒸煮……更有甚者，甚至認為沒有這麼幾分瘋狂和古怪，就是缺乏「天才氣質」，言下之意，就成不了科學家、文藝家。以上所說的那些科學家、文藝家的失態行為，也許都是真實的。這並不奇怪，誰一生中沒有過幾次事後想來不免啞然失笑的行為呢？問題是，有些喜歡獵奇的傳記家和記者，有意無意的把那些一時的失態渲染成創造活動的必然因素了，似乎離開了它們，科學創造就無法進行了。

據說美國在一九五○年代的某項民意測驗中，有百分之四十的人認為科學家是一群怪裡怪氣的人。這實在是一種可怕的誤解。

事實與人們的偏見正好相反，絕大多數科學家、文學家、藝術家、思想家不但性格是正常的，而且是更為豐富、更為積極，更富有力量的。

愛因斯坦工作起來那種專注的態度和無比深刻的思維，簡直令人難以置信。但他卻不是一個不諳世故的書呆子。他對生物學和哲學都有濃厚的興趣；他喜愛文學，莎士比亞、托爾斯泰、杜斯妥也夫斯基、席勒、蕭伯納的作品，都活躍在他的心中。他對音樂的熱愛更是有名的，他的音樂造詣之高，連有的專業音樂家也自嘆不如。對於愛因斯坦，文學藝術絕不僅僅是娛樂和消遣。他對藝術的執著追求，恰如他獻身於物理學一樣，乃是出於精神生命的需要，乃是他性格的組成部分。他在《我的世界觀》中曾經告訴人們：「照亮我的道路，並不斷給我新的勇氣去愉快的正視生活的理想，是善、美、真。……要不是全神貫注於那個在藝術和科學研究領域永遠也達不到的對象，那麼，人生在我看來就是空虛的。」

社交是人的基本需求之一。在交往過程中，我們可以增加對社會的了解和認識，加深對自己的了解，增加知識的財富，可以與別人結成深厚的友誼，分享感情。因此誰都希望自己在交往活動中如魚得水，深受別人的歡迎和尊敬。但遺憾的是，並不是所有的人都能實現這一希望的。有些人就常常得不到別人的接納和歡迎，甚至遭到同伴的疏遠、嫌棄，獨自品嘗著受冷落的滋味。心理學上把那種受到別人喜愛的人稱為「好人緣」，把受人冷落的人稱為「沒人緣」。

據調查，「好人緣」具有如下性格特徵：

- 對待團體方面：樂於為團體做事，有團體榮譽感；
- 對待他人方面：誠實，坦率，直爽，剛正，耿直，平易，溫和，友善，慷慨，熱情，豪爽，仗義，謙虛，真摯，純樸，體貼人，同情人，幫助人，尊重人，表裡如一，與人為善；

- 對待自己方面：舉止大方，富有朝氣；
- 對待課業、工作、生活方面：勤勞，儉樸，勤奮刻苦，有鑽研精神；
- 情緒方面：穩重，開朗，活潑，風趣幽默；
- 意志方面：做事果斷，有恆心，有毅力；
- 認知方面：聰明機靈，有才華，善於辭令，知識廣博，成績優異。
- 「沒人緣」具有如下性格特徵：
- 工作作風方面：工作死板，官架子十足，愛打小報告，工作不負責任；
- 對自己的態度方面：自視清高，自命不凡，高傲；
- 個人生活作風方面：不愛衛生，舉止輕浮，作風散漫，粗心大意，不拘小節，任性，亂用別人東西；
- 言談舉止方面：愛罵人，愛說風涼話、大話，嘴不饒人，亂開玩笑，說話不顧場合，好耍貧嘴，經常背後議論別人，裝腔作勢，舉止粗魯。
- 氣質方面：脾氣暴躁，反應遲鈍；
- 個人品格方面：自私，尖酸，虛偽，嫉妒，俗氣，懶惰，不正直，愛猜疑，好表現，欺軟怕硬；
- 課業方面：不愛讀書，不求上進，還妨礙別人讀書；
- 對異性的態度方面：和異性說起話來沒完沒了，在異性面前好出風頭。

可見，造成「好人緣」和「沒人緣」區別的主要原因在於性格特徵之不同。好性格才能營造好人緣，有了好人緣，人活在社會上才會感到快樂、充實和富有價值。

人人都有不同的性格特徵

鮮明的性格往往能讓一個人標新立異、與眾不同，這樣的人多會容易引起別人的注意，從而獲得相對較多的機會。

鮮明性是性格特徵的基本「色調」，展現了一個人我之為我的獨特風格。我們理解一個人的思想感情，判定一個人的態度和工作方法，在基本上就是根據一個人的獨特性格做出的。

每個人從不同的環境和不同的經歷中成長起來，在性格上肯定存在著與眾不同的特點，不可能與其他人完全重複。即便世上每個人長得模樣完全一致，但在性格上也會各有千秋，也能區分出你是你，我是我和他是他的不同特徵。所以，鮮明性是性格特徵的基本「色調」，那種抱著「從眾心態」的「好好先生」就沒有什麼鮮明的性格，這種人也就很難有獨特的成就和創造精神，很難與人結成牢不可破的友誼。在文學家的筆下，所謂栩栩如生、呼之欲出的人物，正是那些性格鮮明的人物。而越是沒有自己的獨特性格的形象，越是千篇一律的形象，就越是不能給讀者留下印象。

形成鮮明性格的一個重要條件就是原則性。堅持原則才可能顯示自己的獨立見解、獨立觀察方式和思考方式，顯示自己的思想境界和意志特質，並且在活動中顯示自己獨特的情感表現方式和行為方式。不堅持原則，這一切也就都黯然消失了。

當然，強調性格的鮮明性絕不是鼓勵故作姿態，更不是不尊重別人的感情和利益任意逞能。鮮明性是自然發展的結果。各人的生理狀況不一樣、先天休養不一樣、家庭環境不一樣、所受的教育不一樣、個人的成長經歷等等都不一樣，我們只要不扭曲和壓抑自己的性格，就可以顯示出自己的性格特點。同時，性格的鮮明性也展現在克服自己性格的弱點上，只是各人性格的

弱點不一樣，克服的方式不一樣罷了。

好性格，好命運

　　智商的高低並不是一個人取得成就大小和主導命運的主要原因。那麼主要原因是什麼呢？特曼等人的研究令人信服的證明，主要的原因是性格。

　　美國心理學家特曼在一九二〇年代，曾經測試出一千五百二十八名智商在一百四十以上的智力天才兒童（在心理學上，智商一百為正常，一百二十為聰明，一百四十以上為天才）。根據一般猜想，他們在未來的生活中應該取得比較好的成就。結果如何呢？特曼等人進行了長達四十年的追蹤研究。到一九六〇年代，這一千五百多名當初的「神童」，並不像人們想像的那樣樂觀。他們之中，確實有百分之二十的人取得了令人矚目的成就，但百分之六十的人卻成績平平，更有百分之二十的人到了中等人以下。那就是說，智力的高低並不是一個人取得成績大小和主導命運的主要原因。

　　臥薪嘗膽的故事想必大家都是很熟悉的。越王勾踐為了雪洗被吳國戰敗的恥辱，睡柴草、嘗苦膽，十年如一日。他這種刻苦自勵，發憤圖強的精神，終於使他重振雄威。

　　負荊請罪的故事想必大家也是很熟悉的。趙國賢相藺相如，面對武將廉頗的多次公開汙辱，「隱車避匿」，「稱病不朝」。他這種克制忍讓、顧全大局的品格，贏得了廉頗的敬佩，二人遂結為刎頸之交，也使趙國威名大震。

　　空城計的故事更是家喻戶曉的了。諸葛亮面對司馬懿的大兵壓境，「披鶴氅，戴綸巾，引二小童攜琴一張，於城上敵樓前憑欄而坐，焚香操琴」。這種臨危不懼、鎮定自若的性格，令敵退避三舍。

　　相反的例子也數不勝數。項羽的剛愎自用、感情用事導致他烏江自刎；

趙括脫離實際紙上談兵，結果使四十萬趙兵遭到活埋。

性格與政治事業關係如此密切，而與科學事業又何嘗不是如此呢？一個人的成才願望，一個人在科學上做一番事業的雄心，沒有良好的性格是難以實現的。一位哲人總結了人類千百年的歷史：「在科學的入口處，正像在地獄的入口處一樣，必須提出這樣的要求：『這裡必須根絕一切猶豫，這裡任何怯懦都無濟於事。』」這就明白的告訴我們，「猶豫」和「怯懦」這兩種性格是與科學無緣的。

對於學生來說，在成才和取得事業成功的道路上，第一個障礙就是看不到希望的曙光，似乎成才的路徑從來沒有為自己開放過。可是，又有哪一位人才的成功道路不是靠自己走出來的呢？歷史上許多傑出的人才在學生時代往往是不起眼的。甚至遭到別人歧視。愛迪生在讀小學時就因學業成績不好被老師揪住耳朵拖出教室，開除了學籍；達爾文幼時是個平庸的孩子，學業成績跟他的妹妹比起來，遠遠的落在後面。愛因斯坦的情況就更為典型。他覺得自己「記憶力差，特別是苦於記單字和課文」。他沒有優秀學生特有的敏悟，但他對所有的課程都願意集中精力，有條有理的記好筆記，並且循規蹈矩的複習筆記。有一次他父親問校長，這孩子長大適合選擇什麼職業，回答是令人沮喪的：做什麼都一樣，反正他絕不會有什麼成就。愛因斯坦考過瑞士蘇黎世理工學院，第一次名落孫山。第二次再考，勉強錄取。最後畢業時，其他同學都留校當助教，唯獨他未被留校。有趣的是，這個成績平平甚至在學業上被判了「死刑」的人，日後在科學上卻做出了跨時代的貢獻。這其中的奧妙在哪裡？就隱藏在他們的性格之中。這三個人在很小的時候就顯示出了一些共同的性格特徵：對新鮮事物充滿好奇心，喜歡追根究柢、自己鑽研問題等等。

為人處世要掌握看人的學問

俗話說「知人知面不知心」，在這個紛繁複雜的世界裡，出於人性的本能，人往往會選擇掩飾、隱藏自己，因此展露人前的多為假象，人永遠是最危險的動物，因此想要在這個世界立足，知人識人顯得尤為重要。

看人是一門很高深的學問，據說有的人從走路方式和表情，即可判定一個人的性情。

如果你也有這種功夫，那麼就不怕碰上心術不正的「壞人」了，不過那看人的功夫不是誰都能學得到的，也不是二兩天就能學得到的、而且，你還不一定會有耐心去學。可是我們每天都要和許多不同性情的人共事、交往、合作，對「看人」沒有一點能力還真是不行的。

不過你若無研究。千萬別把書上看來的那一套面相學搬到現實生活使用，因為這會使你看錯人，把好人看成壞人，或是把壞人看成好人。把好人看成壞人對自己：來說沒有太大關係，但若是把壞人看成好人，那對自己的傷害可就太大了。

那麼我們要如何來看人呢？

有位專家和我談到這個問題時，向我提出這樣的建議：用「時間」來看人。

所謂用「時間」來看人，就是指透過長期觀察，而不是在見面之初就對一個人的奸壞下結論，因為太快下結論，會因你個人的好惡而發生偏差，從而影響你與人的交往。另外，人為了生存和利益，大部分都會戴著假面具，你所見到的是戴著假面具的「他」。而並不是真正的「他」。這是一種有意識的行為，這些假面具有可能只為你而戴，而扮演的，不是你喜歡的角色，如果你據此判斷一個人的好壞，並進行決定和他交往的程度，那就有可能吃虧

上當或氣個半死。用「時間」來看人、就是在初次見面後，不管你和他是「一見如故」還是「話不投機」，都要保留一些空間，而且不摻雜主觀好惡的感情因素。然後冷靜的觀察對方的行為。

一般來說，人再怎麼隱藏本性，終究要露出真面目的，因為戴面具是有意識的行為，時間久了自己也會覺得累，於是在不知不覺中會將假面具拿下來，就像前臺演員一樣，一到後臺便把面具拿下來。假面具一拿下來，真性情就顯露了，可是他絕對不會想到你會在一旁觀察他。

用「時間」來看人，你的同事、夥伴、朋友，一個個都會「現出原形」。你不必去揭下他的假面具，他自己自然會揭下來向你呈現真面目，展現真實自我的。

所謂「路遙知馬力，日久見人心」，用「時間」來看人，對方真是無所遁逃。

用「時間」特別容易看出以下幾種人：

1 不誠懇的人：因為他不誠懇，所以對人、對事會先熱後冷，先密後疏，用「時間」來看，可以看出這種變化。

2 說謊的人：這種人常常要用更大的謊言來圓前面所說的謊話，而謊話一說多說久了，就會露出前後矛盾的破綻，而「時間」正是檢驗這些謊言的利器。

3 言行不一的人：這種人說的和做的是兩回事，但透過「時間」，便可發現他的言行不一。

事實上，用「時間」可以看出任何類型的人，包括小人和君子，因為這是讓對方不自覺的「檢驗師」，最為有效。

至於多久的時間才能看出一個人的真性情真本質，如果是許多年，這似乎是長了些，但如果說就需一個月又短了些。那麼到底多長的時間才算「標

準」？這並不能做出規定，完全因情況而異，也就是說，有人可能第二天就被你識破，而有人二三年了卻還「雲深不知處」，讓你摸不清楚。因此與人交往，千萬別一頭熱，先要後退幾步，並給自己一些時間來觀察，這是最起碼的保護自己的方法。

有些人應儘早斷絕往來

斷絕與朋友的交往是一件十分痛苦的事情，但又是一件不得不做的事，對於一個聰明者而言，快刀決斷往往能收奇效，而對於某些人來說，藕斷絲連只能深受其害，正所謂「當斷不斷必遭其亂」。當你透過交往，對這一實際情況有一個清晰的掌握之後，就應該長痛不如短痛，收起你的菩薩心腸，在友情的大道上來一個急剎車。心理學家認為，應盡量斷絕與下列朋友的往來，珍惜你的時間、精力和金錢，去做你應該做和你想做的更重要的事情。

靠不住的朋友應斷交

交朋友時應注意兩廂情願，不要強求。朋友的類型有多種，但友情是互相的，即你的付出應有相對的回報，朋友之間應互愛互重，互諒互信。

有些朋友在短期內似乎與你關係不錯，但時間一長便發現他靠不住，在這種情況下應當機立斷，與之斷交。

志不同道不合即分手

真正的朋友，需有共同的理想和抱負，共同的奮鬥目標，這是兩人結交的基礎，如果兩人在這些方面相差極大，志不同道不合，是很難有相同話題的，人的興趣也必然不同，這樣兩人在交往時只能互相容忍，無法互相欣賞，因此容易造成分手。

俗友不深交

朋友之間的談話多多涉及興趣、愛好、志向及對某一事的看法。如果朋友只跟你談物質利益，談錢，則可將之歸於「俗友」之列。「俗友」對你雖無大害，但長期交往下去。一則浪費你的時間，二則難免使你變「俗」，因此不宜深交。況且這種「俗友」一般很現實，當你處於危難之時他不會對你伸出援救之手支持你、幫助你，對這種朋友，僅做一般應付即可。

悖人情者不應交

親情、愛情都是人之常情，如果一個人的行為顯示出他在人之常情中處事的態度十分惡劣，那麼這種人是不能交往的。這種人往往極端自私，為達目的不擇手段，並慣於過河拆橋、落井下石，因此這種人不可交。

勢利小人不屑交

如果某人是非常勢利、見利忘義的那種小人，這種人不合適作為朋友出現在生活中。

例如有個企業，A當總經理時，一位高層職員經常到A家裡坐，對A奉承一番，外帶一批上好禮物；而當A下臺，B當上總經理時，這位高級職員馬上到B家裡送禮，並數落A的不是，將B捧為最英明的主管。在這種情況下，B主管聽了群眾的反映，果斷的將這位高級職員冷落在一旁。

勢利小人的一個通病是：在你得勢時，他錦上添花；當你失勢時，他落井下石。他不懂得什麼是真誠，他只知道什麼是權勢。因此，這種人不能交往。

酒肉朋友不可交

酒肉朋友當你能給他實惠，他們看上去與你的感情很好，但當你真正需

要他們幫助時，他們會一點表示都沒有。

例如：有一位老師，和辦公室的幾位老師非常要好，經常一起喝酒。當他們酒後針砭學校的不是時，每個人都發了許多牢騷，而後來他們發的牢騷被校長得知，要處分這位老師時，其他幾位同事竟沒有一個仗義執言，令這位老師十分傷心。

由上面這個例子可以看出，酒肉朋友靠不住。

兩面三刀不能交

有的人慣於表面一套，背後一套，對這樣的人應該小心對待，更別說跟他交朋友了。

《紅樓夢》裡的王熙鳳，被人稱為「明裡一盆火，暗裡一把刀」。表面上對尤二姐客套親切，背地裡卻置之於死地，與這樣的人交往時，應多注意他周圍的人對他的反映，與這樣的人在短期交往中很難發現這種性格特徵，但接觸時間長了便會清楚明白了。

這種兩面派是千萬不能結交為朋友的，不然他會令你大吃苦頭。

如何洞察他人的性格

性格決定命運，抓住別人的性格，也就做到了知己知彼，甚至在某種程度上可以說是抓住了別人的命運。

做事的學問非常深。試問，你不會做事，怎麼可能成事？當然，做事首先要洞察你面前的人的性格。

對一些特殊人物，比如十分聰穎的人或十分虛偽高傲的人，要想能操縱他、制服他，首先必須深明他的特點，以此找到突破口。

勃倫狄斯曾向我們講過芝加哥鉅賈費爾特測驗他的情形：

　　為了找到一份稱心如意的工作，年輕的勃倫狄斯向費爾特自薦。費爾特有一種習慣，就是對所有求職自薦的人都親自接待，一一面談。

　　後來勃倫狄斯驚訝的說：「我從未見過像費爾特這樣細心的人，他問出的那些細小的問題簡直令人難以置信。費爾特知道我曾在家鄉的小鎮當過騾夫，於是他連我飼養過的騾子的名字也細細過問。」

　　費爾特如此細心的去品評、洞察他人，主要是要了解他所雇傭的人的特點。正如他本人所說：「如果我不親自去品評、了解、認識他的性格、特點及能力，我將把何種事情交給他做呢？我又怎樣去借助他們為我的公司效力呢？」

　　大凡偉人或名人，都常使用許多很巧妙的方法，去測量、洞察別人的性情和能力。在此我們所要了解的是領袖人物們究竟憑藉著何種證據，以確定他對人的判斷？換句話說，他獲取於人的，究竟是些什麼？

　　不少有能力的人，常懷有一種隱祕的技術，以評品他人的性情、了解他人的特點、掌握他人的苦樂、嗜好。這種技術，在一般人看來很玄妙，其實也只是一般而已。偉人或一般的精明強幹的人，只不過對別人常常忽略的瑣碎處，都非常留心與注意罷了。而事後他們所依據的，便是人們性情中表現出的這人過去做什麼，現在做什麼，將來會做什麼。以便做出相對的對策，制勝於他人。

　　總而言之，他們要把他人在一定環境之下的行為細心的觀察出來。這種對細微之處的特別留神，用心之苦，用力之勤，是一般常人難以做到或者不願去做的。

　　當我們觀察一個人時，應當留心：他全神貫注的是什麼？他常常忽略的是什麼？他喜怒憂愁的是什麼？什麼事情能使他震驚？他驕縱或發脾氣又是為了什麼？倘若我們能將他人上述的這些特點覺察出來，那麼我們就能了

解、掌握或操縱這個人，明瞭在某種環境之下，這個人估計會出現怎樣的感覺和行動。

比如說，某人有了困難，他害怕嗎？他會戰勝它嗎？他想把責任推到別人身上嗎？他的名譽觀念會讓他勇於承擔責任並想盡辦法來保護與此事有關的旁人嗎？所以，這人究竟如何去做，我們一下子是很難斷定的。但是，如果我們事先對此人就有所觀察和了解，那麼至少可以在他以往的情形之下，根據他所經歷的或者做過的那些事情中尋找線索，找出他有可能的對此類問題的反應。

一般的人都有某種程度上的相似之處，他的動作、表情以及情感已形成某種特殊場合下的固定習慣，這些習慣還可能是控制他的為人的條件。這些習慣可以說是一個人的特性，而這種特性常常包含在他的動作、姿勢、變化的臉部表情以及語言與聲調裡。有的時候人們雖然有明顯的動作，但他們常在不知不覺中把真正的情感流露出來。

我們曾見到了一個人，每當他惱怒動氣時，總是張口打呵欠，或者假裝打呵欠，而旁人一見他這個樣子便大笑或微笑起來，因為人家早已知道他在惱怒動氣了。還有些人，每逢煩悶或不順心時，總喜歡將手放在衣袋裡，旁人一見此情景，便知道了他此刻的心境，也避免與他作更多的談話，以免他煩中生煩。

還有些聰明的人，常常將他的天性和情感藏而不露，可是有時候當他們自己還未意識到的時候，早已被細心的觀察者看得一清二楚了。人們也從中找到了突破口。

生活中的常見小人要謹防

「君子坦蕩蕩，小人長戚戚」、「小人者，近則遜，遠則怨」、「君子之交淡如水，小人之交甜如蜜」，自古以來，對小人的描述各式各樣，在各種小說版本中也有各色小人，現實生活中又有那些類型的小人呢？

深不可測型

這種小人擺出一副高深莫測的樣子，對人愛理不理，若即若離，使人難以揣摩到他保持沉默的真實意圖。按照西方心理學理論，這其實是一種權力的展示，玩這個遊戲的人，是顯示他能夠操縱別人的情緒。

對付這種小人不要被他的沉默嚇怕，不要讓自己處於被動的地位，要採取主動出擊的辦法。要敢於凝視對方的眼睛，很少有人能被別人凝視著而不會感到不安並能繼續保持沉默的。在凝視時，不要隨便說話，因為一開口就會將這種凝聚的拉力破壞，會減輕對方不安情緒。

暗箭傷人型

這種小人喜歡躲在笑容後面攻擊人，從不肯正面向人挑戰，要麼是在背後誹謗人，要麼半開玩笑似的攻擊人，要麼就是指桑罵槐。你若做公開的反擊顯得小氣，不與之計較又讓人認為你膽怯。

對付這種人首先要將他的暗箭明朗化。如果他說一句陰陽怪氣、明褒暗貶的話，就可嚴肅的責問他「這是什麼意思」，而且要爭取旁觀者的支持，讓這種小人沒有容身之地。

歇斯底里型

這種小人極具侵略性，不管自己有理無理，總是喜歡攻擊人，而且情緒

27

易極端化，包括情緒混亂、極度憤怒、號啕大哭、摔東西等。怒不可遏時，還會說一些不堪入耳的粗話。

對付這種小人要用太極推手的方法，首先要鎮定自若，不要被氣勢洶洶的來勢唬住，將其攻擊來的力量化解之後，再趁機反擊。也就是等對方歇斯底里發作之後，再理直氣壯的指出其錯誤。如果與對方硬碰硬，會使雙方都下不了臺。

裝瘋賣傻型

這種人看上去是老好人，非常友善，唯唯諾諾，害怕別人對他有惡意，對任何人的立場和言論都表示贊同。但到了真正的利益衝突時，這種人會毫不猶豫的背著你推翻一切從前對你的贊同和支持，讓你處於十分被動的地步。

對付這種小人的辦法是要讓其與你坦誠相處，同時要多了解他的背景資料，如家庭、愛好、價值觀等，讓他為你的真誠而感動，擔心失去與你的友誼而不敢背叛你。

恃才傲物型

這種人對工作狂熱，也很有能力，但在工作中不肯聽從任何人的意見，認為天下英才非我莫屬。有了成績則居功自傲，犯了錯誤卻推得一乾二淨，賴到別人頭上。這種人我行我素，藐視他人的存在，很難有人願意與之合作，在團體中容易影響士氣。

對付這種人要有備而戰，要讓他覺得天外有天，人外有人，要讓他覺得你的智商、學識、能力都比他強，讓其心服口服。無話可說。但對於他的長處和正確的見解，要充分認可和支持，不要損傷其自尊心。

煽風點火型

這種小人並非用明顯的手法來破壞工作或挑撥離間，而是用個人處事的態度來影響別人，或者煽陰風、點鬼火，利用其陰謀詭計來破壞其他人之間的關係，使整個團體都人心惶惶、意志消沉、士氣低落。不僅自己不求上進，還想方設法讓其他人不進步。

這種小人說來倒是很聰明的，對錯誤的言論找出許多藉口來支持，從各個角度向人潑冷水，讓人不自覺的就氣餒了。對付這種人最好的辦法就是將其消除出去，不能讓一顆老鼠屎壞了一鍋湯。

由氣質與性格的關係看性格類型

氣質、性格與能力是個性心理特徵的三個重要方面，其中，氣質與性格的關係尤為密切。氣質與性格二者有著相互滲透、彼此制約的複雜關係。氣質的生理基礎根據巴夫洛夫學派觀點，就是人與高等動物中共有的高級神經活動類型；而性格則是高級神經活動類型或氣質的先天特點與神經系統在外界環境作用下，後天形成暫時的聯繫系統或動力定型的「合金」。正如巴夫洛夫曾指出的那樣：「一個人一面有著先天的特質，另一面也有著為生活情況所養成的特質，這是很顯然的。這就是說，如果說到那些先天的特質時，就是指神經系統類型而言，如果說到性格的話，那就是指那些先天的傾向⋯⋯與那些在生活期間受生活印象的影響所養成的東西之間混合物了。」

所以在性格的表現上，就不可避免的要塗上各種氣質的色彩，也就是氣質影響著性格的動力。例如：同樣是勤勞的性格特徵，多血質的人在工作中容易表現情緒飽滿、精力充沛；而黏液質的人則可能表現為踏實肯做、操作精細。同樣是勇敢的性格特徵，膽汁質的人可能表現為猛打猛衝，怒不可遏；

而黏液質的人則可能表現為沉著應戰、威武不屈。氣質對性格的影響還表現在氣質可以影響性格形成和發展的速度與穩定性。例如：對於自制力或忍耐性格的形成，憂鬱質的人比較自然和容易，而膽汁質的人往往需要經過極大的克制和艱苦努力，形成之後也很不穩定。

　　然而，由於性格更多的受社會生活條件的制約，它又是個性心理特徵的核心，性格會基本上掩蓋和改造氣質，即掩蓋和改造神經活動類型的特性。例如：從事精細操作的外科醫師所應具備的沉著的性格特徵，在形成過程中就有可能改造操此職業的膽汁質者的容易衝動和不可遏止的原有氣質特徵。

　　氣質是交往中最先展現給對方的東西，不同的氣質會明顯的影響一個人的行為方式、處世方式和情緒表況。

　　氣質是一個人典型的穩定的心理特點，包括心理過程的速度和穩定性，心理過程的強度以及心理活動的指向性。心理學把氣質分為四種類型：膽汁質、多血質、黏液質、憂鬱質。幾位文學泰斗李白、杜甫等就分別與上述氣質相對應。

　　對人的氣質類型特徵可以作如下描述：

- ·　膽汁質：直率、熱情，精力旺盛，情緒易於衝動，心境變化劇烈，具有外傾性。
- ·　多血質：活潑、好動，敏感、反應迅速，喜歡與人交往，注意力容易轉移，興趣容易變換，具有外傾性。
- ·　黏液質：安靜、穩重，反應緩慢，沉默寡言，情緒不易外露，注意穩定但難於轉移，善於忍耐，具有內傾性。
- ·　憂鬱質：孤僻，行動遲緩，精神體驗深刻，善於覺察別人不易覺察到的細小事物，具有內傾性。

　　不同的氣質會明顯的影響一個人的行為方式、處世方式和情緒表現。

比如同樣是看戲遲到而遇驗票員的阻攔，不同氣質的人的表現可以是迥然不同的。

膽汁質的人容易與驗票員發生爭執，希望立即入場，他會分辨說：「我不會影響任何人！」然後企圖推開驗票員，逕自入場。

多血質的人會立刻明白，在這種場合與驗票員爭辯是無濟於事的，他會設法繞過去。

黏液質的人看到不讓他進入場內，就會暗自思忖：「第一場一般是不太精彩的，我還是暫且到商店待一會，等到幕間休息時進去吧。」

憂鬱質的人會想：「我老是不走運，偶爾來一次戲院，就這麼倒楣！」於是喪氣的回家了。

由此我們可以看到，氣質與性格的關係也是十分密切的。事實上，它們是互相滲透、彼此制約的。

一方面，氣質使性格蒙上一層具有個性的色彩。同樣是勤勞這一性格，膽汁質的人表現在勞動中就是情緒飽滿、精力充沛；而黏液質的人則可能表現為踏實肯做，操作精細。同樣是以誠待人的性格，多血質的人可能表現為熱烈，黏液質的人則可能表現為細微的關懷。同樣是謙虛的特質，黏液質的人帶有自制的色彩，憂鬱質的人則帶有膽怯的彩色。

氣質對性格的影響還表現為，要形成某種性格，不同氣質的人所要努力的程度不同，形成的速度不同。比如小李和小錢同樣希望養成自制的特質，小李由於平時寧靜、遲緩，缺乏主動性，很少焦急不安，屬黏液質氣質，幾乎就無須花大的努力；而小錢由於活潑好動，非常願意給大家多做點事，但常常毛手毛腳，粗心大意，屬於多血質氣質，就要花艱苦的努力，而且儘管取得一定的成功，還會時常「舊病復發」。

另一方面，氣質在性格的作用下是可以改造的。具有堅強性格的人，可

以抑制他氣質中的某些消極方面，發展積極的方面。清代愛國官員林則徐有膽有識，人們都很敬佩他。但他有容易發脾氣的毛病，常因未作深入調查研究就發脾氣傷人，而導致了別人的誤解和同他人的隔閡。他發現了自己這個毛病後下決心改掉它，便在書房內高懸「制怒」二字，逐步克服了這個毛病。

　　氣質決定著性格的生理特性，性格則決定著氣質的社會特性。比如：膽汁質的人性子急，可以表現為勇敢，也可以表現為冒失；多血質的人靈活，可以表現出活潑機智，也可以表現為動搖、冷熱病的特徵；黏液質的人遲緩，這可以表現為鎮定、剛毅，也可表現為頑固、呆板；憂鬱質的人多慮，這可以表現為愛好思索，也可表現為無端猜疑。所以，同樣的氣質，可以成為積極的性格，也可成為消極的性格。可見，氣質是在社會活動中表現出來的性格特徵，並由此產生一定的社會意義。

由心態的外在表現看性格類型

　　事實上，一個人的性格是不可能機械分割的，而是一個有機的統一體。

　　從心態的外在表現上看，人的性格可以分得更概括一些，這實際上也是心理學經常採取的研究方法，即按照理智、情緒、意志在性格結構中何者占優的情況，把人的性格分為理智型、情緒型、意志型。屬於理智型的人以理智來衡量一切並支配行動。德國古典哲學家康德就是一個代表。他極其推崇理性並且按理性行事，反對人成為情緒的奴隸。他的生活極有規律，每天下午五點散步，幾十年如一日，以至於人們把他看作準確的時鐘，比教堂的鐘聲還準時。屬於情緒型的人，情緒體驗深刻，舉止受情緒左右，這在文學家、藝術家中最為多見，有些人為了滿足情緒的願望，不惜貽笑大方，他們認為，一個人不應該過多壓抑自己的情緒。屬於意志型的人具有較明確的目

標，行為主動。法國前總統戴高樂可以說是意志型的典型。他把意志看做是權力的象徵，他的一舉一動，甚至一顰一笑，都是有意安排和做出的，很少有下意識的舉動，更不可能看到他隨隨便便的親熱樣子，他認為那有損總統的尊嚴。

所謂理智型、情緒型、意志型是相對而論的，只不過是說某種特性更明顯就是了。一個人不可能只有理智，沒有情緒和意志；或者只有情緒、意志而沒有理智。否則這個人不是雄辯癖、自大狂，就是冷血動物。

瑞士一位心理學家感到這種分法，未必能夠很好的解釋現實生活中人們性格與心理狀態關係。於是他把人的性格機能特性分為四種類型，即敏感型、情感型、思考型和想像型。

敏感型的特徵是精神飽滿，好動不好靜，做事愛速戰速決，但行為常有盲目性。與人交往，往往會拿出全部熱情，但受挫時又容易消沉失望。這類人最多，約占總數的百分之四十，在運動員、行政人員中較多，其他各種職業中也都有。

情感型的特徵是情感豐富，喜怒哀樂溢於言表，別人很容易了解他的經歷和困難；不喜歡單調的生活，愛尋找刺激，愛感情用事；講話寫信熱情洋溢，在生活中喜歡鮮明的色彩，對新事物很有興趣。在與人交往時，容易衝動，有時會表現出反覆無常，傲慢無禮，所以與其他類型的人有時不易相處。這類人占總數的百分之二十五，在演員、運動家、護理人員中較多。

思考型的特徵是善於思考，邏輯思維發達，有較成熟的觀點，一切以事實為依據，一經做出決定，能夠持之以恆；生活、工作有規律，愛整潔，時間觀念強，重視調查研究和精確性。但這類人有時思想僵化、教條，糾纏於細節，缺乏靈活性。這類人約占總數的百分之二十五，在工程師、教師、財務人員、統計人員中較多。

想像型的特徵是想像力豐富，憧憬未來，喜歡思考問題；在生活中不太注意小節，對那些不能立即了解其觀點價值的人往往很不耐煩；有時行為刻板，不易合群，難以相處。這類人不多，大約占總數的百分之十。在科學家、發明家、研究人員和藝術家、作家中居多。

全面、準確的了解自己的性格，對於發揚其中積極的，優秀的方面，克服、改造其中消極的、不良的方面，從而使自己更快的走向成熟，有很大的作用。

事實上，一個人性格中的各種因素是不可能機械分割的，而是一個有機的統一體。但人是理性動物，能夠揚長避短，也能夠取長補短，最終達到完美性格的目的。

由能力與性格的關係看性格類型

所謂「興趣是最好的老師」，一個人不管做什麼，你首先要喜歡、熱愛這項工作，傾注自己的感情，這樣，你在這方面的能力才能得到發展。

一個人的潛在智力和能力能發揮到什麼程度，一個人的性格結構中哪些智慧因素有特別明顯的發展，也就是通常說的一個人在哪些方面表現出特別「能幹」，這就是性格與智慧的關係了。

性格和智慧的關係表現為它們的發展是相互制約的。一個人敏銳的、精確的觀察力的發展，可以形成他性格的理智特徵。所謂「一滴水見太陽的光輝」，「一葉落知天下秋」，並不是每個人都能做到的，只有獨具慧眼，具備善於見微知著的性格才能做到。性格也制約著智慧的發展。某著名相聲演員的表演每每令人捧腹大笑，而他的這一傑出才華與他從小就「迷戀」表演藝術是分不開的。他說：「小時候我酷愛文藝，每看完一場演出，最恨的就是大幕

又拉上再也不開了，於是我就不走，最後一個離開劇場。」唐代詩人白居易的《琵琶行》讀來蕩氣迴腸，心潮難平。作者的藝術功力是如何形成的呢？他自己在詩的結尾處道出了真諦：「座中泣下誰最多，江州司馬青衫溼。」藝術之舟載於深摯的情感之流，到達了爐火純青的彼岸。

除了巨大的工作熱情之外，嚴肅的工作態度和一絲不苟的工作作風也是使才智日臻完善的必要保證。托爾斯泰的每部鴻篇巨作無一不是反覆推敲的結晶，無一不凝聚著他的心血。以《復活》為例，其中關於女主角馬斯洛娃肖像的描寫，就先後改寫了二十多次，直到形神兼備呼之欲出，作者才肯甘休。

性格特徵能補償智慧的不足。俗話說「勤能補拙」，就是這個意思。發明大王愛迪生幼時家境貧寒，被學校認為是能力低下的學生。離開學校後，他做過報童，學過木工，但他利用一切時間讀書，苦學好問，做起實驗來常常通宵不眠。所以當他連續不斷的有所發明創造，蜚聲世界，被稱讚為才華超群、智慧非凡的時候，他的回答是：天才就是勤奮，天才是百分之一的靈感加上百分之九十九的汗水。有文豪說得就更形象了：「我哪裡有什麼天才，我是把別人喝咖啡的時間都用到工作上去了。」他們的智慧，是憑藉著勤奮和堅持不懈的性格而展翅騰飛的。

由體型與性格的關係看性格類型

似乎很少有人會把性格的體型同性格聯繫到一起，但是性格的形成，固然與人們對體態特徵的評價和態度密切相關，但最終還取決於自己對其自身體態特徵的看法及其能力、世界觀。他人對體態特徵所作的評價，只有透過自己的認可。才能對自己性格的形成產生積極或消極的影響。

第一章　性格決定人品—看人先要看性格

德國精神病學家克瑞奇米爾不但從感覺上，而且從經驗上把人的體型和人的性格特徵二者聯繫起來。他把人的體型分為瘦長型、肥胖型、鬥士型三類，列舉了與體型相關的性格特徵：

- ‧　瘦長型：孤僻、拘謹、沉思、不善於社交。
- ‧　肥胖型：活潑、開朗、感情外露、善於社交。
- ‧　鬥士型：固執、嚴格、理解遲鈍、容易衝動。

有趣的是，美國心理學博士威廉‧謝爾敦在《人的體格的多樣性》一書中，也把人的體型分為三種不同的類型，並探討了它們與人的性格的關係。這些都引起了很大的反響和長期的爭論。有人譏之為無稽之談，有人卻奉它為科學真理。隨著時間的推移，人們的看法漸趨統一了，就是說，體型與性格確實有一定的關係，但不是嚴格的，不是屢試不爽的。隨著討論的發展，人們逐漸把注意的焦點從體型與性格的關係，轉移到了性格與其他心理特徵的關係上來了。

人的體態特徵確有美醜之分、好壞之別，然而它並不直接影響人的性格形成，並不直接促成人形成自信或自卑的性格特徵。許多心理學家的研究表明，體態特徵在人們性格形成和發展中究竟占什麼樣的位置、產生積極還是消極的影響，首先取決於周圍人們對其體態特徵的評價和態度。相貌出眾的人，常常博得周圍人們的稱讚和羨慕，並由此形成較高的自我評價，積極主動的與他人交往，從而形成自信、合群等優良的性格特徵。而相貌醜陋者或身有缺陷者，則往往遭到周圍人的嘲笑和奚落，並因此形成較低的自我評價，不願與周圍人們交往接觸，於是就形成自卑、孤獨等不良的性格特徵。

一九六三年在美國發生了令人震驚的奧斯沃特刺殺甘迺迪總統的事件。據心理學家的分析，他的刺殺行為緣於他極度自卑的性格特徵。可悲的奧斯沃特為補償他極度的自卑，竟以刺殺甘迺迪總統的方式來宣洩他心中的怨

恨，維護自己的尊嚴。然而他自卑性格的形成，卻與他周圍人對他相貌的評價有關。他身材瘦小，長相醜陋，缺乏教養，常常受到同伴的嘲笑奚落，這是他形成極度自卑性格特徵的重要原因。

可見，體態特徵對人性格形成的影響，是以周圍人們對體態特徵的評價和態度為仲介來實現的。然而，周圍人們對青年朋友體態特徵的評價和態度，常常是以他們自己關於美與醜的標準為前提。

在民間就廣為流傳著這樣的說法：矮個子心眼多，高個子心眼少；胖子心寬，瘦子多思；唇薄者話多，唇厚者話少。蘇聯心理學家Ａ‧Ａ‧博達列夫也做過一個相關的實驗。他就如何理解別人的外部體態特徵，詢問了七十二人，回答的結果是：九個人說，方形的下巴是意志堅強的特徵，額頭寬大是聰明的象徵；三個人說，頭髮硬的人性格倔強；十四個人說，胖子心腸好；二個人認為，厚嘴唇是性慾的象徵；五個人認為，小個子是好用權勢的證明；五個人認為，身體漂亮是愚蠢的象徵。實際上，人們不僅是依據自己的審美標準來評判青年的體態特徵，而且還會依據青年的體態特徵來推測其心態，以至於常常產生以貌取人的偏見。

人生在世，可以選擇自己喜愛的東西，可以選擇自己歡心的事情，可以選擇自己鍾愛的人生伴侶……但唯一不能選擇的就是自己的生身父母，就是從父母那裡獲得的體態特徵。倘若上蒼不作美，偏偏選擇你來繼承父母體態的缺憾，令你擁有一副讓世人見而生厭的「尊容」，那你該如何是好？這是青年朋友們最不願面對的問題，也是善良的人們最不希望發生的事情。然而，大千世界中卻總有些人在經歷著這種痛楚的煎熬。他們常常為自己的相貌不揚而哭泣、憂傷，好似一隻斷了翅膀的鳥，已無法在廣闊天空中翱翔，於是就怨天尤人，自暴自棄，形成了缺乏自信、過度敏感、自閉等不良的性格特徵。心理學家的研究表明，體態之不足，確實給人們的生活、工作和學習帶

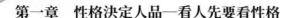

來諸多不便，但只要人們積極的駕馭自我，努力進取，同樣能夠形成樂觀、開朗、生機勃勃、獨立性強等優良的性格特徵。古人云：「自古雄才多磨難，從來紈褲少偉男」。只要人們將體態之不足化作催人奮進的動力，最終仍可成就一番偉業，形成令世人備加稱頌的堅強性格。

　　日本有位名叫典子的女孩，造化使她生來就短缺了雙臂。但她一不怨天尤人，坐歎上帝的不公，二不自暴自棄、安然的靠人服侍度日。而是振奮精神，每日每月甚至每時每分，努力用自己的雙腳來獨立的處理自己的日常事務，終於練出了 ── 不，是創造出了 ── 天下無雙的靈巧雙腳，形成了有口皆碑的頑強堅毅的性格特徵。亞伯拉罕‧林肯，美利堅合眾國第十六任總統，長得又黑又瘦，其容貌不可謂不醜。然而，正是這位相貌醜陋而才能出眾的林肯，發動和領導了美國歷史上著名的南北戰爭，廢除掉黑奴制度，實現了南北統一。他本人也曾因功績卓著而連續兩次雄踞美國有史以來「十位最佳總統」之首，受到了美國民眾的緬懷和尊敬。記得丹麥著名童話家安徒生先生曾在其作品中寫道，白天鵝是由醜小鴨轉變而來。如果年輕朋友們自認為是一隻醜小鴨的話，那麼就應該像典子女孩和林肯那樣，正視自己體態的不足，勇敢的告訴自己：「我一定能加入白天鵝的行列，只是需要比別人付出更多的努力而已！」

　　除體態特徵外，人們體格狀況也影響著性格的形成。人的體格，有強壯和孱弱之別。體格的差異，也影響著性格的形成。這在人的幼兒時期表現得最為明顯。心理學家的研究發現，孩子體格特徵對性格形成的影響，首先是透過父母對孩子的態度和教養方法來實現的。我們常常發現，身體高大而強健的孩子，對環境的適應能力強，不怕受熱受凍，不畏跌倒碰撞，很少有生病的痛苦體驗。這樣的孩子，父母往往比較省心，給孩子以更多的自主性，從而，他就容易養成樂觀、開朗、生氣勃勃等性格特徵。而體弱多病、體

能差的孩子，父母經常是過度保護，生怕跌倒碰撞，對他們的生活干預甚多，於是就使他們容易養成依賴、神經質、謹小慎微等性格特徵。此外，體格特徵對性格形成的影響還透過孩子與同伴的活動與交往表現出來。體格強壯、身材高大的孩子，在遊戲活動中不受同齡夥伴的欺侮，經常表現得勇敢出色，於是就在同伴中享有很高的地位，自然比較容易形成開朗、樂觀和自信的性格特徵。而體弱多病的孩子，經常不受同伴的歡迎，在同伴中的地位低，從而容易形成孤獨、害羞、膽怯、憂鬱等性格特徵。

由興趣與性格的關係看性格類型

人人都有自己的興趣。有人喜歡體育運動，有人喜歡藝術活動，有人喜歡讀書學習，有人喜歡操作練習，有人喜歡社會活動……這些諸如此類的「喜歡」，與人的性格及其形成有沒有關係呢？

心理學的研究證明，一個人的學習興趣，以及將來從事工作的興趣，都和人的性格特徵密切相關。美國心理學家霍蘭認為，某一類型的人格，都有與此相對的興趣所在。他分析了六種類型的人格：

1　現實的人格類型：具有這類人格的人，常在具體的勞動或基本技術等方面發生興趣。

2　理智的人格類型：具有這類人格的人，往往愛好科學研究、工程設計或理論方面的探討。

3　社會性的人格類型：具有這類人格的人對於人事關係、公共服務、行政管理等方面興趣濃厚。

4　文藝的人格類型：具有這類人格的人，平日喜歡文學、藝術、音樂、繪畫方面的課程，在業餘時間也多從事這類活動。

5　恪守慣例的人格類型：具有這類人格特徵的人，往往小心謹慎，遵從慣例，喜歡按部就班，照課程學習，按規矩做事，既沒有特別感興趣的方面，也沒有特別不感興趣的方面。

6　貿易性人格類型：這一類型的人喜歡從事商業活動、經濟往來，在經營方面有特別的興趣和能力。

霍蘭提出的這種人格類型與學習興趣和未來職業傾向的關係，雖然不是盡善盡美的，但對於我們根據自己的人格確定學習目標，提高學習效率，選擇社會職業還是有幫助的。

我們在調查中發現，在大學就學的學生中，內向型性格的學生其學業成績大大高於外向型性格的學生。有人對大學三年級的三百一十八人的性格和學習狀況進行調查，作了統計分析，發現內向者的成績明顯高於外向者的成績。這可能與外向型性格的學生更多的喜歡參加社會活動、人際社交，而內向型性格的學生比較能「坐得住」，能持之以恆有關。

研究還發現，在文、理科學生之間，理科學生更多的表現為內向性，而文科的學生更多的表現為外向性。這大概是因為文科的學習更多的與情感、與社會、與人生發生聯繫，而理科的學習更多的與理性、與自然、與數量發生聯繫，而這恰恰分別是外向和內向性格的特徵之一。

由心理活動的方向看性格類型

一位作家曾經說過：「人的一生最恐怖的敵人就是你的性格」，性格比大山還頑固，所謂「江山易改，秉性難移。」其實，這說法本身就夠頑固的了。

人的性格分為外傾型和內傾型兩種。屬於外傾型的人，心理活動傾向於外部，經常對外部事物表示關心，開朗、活潑、情感外露，當機立斷，不拘

小節，獨立性強，善於交際；屬於內傾型的人，心理活動傾向於內部，一般表現為沉靜，處事謹慎，深思熟慮，反應緩慢，適應環境比較困難，顧慮多，交往少。

古代文學史上，人們習慣於把作家分為婉約派和豪放派，前者最傑出的代表是女詞人李清照，後者最傑出的代表當推蘇軾。蘇軾，號東坡，可謂曠達之人，雖屢遭挫折，但飲酒賦詩，不改樂觀情懷，以大江出峽之勢，寫壯闊之景，抒雄豪之情，是典型的外向性格。就是在政治上屢遭貶謫，父母、妻子相繼亡故，與弟弟蘇轍又天各一方的時候，他雖然精神上非常痛苦，思親之情日甚一日，「轉朱閣，低綺戶，照無眠」，但最後還是以曠達的眼光去看待生活的磨難，寬慰自解，並寄於人類以良好祝願：「人有悲歡離合，月有陰晴圓缺，此事古難全。但願人長久，千里共嬋娟。」至於他的「大江東去，浪淘盡，千古風流人物」，那種恢弘之氣就更不待言了。

而在他之後四五十年的女詞人李清照，本來就內向悲戚，當她與丈夫別離，獨酌賞菊的時候，唯有離恨別愁，「莫道不消魂，簾卷西風，人比黃花瘦。」到她丈夫病故後，她原先詞中的爽麗清秀也全都為淒涼幽怨所代替了。她最著名的詞《聲聲慢》一開頭就是：「尋尋覓覓，冷冷清清，淒淒慘慘戚戚。」她在尋，她在找，但自己也不知道在找什麼，完全被心神不定、若有所失、淒慘孤苦的情調籠罩了。詞的結尾：「梧桐更兼細雨，到黃昏，點點滴滴。這又是怎一個愁字了得！」古人說：「言為心聲」。這裡的心聲，還不只是思想感情，也包括著性格的內向性特徵在內。

普希金天生的反叛性格，他的詩作，無一不透露出這種資訊。他一生追求自由，卻不肯流於世俗。普希金屬於文學、屬於詩歌，更屬於叛逆。

叛逆是普希金的性格，也是他生活的支撐。只要他肯「屈尊」，成為沙皇的御用文人，他的生活會無憂無慮，但由於他是詩人，具有詩人的氣質和品

格，他不可能趨炎附勢，在屈從和叛逆之間，他自然選擇叛逆。且不說有思想的詩人，就是有骨氣的普通人，也不願意成為統治者的附庸。需要說明的是，對於人民來說，普希金永遠是傑出的詩人，而對於統治者來說，他永遠屬於叛逆者。在他短暫的一生中，反叛構成了一種無可替代的主流。

普希金的叛逆性格，使沙皇惱羞成怒。由於沙皇是專制君主，可以毫無顧忌的置普希金於死地。但沙皇接受了他手下老臣的建議，也為了緩和一下他所實施的高壓政策的氣氛，他上演了一齣「赦免」普希金的鬧劇。無論沙皇出於什麼樣的目的，普希金總算躲過了一劫，政府則藉機宣揚沙皇的「恩典」。普希金被赦免的消息傳遍了整個俄羅斯，當普希金回到莫斯科時，人們湧上街頭，歡迎詩人。人民的熱情增添了詩人的責任感，他對自己的事業充滿了信心。即使沙皇「赦免」了他，他仍然不願意作為沙皇的御用文人，一如既往的遵循自己的做人準則。他發現，雖然沙皇「赦免」了他，但實際上並沒有給予他真正的自由，他的詩作、文學作品等都在沙皇及其政府的嚴格控制下，他的許多作品不能發表。沙皇對他的歷史劇《波里斯‧戈多諾夫》不滿意，但普希金仍然堅持自己的觀點，明確表示不能修改。面對沙皇政府的高壓，普希金沒有妥協，一刻也沒有停止手中的筆，並寫下了諷刺詩《毒樹》來抨擊沙皇的統治。

據說，穆罕默德有一次叫山過來，山卻沒有過來，穆罕默德說：「既然你不過來，那麼我就過去吧！」這就說明，穆罕默德是聰明的，在他不能改變現實的時候，就改變觀念和想法，從而表現出了個人性格的靈活性和對現實的適應性。

握手之間，知人個性

握手寒暄，現在可以說是最普遍被採用的世界性的「見面禮」了。一對並不熟知的人來說，「握手」也許是探測對方的第一件武器了。

握手是從原始的雙手舉起的姿勢（表示沒有攜帶武器）演變而來，後來採用羅馬式手碰胸的姿勢表示問候之意。在羅馬帝國時代，人們並不握手，而是抓著彼此的前臂。在現代，握手是表示歡迎。手心張開表示公開，而接觸表示合二為一。

握手這一「見面禮」形式雖然簡單，但每個人握手的方式都不盡相同。美國心理學家伊蓮嘉蘭在一本書中指出，一個人與人握手時所採用的方式，很能反映出他的個性。

這是比較容易理解的常識：用力握手的人，通常表示他的主動性很強，而且充滿了信心。反之，不大用力氣握手的人，當然表示其有氣無力，或性格脆弱。在舞會或公共場合裡，不斷的前去和陌生人握手，表示這個人富有社交經驗和自我表現欲。

具體的說，利用握手的方式，到底要怎樣才能了解對方那種微妙的心理活動呢？最具代表性的一種現象，就是透過手的溫度狀況來判斷。

在人類的身體中，當發生恐怖或驚嚇的感情變化時，跟自己無關的自律神經意識，會突然活躍起來，並引起呼吸的緊張、血壓與脈搏的變化，或是汗腺的興奮等狀況。你如果跟對方握手，發現對方的手掌出汗時，這就表示對方的情緒高漲。也可以說是失去心理平衡的表現。有些女性表面上看來冷若冰霜，但若握住她的手。卻發現她的掌心有汗，這是因為男性的容貌、身體，或者語言、氣氛等，引起了她某種興奮的表現。

由此可見，我們可從握手的用勁與否以及手掌感觸，來窺視對方內心

的祕密。

日本有一個眾所周知的「可倫坡刑警的握手法」，說的是這位刑警一旦與犯人握起手來，馬上就將犯人「握」進一種不利的境況裡。因為這位刑警握手的時候力氣大，同時又翻起上眼皮注視對方的眼睛。犯人被握著手，只要一接觸到刑警的視線，內心就會掀起一陣不安。在把犯人逼進這種心理狀態後，可倫坡刑警便運用巧妙的推理能力，從而一步步的深入對方的內心。

下面，來看一看由美國心理學家列舉的不同的握手方式及它們所透露的心曲：

· **摧筋裂骨式**

握手時，緊抓對方手掌，大力擠握，令對方痛楚難忍。此類人精力充沛，自信心強，為人則偏於專斷專行，但組織力及領導才能都很突出。

· **沉穩專注型**

握手時力度適可，動作穩實，雙目注視對方。此類人個性堅毅坦率，有責任感而且可靠，思想縝密，善於推理，經常能為人提供建設性的意見。每當困難出現時，總是能迅速的提出可行的應付方法，很得他人的信賴。

· **漫不經心型**

握手時只輕柔的觸握。此類人隨和豁達，絕不偏執，頗有遊戲人間的灑脫，謙和從眾。

· **雙手並用型**

握手時習慣雙手握住對方的手。此類人熱誠溫厚，心地良善，對朋友最能推心置腹，喜怒形於色而愛恨分明。

· **長握不捨型**

握手時握持對方久久不放。此類人情感豐富，性喜結交朋友，一旦建立

友誼，則忠誠不渝。

· 用手指抓握型

握手時只用手指抓握住對方而掌心不與對方接觸。此類人個性平和而敏感，情緒易激動。不過，心地善良而富有同情心。

· 上下搖擺型

握手時緊抓對方，不斷上下搖動。此類人極度樂觀，對人生充滿希望。他們以積極熱誠而成為受人愛戴傾慕的對象。

· 規避握手型

有些人從不願意與人握手。他們個性內向羞怯，保守但卻真摯。

第一章　性格决定人品—看人先要看性格

第二章

察言觀色，
看清你周圍的人

五分鐘看破隔著「窗紙」的心靈

　　由於不同性別的人在自然和社會諸方面的不同特點，在不同的溝通場合往往會有不同的溝通效果。比如：在一種需要感情導致成功的場合裡，女性溝通的成功率往往比較高。這是因為女性在與異性溝通中更容易取得對方的信任，而且更容易得到對方的同情，因而便具有某種「溝通優勢」。如今一些企業紛紛聘請女性作為公關部主任或公關小姐，大概就是看準了這種優勢。當然也有人利用女性透過庸俗的手段達到自己的目的，這當然不在溝通之列。

　　曾有一位香港女老闆就是利用這種溝通優勢，占了不少的「便宜」，賺了不少錢。有一次，她花七百萬萬買了一間預售屋。四個月後，當她得知這棟大廈已預售完畢時，她便放風聲說要賣掉她的預售房，售價是一千兩百萬。這個開價夠高的，她最終做成了這筆交易，以一千萬的價格將屋子賣了出去。她對買房子的人說：「我們也是從別人手上好不容易轉手買來的，所以原價並不是七百萬。因為這大廈地點太好，我們願意出高價買下來。如果不是我爸爸催我快點回去，我並不想放手，因為再過幾個月，建築完成時，起碼可賣一千兩百萬。」她這麼一說，對方竟也相信了，並且按她的意願成交。顯然那個有些上當受騙的人，並不是十分了解對方的真正意圖。

　　當然，男性和女性在溝通中都各自具有不同的優勢和長處。在與異性溝通時，注意發揮自己的優勢和長處，避免自己的短處和不足，是使溝通成功的一大技巧。

　　人們溝通的範圍，不可能局限於已熟悉的人和環境之中。事實上。我們每天都在接觸陌生的人和事。參加宴會、乘車坐船、住宿旅館等場合，我們都不可避免的要與陌生人溝通。與陌生人溝通，可以活躍我們的生活，使人

敞開心扉，擴大視野。在我們的現實生活中，因偶然的相逢而成知音的事例，並不少見。在漫長的旅途中，與同座、同行的人溝通。可以減少旅途的寂寞，調節和活躍旅途生活，還可以增長知識。

俗話說：「萬事開頭難。」當你與對方完全陌生的時候，要開始一次交談確實是很困難的。但是，只要你掌握了一定的技巧，你也會達到你的目的。這時，你不要試圖想出一些有深遠意義的或聰明的話題，而只要提一些簡單的問題，或評論在你身邊發生的事情即可。

當然，並不是你按上述技巧做了就能使你與對方像朋友一樣的交談。事實上，由於客觀環境的不同和人與人之間的差別，在很多情況下我們並不能如願以償。那麼，人們第一次相遇，需要多長時間決定他們能否成為朋友呢？美國的倫納得‧朱尼博士在他所著的一本書中說，溝通的「點」，就在於他們相互接觸的第一個五分鐘。

一般來說，人們都喜歡那些喜歡他們的人。所以和第一次見面的陌生人交談的頭五分鐘，要表現出友好和自信。除此之外，還要表現出同情、體諒別人的需要、憂慮和願望。另外聽到誇獎，可以說「我還差得遠」，以掩飾的方法來表現自己的優點。聽到不中聽的話，也不要表現得不高興或提出過多的解釋。在回答問題時，要表現得善良、友好，願意幫助別人。

要注意的是，與人見面的第一個五分鐘，絕不是演戲給人看，否則就給人以一種虛偽的感覺，也絕不應第一次見面就向人家訴苦、發牢騷。這些都可能使你失去一位很好的朋友。

還有一種情況，在與陌生人溝通時，有的人很想和對方交談，但又不知話該怎麼出口，心裡七上八下，因而顯得很緊張。其實你大可不必如此，也許對方比你更緊張。如果你能跟他談一些輕鬆的話題，將會使你們雙方都感到愉快。其實，陌生人之間的交往之所以存在障礙，關鍵是人際之間隔著一

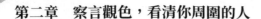

層「窗紙」，如果有人能將這層薄紙捅破，人們之間的溝通也就非常順利了。下面這則故事就可以說明這一點：一個星期一的早晨，在一輛開往市區的巴士上，上班的人們都坐在自己的座位上安靜的滑手機，誰也沒有講話。車廂內安靜極了。

突然，司機大聲對乘客說道：「我是你們的司機。現在，請你們全都放下手機，轉過頭去面對坐在你旁邊的那個人……跟著我說：早安，朋友！」莫名其妙的乘客這時會心的笑了起來，頓時，車廂內的氣氛活躍了。

這位司機就是看準了陌生人之間難以捅破「窗紙」的心理，幫助乘客解決了這個「難題」。如果我們也能像他那樣，不是可以使我們的溝通範圍更加寬廣嗎？

在談吐中觀察人的心理反應

我們在與人交往中，僅從談吐、用詞方面，就可以窺視其內心狀況。

談吐的方式，反映出個人當時的心理狀態，越深入交談，則越能暴露出該人的原本面目。所謂遣詞造句，談吐方式，是探知一個人真正性格和心理的最寶貴的資料來源。

當話題進行至核心部分時，說話者的速度、口氣、語言等都是我們探知對方深層心理意識的關鍵。當然，說話的聲調也是不可忽視的要點。

巧妙的分析對方談話的語言口氣、速度聲調、用詞遣句，探究對方的內心正在想些什麼，這是增進人際關係的要點。下面，我們以這為中心，來做一次綜合性的探討。

不同身分的人有不同的語言口氣

有人說話粗俗下流，有人說話謙虛有理；有人說話內容豐富真實，也有

人一派胡言，說話空洞而毫無內容。總之，人透過說話能反映出其擁有的是什麼。

高貴、氣度非凡者說話謙恭有理，其心理包括了誠實、信賴、優越等，常用文雅的應酬用語。

然而，這類人應分為兩種，一種人是口與心相稱，一種是口是心非的人。後者很多是外表高尚而內心醜惡的人。其中有些人是不願被對方察覺自己極力掩飾著的欠缺，所以才使用文雅的口氣說話。

相反，談吐粗俗的人具有單純、素養差、小心、易變等特性。這種類型的人，無論對上司或部下，對同性或異性，都不改其談吐風度，他所喜歡的則永遠喜歡到底，對討厭者也討厭到最後。

此外，在初次見面的情況下，這種人好惡的表現也相當明顯。或是表現得很不耐煩，或是非常親熱好似多年摯友。其表現出的意向完全掩蓋了對自我的所有心性。

除此之外，說話帶哭、帶淚的人，依賴性非常強烈。任性，但外表似乎和藹可親，善交際，善奉承，大多屬於不受歡迎的角色。好掉淚的人大多是壞傢伙，即俗話說的「劣根性」。

如某地有一乞丐村，男女老少都走南闖北乞討，他們有一個屢試不爽的看家本領，就是賴在人家的門外，以半哭半泣的聲調，打動人們的惻隱之心，以達到賺錢的目的。這種類型的人，其態度是一輩子都改不了的。

不聽對方說話者，只顧自己滔滔不絕、口沫橫飛的人，屬於強硬類型，這種人只要在說話的時候，肯「嗯，嗯」的靜靜聽他說，就可以得到他絕對的好感。但因自尊太強，經常好搶先一步是其一大缺點。

也有不善言辭的人。這一類型以無法巧妙的表達自己想要說的話，或缺乏表現力的人較多。同時，陰性，思考深沉，小心，度量窄的人也不少。欠

51

缺智慧，以及精神上有缺陷的人也較多。其中有許多可以克服自我而站立起來，只要他有自信心。

說話快慢與音調高低可以推測人的心理

與人說話的聲調和速度非常重要，可以從中觀察出一個人的心理。

要是對方說話的速度較慢，表示他對你略有不滿，相反，速度很快的話。則又是他在人前抱有自卑感或話裡有詐的證據。

突然的快速急辯也是同樣的心理。例如：罪犯在說謊時，根本不聽他人在說什麼，立刻滔滔不絕的為自己辯護，就是個好例子。因為他們有不為人知的祕密藏在心裡。

也有人說著說著突然提高了音調：「連這個都不懂，這個連小學生都會的你也不懂！」像這樣惡形惡狀的吶喊，是在期望別人一如自己所願般的服從；相反的，假如音調低聲下氣的話，則是自卑感重，膽小或說謊的表現。

說話抑揚頓挫激烈變化的人也有，這種人有明顯的說服力，給人善於言詞表達的感覺，但這是自我顯示欲望強烈的證據。

小聲說話，言詞閃爍的人具有共通的特點，如果不是對自己沒有自信的話，就是屬於女性性格，和低聲下氣的說話類型心理相似。

也有人一個話題繞個沒完扯個不停，假如你想阻止他繼續說下去。就算是明白的表示：「我已經了解你要說的意思了！」他卻仍是不想停下來的樣子。這種說話是害怕對方反駁的證據。

也有的隨便附和幫腔，例如：「你說得不錯……」，「說得是嘛……」等等，在一旁附和對方，這種人根本不理解我們在說些什麼，同時對話的內容也一竅不通。如果你在說話時，有人在一旁當應聲蟲，你必須明白這一點才行。要是你誤以為對方了解你的談話，那你就變成丑角了。

用字遣句可以看出為人

每個人說話都有一定的特性和習慣，常用的詞語與字眼，往往反映出說話者的為人和性格。有人在談話中喜歡用：「在下……」這種人屬幼兒性，以及女性性格的人；而常使用「我……」的人，則是自我顯示欲強烈的人。

在對話中，大量摻雜外文的人，在知識方面的能力相當廣泛，但也可能是一知半解，藉此顯示自己的學識。

也有人喜歡用「我認為……」的口氣，這種人在理論方面很慎重，但也有膽小的一面，其對人的警戒心和調查能力也相當優越。初見之時，似乎和藹可親，而當我們放心的與其親近時，他又擺出一副冷若冰霜、瞧不起人的姿態，所以和這種人相處需要相當慎重。

除此之外，在女人面前立刻表現出馴良親密的態度，或露骨的說出性方面用語的人也不少。在女性面前，突然以謹慎恭敬的口氣說話的男人，都屬於性方面有雙重性的人，這種人通常在職業上被壓抑，如學者、醫生等腦力勞動者居多。

說話中從不涉及性方面用語的人，則是繃著臉孔的道學者類型，
與這種人交往，更應特別小心。

人無完人，互順臺階

任性的人會遇到較多的阻礙，被周圍的人看不順眼。總是「以惡為仇，以厭為敵」是不行的，久而久之，你會四面楚歌，自身也會成為眾矢之的。

在北宋明黨紛爭的政局中，王安石一意推行新法，忽略拉攏舊派以求人和政通，是他遭受舊派全力反對的主要原因，也是新法推行的主要阻力。

舊派重臣名流，能否真誠接納王安石、支持新法，本是一大問題，偏偏

第二章　察言觀色，看清你周圍的人

王安石個性固執冥頑，自認「天變不足畏懼，祖宗不足取法，議論不足體恤」，不肯聯合舊派、求同存異，不設法溝通以獲諒解，甚至不容忍接納相左的意見。大大喪失人和，增添輿論的壓力。尤其是來自諫宮的彈劾攻擊，使新法的推行成為黨派相爭的口實，你死我活，一旦舊派抬頭，新法也全面廢棄了。

全面探討王安石推行新法，他只會對事，忽略對人，最終導致許多嚴重的敗端。

推行新法，先要打通朝野關節，上求當政要員贊成支持，下求百姓群眾了解接受，只靠一個皇帝獨自贊成畢竟不夠。

大舉推行新法，要有足夠的配合力量，切實負責，有攻有守，並且還要讓這些推行人員對所執行的新法有充分的理解，還須受過推行方法的訓練。不是一紙新令下去，隨便用人執行，就能辦得通、辦得好的。

王安石的才智、勇氣與理想，在歷史上是可以大為表彰的。但他在器量、政治運作技術以及待人處世上所顯示的缺失，也是千百年來一大警惕。

應該懂得以下幾點：

第一，要知道，世界上的人千差萬別，完全相同的人是不存在的。性格、喜好、立場、行為不一致的人在同一範圍內生活相處，是很正常的。如果純粹以個人的愛憎來選擇交往的對象，那就只能生活在一個越來越狹窄的小天地。

第二，你「以惡為仇，以厭為敵」，便會下意識的對你不喜歡的人做點小動作，處處刁難。好壞自有公論，高低也自有群眾明察。結果是你的所作所為並不能奈何別人，你自己倒是徹底的孤立於大眾之外了。不但你所不喜歡的人與你嫌隙越深，而且周圍其他人也會對你有所不滿，況且，這個你不喜歡的人或許在某些方面對你能有所幫助，但由於你的敵意，結果失去了一個

好幫手。

第三，要有容人之過的雅量。金無足赤，人無完人。所謂「容過」，就是容許別人犯錯誤，也給別人機會改正錯誤。不要因為某人有過失，便瞧不起他，或一棍子打死，或從此冷眼看待對方，「一過定終身」。

孰能無過呢？誰都可能犯錯誤，這樣一概而論，「容過」可能比較容易。「容過」講的卻是這樣一種「過」，它給自己帶來了一定的傷害，或在某種程度上與自己有關。例如：下屬有了錯誤，合作者有了失誤，或者是自己的朋友有了什麼過失等等。在這種情況下，能否有一種寬容的態度對待這種「過」，顯然是衡量人的胸襟的一個標準。「容過」，就是要壓制或克服內心對當事人的歧視，儘管自己心裡並不痛快，感到煩惱，但卻應該設身處地的為當事人著想，假設一下自己如果在這種情況下會如何，在做錯了這件事之後又有什麼想法，當然，這裡需要「容」的是當事人本人，對於具體的事情本身卻應該講清楚，該批評的必須批評。

第四，和「小人」交往，並沒有降低你的人格。或許你會覺得，對於那些個性立場不一致的人，固然不應該以個人愛憎來處理同他的關係；但對於那些素養不好、行為不太檢點，因而令你看不慣和討厭的人來說，和他過不去難道不應該嗎？和他們交往豈不是降低了自己的身分？

就感情而言，這種人的確很令人憎惡和討厭，但這並不等於非和他彆扭，更不應置之於死地而後快，只要他不是頑固不化、不可救藥的人，就應當真誠的接近他、提攜他、感化他、幫助他。這並不是降低人格，而恰恰是你具有高尚品德的明證。相反，要是人家一有缺點和不足，就把人家往死裡打，往絕路推，這不但暴露了自己人格的低下，而且顯得心胸也太過狹窄了。

第五，很可能你和他有著相同缺點才格格不入。人一遇到和自己具有相

同缺點的人，似乎波長會相合而產生跳動，即刻產生厭惡的感覺。

　　我們通常與某人和平相處卻失敗時，首先會醜化對方，欲以排擠，倒不如先謹慎的自省，正視自己的缺點，或是掃除厭惡對方之感的根源，這才是最重要的。

　　一位先生有這樣的體會，他說和對方關係好轉之後，「才知道原來他從前對我也同樣有厭惡的感覺，而且專門跟我唱反調，覺得我冷酷，他厭惡我的理由完全和我厭惡他的理由相同，這使我感到驚奇。」

　　習慣身邊的人們的缺點，正如習慣醜陋的臉孔一樣。有求於人時。不妨遷就一下；有些雞鳴狗盜的人，我們雖然不愛與之相處卻又有求於他們。我們應該漸漸的容忍他們令人不悅的地方，同時警惕自己不要與之同流合汙。化敵為友，更是領導高手應該達到的境界。

從舉止風度上察看心理

　　《周易・繫辭下》指出，要叛變的人說話總帶幾分愧色，心中疑惑不定的人說話總是模稜兩可；善人話不多，浮躁的人喋喋不休；誣衊好人的人閃爍其詞，喪失操守的人說話吞吞吐吐。

　　心理學家經過研究指出，一個人的姿態往往反映著一個人對他人所持的態度。

　　與熟人相處，動作很隨便；與陌生人相處，則顯得手足無措。

　　達文西曾經深刻的分析了「精神狀態」與「外表動作」的關係，主張「精神應該透過姿勢和四肢的運動來表現」，認為「透過手勢和臉部表情，可以表達人們的驚奇、敬畏、悲傷、猜疑、喜悅、恐懼等心理情態」。

　　也許正是因為達文西對舉止有著深刻的研究，所以他才讓蒙娜麗莎擁有

永恆的微笑。

一個人的舉止也要與身分、年齡、性別等情況相適應，否則就有礙觀瞻了。

比如小孩在地上打滾沒有人會奇怪，大人也如此的話，就真是怪哉了；女人的眼淚能得到同情，男人的眼淚則會遭到非議；在西方，男女在公共場合擁抱不足為怪。

人的舉止可以加強他所說的話分量。

列寧在演講時，時常用手勢烘托語言，彼此渾然一體。他也時常用優美的身姿把演講的內容傳達給聽眾。

形體的動作恰到好處的配合著語言，把熊熊烈火一般的思想傾注到聽眾的心坎裡。在演講時，列寧精神飽滿，不時走動，一邊講，一邊打著手勢，隨著思路的發展，時而俯身，時而後仰，盡力把自己的論據扎扎實實的灌輸到聽眾的頭腦中去。

他渾身充滿活力和巨大的力量，正如高爾基對他的讚美：「他的演說和諧、完美、直爽、有力，他在講臺上的整個形象簡直就是一件典型的藝術作品。」一個人的舉止還有著震懾人心的作用。

再來說說風度，它是人們對於美的人體型態、舉止談吐、裝束打扮的一種肯定的審美尺度。

它並不是指某一個動作，而是諸多姿勢在一個特定的時間、環境裡所提供給人們的綜合印象。鴻門宴中的樊噲，在劉邦危急時闖入軍帳，以他「頭髮上指，目眥盡裂」的儀容，飲斗卮酒、食生肉的舉動，義正辭嚴的語言，鎮住了項羽，使劉邦化險為夷。

樊噲顯示的就是咄咄逼人的壯士風度。透過風度，可以基本上看出某人的精神狀態、個性氣質、品德情趣、文化修養、生活習慣等等特點。

美好的風度不僅給人以美感，令人親近、羨慕，而且還具有某種征服力。

由於社會生活豐富多彩，風度的表現也是多彩多姿的。

但不同職業、品性、年齡、性別的人，所表現出來的風度也不同，這就是我們根據風度來識人的理論根據。

三百六十行，行行有風度。學者、醫生、軍人、農民，他們各自的風度迥然各異。

品性不同，風度也大相徑庭。曹操多疑而剛直，李煜敏感而纖弱，李白飄逸如仙，陶淵明超然世外，還有文豪橫眉冷對千夫指的錚錚鐵骨風度，都因人的品性而表現不同。

不同國度民族的人，風度也不同。如德國人嚴肅，法國人浪漫，英國人自信，美國人詼諧等。

此外，山裡人有憨厚好客、舉止俐落的風度；漁民們則具有坦蕩豪放、步趨穩絜的風度；牧馬人則具有身姿矯健、開朗堅毅的風度。

由愛好中讀懂幾類人

興趣愛好往往可以反映出一個人隱於內心深處的某些東西，一個人語言可以掩飾，一個人的表情可以偽裝，但一個人的愛好卻可以時時刻刻顯露出來。

有一種人天性愛好收藏物品，借著有人談及這方面的話題，他立刻就會像打一劑強心針一樣，侃侃而談，整個談話都處在一個激昂的氣氛中。可當話題一轉到工作或家庭上，他立刻緘口不言了。

由此可以判斷出，這種人因某種原因將本應投在工作或家庭上的精力，

投注在興趣上，其原因可以在談話中逐漸了解。

可能是對工作公司或上司不滿，也可能對自己的學歷感到自卑，或者夫妻間性生活不協調以及沒有兒女等原因。

任何人多少都會對工作或家庭感到不安與煩惱。

「興趣」的確也有吸收這方面不滿足欲望的功能。心理學上將這種煩惱與不安靠其他行為予以消除的現象，稱之為「補償行為」。

但是，如果一個人非常熱衷於某項興趣時，就屬於一種逃避現實的行為。換言之，在這種情況下，工作和家庭都不是自己的世界，唯有興趣才是滿足自己欲望的唯一出路。

這種狀態，有時候被人稱為「病入膏肓」，但心理學認為，它屬於一種病態。

一個典型例子就是「狂熱」。不少人有收集郵票、昆蟲、菸斗等物品的興趣，可是，一旦對收集狂熱起來，就可能逐漸走火入魔，產生所謂「自閉性格」，這多發生在具有偏執性格的人身上。

對一般人來說，一旦相當熱衷於某事，由於無法忍受強烈的自閉性世界，而在中途解脫出來，這些人大都能恢復平衡的精神狀態。

可是，被稱為收集狂的人，其偏執個性往往逐漸增強，以致無力自拔。

這種人對收集的物品異常珍惜，即使是最心愛的妻子，也不容許她亂動。

雖然他們對這些物品有向人展示的欲望，卻對之如視珍寶，絕對不會借給別人，卻又時時覬覦他人的心愛之物。發現他們有這種舉動，便可斷定他們心術不正，注意防範。

如果再觀察這些人的工作態度，就會發現他們固守自我防線，極端厭惡別人越雷池一步。他們是典型的獨善其身，白掃門前雪的人。

透過愛好了解他人心理的第二個要點是，興趣的種類。即觀察對方興趣屬於哪一種。

如果將興趣劃分為個人興趣與團體興趣的話，前者多屬於逃避現實型，後者則多半為情緒穩定型。

同樣是釣魚的興趣，喜歡躲在山中或小溪邊，獨享垂釣之樂的人，必有明顯的分裂型或憂鬱型的心理傾向。

這種人往往躲在與世隔絕的象牙塔裡，尋求精神上的安定。由於他們在工作場所和家庭中，無法與人和睦相處，便逃入孤獨的世界裡。

這種類型的人一旦熱衷於個人興趣，便有徒增其自閉性的危險。

喜歡與陌生人共用垂釣之樂的，他的精神生活必定極為穩定。

他們積極的靠興趣來解除日常生活中未獲滿足的欲望，因此，工作、家庭和業餘生活都得到健全的發展。

同樣，喜愛運動的人，情緒也大都穩定，尤其是消耗體力的活動。如：騎自行車旅遊的人，他們絕對不會有陷於自閉性惡性循環的擔心。

有一種人喜歡在別人面前故意若隱若現的炫耀自己有巨額金錢。

這種人實際上很吝嗇；還有一種人無論高興還是不高興，都有著強烈的胡亂購買欲，他們屬於欲求不滿型的人；也有人平常非常吝嗇，但對自己感興趣的事，又不惜投資鉅款，不管十萬幾百萬都付出，連眉頭都不皺一下，這種人多數在性格上有自卑感。

信奉「有錢能使鬼推磨」的人，屬雙向性分裂症型。假使你向這種人借一塊錢，他會永久都要向你討這份人情。

並且他們對任何事情都要講小道理，對於股票、土地、貴金屬的投資非常有興趣。

按照計畫使用金錢的人，雖然是很可靠的人，不過他精打細算得非

常冷酷。

這種人大多數不會將薪資交給妻子。只有自己認為需要用錢，才肯甘心情願的拿出。

於是，妻子只好養成說謊的習慣，否則自己中意的東西就不能買。

在眾多的愛好中，賭博確實占了一席之地。單以打麻將一事來說，方城之戰的眾生態更是一覽無餘。

賭博的確十分奇妙，也許今天你的運氣好，明天他的賭運亨通，時來運轉，在賭場上大撈一筆。既沒有永遠的勝家，也不會有永恆的敗將。三年河東轉河西，只要時機一來，你必須及時把握，否則就會坐失良機，功敗垂成。

人生是一條漫長的旅程，這段旅程上風波迭起。當你感到「近來運氣很順」時，務必順應當時的趨勢，及時把握時機。奇怪的是：賭博時當一個人開始走運，心情反而變得懦弱、惶恐；反之，當一個人遇到厄運，心情反而變得大膽、堅決，往往在這時走火入魔，甚而步上亡命之途。這個關鍵時刻，將人性的弱點發揮得淋漓盡致，使人的深層心理一覽無遺。現將這一種心態羅列於下，供讀者參考。

1　在賭博中，面露不悅之色的人，多有欲求不滿足的性格。

2　有些人經過一次失敗的教訓之後，影響了往後的情緒。

3　在賭博中，無視別人開導的人，是視野狹窄的人。

4　容易受到旁人言談引誘的人，往往在出牌前變得毫無主見，不知如何下手。

5　有些人老是「等一下」，或「再來一次」，如此反覆述說幾次，這種人仍脫離不了童年時代純樸的本性。

6　有些人總是把輸錢歸咎於自己的本事不夠，這種人外表看來十分謙

虛，實質上卻是自持甚高的人。

7　有些人老是把輸錢歸咎於運氣不佳，實際上這種人不但有歇斯底里的傾向，而且虛榮心強。

8　把輸錢歸咎於旁人的人，是冥頑不通的賭徒。

9　對輸錢佯裝得滿不在乎的人，具備不顧自己受傷的自我防衛能力。

以上九項，是對賭博中表現出來的眾生態的心理分析。

在心理學家眼中，讀書不僅能增加一個人的知識和修養，而且還能在某種程度上反映出一個人的性格，不妨看看下列分析。

· 愛情小說：你是一個感情型的人，極端直覺，生陸樂觀，通常很快可從失望中恢復過來，東山再起。

· 自傳：你的好奇心強，謹慎，野心大，在做出決定前，你定會先研究各個選擇的利弊及可行性。

· 報紙及新聞性雜誌：如果你喜歡看時事文章，表明你是一個意志堅強的現實主義者，並善於接受新思想。

· 漫畫：你喜歡玩樂，性格無拘無束、拒絕把生活看得太認真。

· 聖經：很明顯，你是二個誠實而勤懇的人，同時亦很容易原諒人。

· 偵探故事：你很喜歡接受思想上挑戰，你是一個出色的解決問題者，別人不敢碰的難題，你都願意去對付。

· 恐怖小說：日常生活對你來說太沉悶了，你很想尋找刺激及冒險。

· 科幻小說：你是一個富有幻想力及創造性的人，你對科技感到迷惑，喜歡為將來做好計畫。

· 財經雜誌：你是一位極愛競爭的人，最喜歡把別人比下去。

· 婦女雜誌：你有意成為一個「女強人」，希望事事都表現得出色。

· 時裝雜誌：你很注意自己的身分，你會盡力改善自己在別人眼中

的形象。

- 歷史書籍：你是一個很有創造力的人，不喜歡胡扯、閒談，你寧願花時間做些有建設性的工作，而不會去參加社交活動。

- 哲學著作：你是一個勤於思考的人，對周圍的一切表示懷疑，容易把問題想得複雜、嚴重。不喜歡交際，因為你覺得別人不值得交往。自信心很強，但缺乏處世的熱情。

- 街頭采風、軼事趣事雜誌：富有同情心，樂觀，你時常能用說話來娛樂他人，有源源不斷的趣味性資料作話題，令你成為辦公室裡或晚會上受歡迎的人物。

- 詩歌：你是一位多愁善感的人，感情細膩，觀察力強，敏感而富於幻想。對人熱情，但時常又以自我為中心，孤傲，獨行其是。

人類的興趣種類繁多，不勝枚舉。因此，我們以愛好探視人心時必須要注意有關事項。一般人在聽到有關「興趣」的話題時，無論自己有沒有這類愛好，都會參加進去作適當的附和。假使某人對某種特定的愛好，表現出極端的厭惡，則表明他曾受到過某種心靈的創傷。

穿著打扮會突出個人個性

服裝是一種語言，它可以代你與人交流，而且往往這種無聲的語言更有效。

隨著社會的進步與發展，現在從衣著打扮的習慣上判斷一個人的難度在無形之中增大了。因為現在的人們提倡張揚個性，不拘泥於這樣或那樣的形式，所以不能按照傳統的習慣進行觀察和判斷。但也正是由於張揚個性，不拘泥於形式，人們可以更加充分的展示自己的心理狀態、審美觀點等，從而

找出某些內在的規律。

　　一般來說，習慣穿簡單樸素衣服的人，性格比較沉著、穩重，為人認真誠和熱情。這種人在工作、學習和生活當中，對任何一件事情都比較踏實、肯做，勤奮好學，評判事情客觀、理智。

　　習慣穿單一色調服裝的人，多是比較正直、剛強的，理性思維要優於感性思維。

　　習慣穿淡色便服的人，多比較活潑、健談，且喜歡結交朋友。

　　習慣穿深色衣服的人，性格比較穩重，顯得城府很深，不太愛多說話，凡事深謀遠慮，常會有一些意外之舉，讓人捉摸不定。

　　習慣穿式樣繁雜、五顏六色、花裡胡哨衣服的人，多是虛榮心比較強，愛表現自己而又樂於炫耀的人，他們任性甚至還有些飛揚跋扈。

　　習慣穿特別豔麗的衣服的人，一般都具有很強的虛榮心和自我表現欲。

　　習慣穿流行時裝的人，最大的特點就是沒有自己的主見，不知道自己有什麼樣的審美觀，他們多情緒不穩定，且無法安分守己。

　　習慣根據自己的喜好選擇服裝而不跟著流行走的人，多是獨立性比較強，有果斷的決策力的人。

　　習慣穿同一款式的人，性格大多比較直率和爽朗，他們有很強的自信，愛憎、是非、對錯往往都分得很明確。他們的優點是做事不猶豫不拖，而是顯得非常乾脆和俐落。言必信，行必果。但他們也有缺點，那就是清高自傲，自我意識比較濃，常常自以為是。

　　喜歡穿短袖襯衫的人，他們的性格是放蕩不羈的，但為人卻十分隨和親切廠他們很熱衷於享受，凡事率性而為，不墨守成規，喜歡有所創新的突破。自主意識比較強，常常是以個人的好惡來評定一切。

　　他們雖然看起來有點吊兒郎當，但實際上他們的心思還是比較縝密的，

而且什麼時候都知道自己是做什麼的。所以他們能夠三思而後行。小心謹慎，不至於因為任性妄為，而做出錯事來。

喜歡穿長袖衣服的人。大多比較傳統保守，為人處世都循規蹈矩，而不敢有所創新和突破。他們的冒險意識在某一方面來講是比較缺乏的，但他們又喜愛爭名逐利，自己的人生理想定得也很高。

這樣的人最大的優點就是適應能力比較強。把他們任意放在哪一個地方，他們都會很快的融入其中，所以通常會營造出較好的人際關係。他們很重視自己在他人心目中的形象，希望得到注意、尊重和讚賞，從而在衣著打扮、言談舉止等各個方面都總是嚴格的要求自己。

習慣寬鬆自然的打扮，不講究剪裁合身、款式人時的衣著的人，多是內向型的。他們常常以自我為中心，而融不到其他人的生活圈子裡。

他們有時候孤獨，也想和別人交往，但在與人交往中，又總會出現許多的不如意，所以到最後還是以失敗而告終。他們多是沒有朋友，可一旦有，就會是非常要好的，他們的性格中害羞、膽怯的成分比較多，不容易接近別人。

也不易被人接近。他們對團體的活動一般都不感興趣。

習慣打扮素雅、實用為原則的人，他們多是比較樸實、大方、心地善良、思想單純而又具有一定的寬容和忍耐力的人。他們為人十分親切、隨和，做事腳踏實的，從來不會花言巧語的去欺騙和耍弄他人。

他們的思想單純，但絕不是對事物缺乏自己獨特的見解。他們具有很好的洞察力，總是能掌握住事情的實質，而做出最妥善的決定和方案。

習慣穿色彩鮮明、繽紛亮麗的服裝的人，他們大多比較活潑、開朗的、坦率和豁達，對生活的態度也比較積極、樂觀和向上。

同時，他們的自我表現欲望比較強，常常會製造些意外，給人帶來耳目

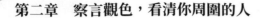

一新的感覺，以吸引他人的目光。

　　穿著打扮的習慣最能展現一個人的個性。不管這些個性孰優孰劣，在特定的場合一定要注意特定的打扮。

看破臉上的表情變幻

　　我們在與他人打交道的時候，時常會被一時的花言巧語所迷惑，卻不曾注意觀察說話對象的臉部表情和眼神，豈不知這樣是多麼的危險，一開始就認為這個人好或壞，可是隨著時間的成長，才發現自己被假象所蒙蔽。所以，善於察言觀色有利於我們的人際社交。觀察一個人的臉色，獲悉對方的情緒，這與老獵人靠看雲彩的變化來推斷天氣的陰晴，是同樣一個道理。

　　俗話說，眼睛是心靈的窗戶。一個人的心理活動，往往會在他的目光裡有所展現。人的目光其實可以傳遞很多的內容：好感、喜歡、興奮、好奇、冷淡、厭惡等等，你注意看對方的眼睛，就可以判斷出對方對你的態度，進一步判斷出你在他面前是否具有魅力。

　　希臘神話裡有這樣一個故事，說是若被怪物三姐妹中的美杜莎看上一眼，立刻就會變成石頭，說白了，這是將眼睛的威力神化了。人深層心理中的欲望和感情，首先反映在視線上，視線的移動、方向、集中程度等都表達不同時期的心理狀態，觀察視線的變化，有助於人與人之間的交流。打個比方說，爬上窗臺就不難看清屋裡的情形，讀懂人的眼色便可知曉人的內心狀況。

　　一個人是否喜歡另一個人，總要從他的言談中表現出來。如果對方與你交談時顯出極大的熱情，常常說一些真心誇獎你的話，並願意向你講出他的心裡話，那就說明你對他很有吸引力。

丈夫小王和妻子小美剛結婚時，感情很好，常常形影不離。可是，隨著生活的日漸平淡，彼此都熟悉了婚後的生活，再也沒什麼新鮮感了，就常常為柴米油鹽醬醋茶的瑣事而吵架了。

起初小王和小美一有不滿，就互相爭吵，各不相讓，但是在爭吵過後，兩人堅持不了幾個小時又和好了。可是，隨著吵架次數的增加，這好像成了家常便飯，於是小王和小美誰也不願再理睬對方，他們經歷了一個結婚以來最冷漠的階段。但這也不是辦法，小王和小美還要面對家人和朋友，為了不讓別人看出來，他們逐漸過度到有別人在場的時候，彼此顯得關係還不錯、很恩愛，而一旦只有他們獨處時，家裡則靜悄悄的、互不打擾。但隨著彼此間的不調和發展到極端時，不快樂的表情反而逐漸消失，他們的臉上反而呈現出一種微笑，態度上也顯得很親切。

怪不得一位經常辦理離婚案的法官說，當夫婦間任何一方表現出來這種態度時，就表明夫妻關係已到了不可調和的地步了。

人類的心理活動非常微妙，但這種微妙常會從表情裡流露出來。倘若遇到高興的事情，臉頰的肌肉會鬆弛，一旦遇到悲哀的狀況，也自然會淚流滿面。不過，也有些人不願意將這些內心活動讓別人看出來，如果單從表面上看，就會讓人在判斷上失誤。

比如：在一次洽談會上，對方笑嘻嘻的完全是一副滿意的表情，使人很安心的覺得交涉成功了，「我明白了，你說得很有道理，這次我一定考慮考慮。」可是最後的結果卻是以失敗告終。

由此看來，我們不能只簡單的從表情上判斷對方的真實情感。在以表情揣摩對方心理時要注意以下兩方面：生活中，我們有時會看到有些人不管別人說了什麼，做了什麼，他都會保持一副無表情的臉孔。其實，沒表情不等於沒感情，越是沒有表情的時候，越可能使感情更為衝動。例如：有些職員

不滿主管的言行，只是敢怒不敢言，只好故意裝出一副無表情的樣子，顯得毫不在乎。但是，其實他內心的不滿很強烈，如果你這時仔細的觀察他的臉孔，會發現他的臉色不對勁。碰到這種人，不要直接指責他，或者當場讓他難堪。最好這樣說：「如果你有什麼不滿，不妨說出來聽聽！」這樣可以安撫下屬正在竭力壓抑著的感情。

但是這種時候也不宜說話過多，避免正面交鋒，而應該另擇時！上司開誠布公的與下屬交換意見，這樣就可以圓滿解決與下屬的這種低潮關係，主管的好形象就自然而然的樹立起來了。

毫無表情有兩種情形，一種是極端的不關心，另一種是根本不看在眼內。例如：這裡在談話，有人就很茫然的看到這邊來，表現出不知如何是好的模樣，這就是一種根本不看在眼內的表情，這有可能代表的是一種好意。尤其是女性，倘若太露骨的表現自己的好意，反而不妥，不如就顯現出一種近乎漠不關心的表情來。

憤怒悲哀或憎恨至極點時也會微笑。這種情況與眼光表情不同，通常人們說臉上在笑，心裡在哭的正是這種類型。縱然滿懷敵意，但表面上卻要裝出談笑風生，行動也落落大方。

人們之所以要這樣做，是覺得如果將自己內心的真實欲望或想法毫無保留的表現出來，無異於違反社會的遊戲規則，甚至會引起眾叛親離的後果，或者成為大眾指責的罪首，恐怕受到社會的制裁，不得已而為之。

由此可見，察言觀色常會產生誤差。滿天烏雲不見得就會下雨，笑著的人未必就是高興。很多時候，人們把苦水往肚子裡咽著，臉上卻是一副甜甜的樣子；反之，臉沉下來時，說不定心裡還在笑呢。

各式各樣的笑聲傳遞心理資訊

生活中離不開微笑。笑，是傳達內心世界的一種符號，狂笑、大笑、微笑、蔑笑、抿嘴一笑……都在傳達著各式各樣的感情。

在日常生活中，笑是我們每個人都有的表情，但笑的習慣卻有著千差萬別。

比如：捧腹大笑的多是心胸開闊的人，當別人取得成就以後，他們有的可能只是真心的祝願，而很少產生嫉妒的心理。在別人犯了錯以後，他們也會給予最大限度的寬容和諒解。他們比較有幽默感，總是能夠讓周圍人感覺到他們所帶來的快樂，同時他們還極富有愛心和同情心，在自己能力許可範圍內，對他人會給予適當的幫助。他們不勢利眼，不嫌貧愛富，不欺軟怕硬，比較正直。

習慣悄悄微笑的人，除了性格比較內向、害羞以外，還有一種性格特徵就是他們的心思非常縝密，而且頭腦異常冷靜，在什麼時候都能讓自己跳出所在的圈子以外，作為一個局外人來冷眼觀察事情的發生、進展情況，這樣可以更有利於自己做出各種決定。他們很善於隱藏自己，輕易不會將內心真實的想法透露給別人。

平時看起來沉默少語，而且顯得有些木訥，但笑起來卻一發而不可收拾，或者經常放聲狂笑，直到連站都站不穩了，這樣的人是最適合做朋友的，他們雖然在與陌生人的交往中顯得不夠熱情和親切，甚至有些讓人難以接近，但一旦與人真正的交往，他們通常都是十分看重友情的，並且在一定的時候，能夠為朋友做出犧牲。

笑的幅度非常大，全身都在打顫，這樣的人性格多是很直率和真誠的。和他們做朋友是不錯的選擇，因為當朋友有了缺點和錯誤以後，他們往往能

夠直言不諱的指出來，而不會為了不得罪人而視而不見。他們不吝嗇，在自己能力許可範圍內對他人的需要總是會給予幫助。基於這些，在自己遇到困難的時候，也會得到來自他人的關心和幫助。他們會使大家喜歡自己，能夠營造出良好的社會人際關係。

習慣小心翼翼的偷著笑的人，他們大多是內向型的人，性格中傳統、保守的成分占了很多，與此同時，他們在為人處世時又會顯得有些面腆，但是他們對他人的要求往往很高，如果達不到要求，常常會影響到自己的心情，不過他們和朋友卻是可以患難與共的。

看到別人笑，自己就會隨之笑起來，這樣的人多是樂觀而又開朗的，情緒化比較強，而且富有一定的同情心，他們對生活的態度是很積極的。

笑的時候習慣用雙手遮住嘴巴，表明這是一個相當害羞的人，他們的性格大多比較內向，而且很溫柔。但他們一般不會輕易的向他人吐露自己內心的真實想法，包括親朋好友。

開懷大笑，笑聲非常爽朗的人，多是坦率、真誠而又熱情的。他們是行動派的人，一件事情決定要做，馬上就會付諸行動，非常果斷和迅速，絕對不會拖泥帶水。這一類型的人，雖然表面上看起來很堅強，但他們的內心基本上卻是極其脆弱的。

笑起來斷斷續續，笑聲讓人聽起來很不舒服的人，其性情大多是比較冷淡和漠然的。他們比較現實和實際，自己輕易的不會付出什麼。他們的觀察力在很多時候是相當敏銳的，能觀察到他人心裡在想些什麼，然後投其所好，待機行事。

笑聲尖銳刺耳的人，多具有一定的冒險精神，且精力比較充沛。他們的感情比較細膩和豐富，生活態度積極樂觀，為人比較忠誠和可靠。

習慣微笑，但並不發出聲音，這多是內向而且敏感的人，他們的性情比

較低沉和憂鬱，情緒化比較強，而且極易受他人的感染。他們有浪漫主義傾向，並且會一直尋找一些可以製造浪漫的機會，為此可能會做出一定的犧牲。他們的性情比較溫柔、親切，能夠給人一種很舒服的感覺，所以與人相處起來會顯得比較容易。

笑起來聲音柔和而又平淡，這樣的人性格比較沉著和穩重，在大是大非面前多能夠保持頭腦的清醒和冷靜。他們比較明事理，凡事能夠多站在他人的立場上為他人考慮，善於化解矛盾和糾紛。

笑起來發出「吃吃」的聲音的人，多是能夠嚴格要求自己的。他們的想像力比較豐富，創造性也很強，常常會有一些驚人的舉動，而且他們很有幽默感，這是聰明和智慧的一種自然流露。

在不同的場合，習慣發出不同的笑聲，不但可以產生不同的感受，更能看出一個人的心性來。

笑的習慣雖然有好有壞，但笑的習慣卻不是一時半刻所形成的。要想改變不好的笑的習慣，非多加努力，增強修養不可。

第一眼看穿對方的心

裴松之注引《襄陽記》：「用兵之道，攻心為上，攻城為下。心戰為上，兵戰為下。」來說明攻心的重要性，凡屬人與人的談判交鋒活動，自始至終都有心理的抗衡。然要攻心則先要知心，知心而在攻心則是水到渠成了。

在做事過程中，若想成功的利用別人，你要做的第一件事，就是看穿別人的心。只有這樣，才能分清哪些人是可以利用的，才能摸準他們有哪些地方可以被你利用，才能決定你自己應當採用什麼樣的辦法去利用他們。否則，你將碰一個大釘子，撞暈了都不知道撞在什麼上了。

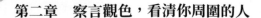

第二章　察言觀色，看清你周圍的人

　　看穿別人的心，特別是看穿初次相識的陌生人的心，說難也不難。再高明的人，也會在不知不覺中把自己的內心世界暴露出來，只不過暴露的程度、方式有所不同罷了。因此，你應當學會利用自己的眼睛和大腦，透過觀察、分析形形色色的表象，抓住問題的實質。

　　下面介紹幾種在第一次見面時如何看穿別人心靈的方法。

1　從他打招呼的方式看他的內心

　　即使是一個看似簡單的打招呼，也能給你製造了解對方內心的機會。你可以看看，以下列舉的外在表現與所分析的內心世界是否一致。當然這種分析總會有一些例外，但大體上應該是準確的。

　　一面注視對方，一面行禮的人，對對方懷有警戒之心，同時也懷有想占盡優勢的欲望。

　　凡是不敢抬頭仰視對方的人，大部分都是內心懷有自卑感的。

　　用力兒與對方握手的人，具有主動的性格和信心。

　　握手的時候，無力的握住對方的手，表示有氣無力，是性格脆弱的人。

　　握手的時候，手掌心冒汗的人，大多數是由於情緒激動，內心失去平衡。

　　握手的時候，如果目不轉睛注視著對方，其目的要使對方在心理上屈居下風。

　　雖然不是初次見面，但始終都用老套的話向人打招呼或問候。這種人具有自我防衛的心理。

2　從他的眼睛窺視他的心靈

　　初次見面的時候，首先將視線朝左右瞄射者，表示他已經占據優勢。

　　有些人一旦被別人注視的時候，會忽然將視線躲開。這些人大體上都有

自卑感，或有相形見絀的感受。

抬起眼皮仰視對方的人，無疑是懷有尊敬或信賴對方的意思。

將視線落下來看著對方，乃表示他有意對對方保持自己的威嚴。

無法將視線集中於對方身上，很快的收回自己視線的人，大多屬於內向性格者。

視線朝左右活動得很厲害，這表示他還在展開頻繁的思考活動。

3　從他的舉動看他的潛臺詞

人的一舉一動，特別是下意識的形體動作，也能向你洩密。

交臂的姿勢表示保護自己的意思，同樣的，這種動作也能表示可以隨時反擊的意思。

舉手敲敲自己的腦袋，或用手摸著頭頂，即表示正在思考的意思。

摸頭的手震動得很厲害，即表示全心全力在思考。

用雙手支撐著下顎，大多數的情況都表示正在茫然的思考中。

用拳頭擊手掌，或者把手指折曲得咯咯作響，就表示要威嚇對方，而不是在進行思考的活動。

4　從他的癖習看他的特性

搔弄頭髮的癖習，是一種神經質。凡是涉及有關自己的事情時，他們馬上會顯得特別敏感。

一面說話，一面拉著頭髮的女性，大體上是很任性的女人。

說話時常常用手掩住自己嘴巴的女人，是有意要吸引對方。

拿手托腮成癖的人，即表示要掩蓋自己的弱點。

不斷搖晃身體，乃是焦慮的表現，這是為了要解除緊張而表現出來的動作。

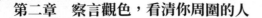

雙足不斷交叉後分開，這種癖習表示不穩定。如果女性具有這一癖習時，就表示她對某位男性懷有強烈的關心之意。

透過握手了解他人的心理狀態

透過握手，可以了解他人的心理狀態，這是眾所周知的。如果一面同對方握手，一面用眼睛注視著對方的臉孔的人，在心理上有著較強的優勢，是一種不大容易妥協的人。

女性若一邊握手，一邊注視，是她有意引起對方注意，以獲取對方對自己的好感。

握手時，軟弱無力，表現出完全被動的姿態的人，缺乏堅強的個性，遇事可能優柔寡斷。

綿軟的和別人握手，則表現為 —— 後發制人，遇事讓三分。

過度殷勤的同對方握手，表現出這個人目的性很強，會奉承巴結人。如果用謙卑的神情一再同對方握手，表明這個人懷有某種目的，因為握手不過是一種禮貌性接觸，過度看重這種接觸，就是弦外有音了。

用右手拉住對方的一隻手，再把左手握在上面，用這種方式，可以表達信任和親密的感情。

用力握手是一種顯示力量的表現。見面時用力握住對方手的人，一般主動性較強，性格外向，爽快，做事講究效率。但有時容易急躁。

同他握手時也會不知不覺的加了把力氣。這種互動的力量，表明你對於和對方的相識，感到很興奮，希望能繼續和他交往。所以，從對方握手的力量感上，也能表明交往的誠意和信任的程度。

握手時，手心出汗的人，大多數屬神經質類型，這樣的人情緒容易激

動，內心不易平衡，比較敏感。

如果在和對方握手時發現對方的手心有汗，表明對方的情緒高漲。也可以說是內心失去平穩的象徵。

有些女性看起來冷若冰霜，但有位男性在握她的手時，發現她的手心在出汗，這表明握住她手的男性引起了她的某種興奮。

握手是一個再簡單不過的動作，但就在握手的那一剎那，他的姿勢就會告訴你，他是一個怎麼樣的人。

1 無精打采的人握手時的手指頭軟弱無力，手也握得不緊，常是悲觀、猶豫不決而看問題不太確切的人。

2 大力士的人出手猛烈，握時用勁，活像一把老虎鉗，非等對方有畏縮或表示激動之意時，才肯罷手，這是一種喜歡以體力標榜自己的人。

3 躊躇的人無法決定自己要不要跟人家握手。當對方斷定他不會握手，而把手縮進口袋裡時，他又突然把手伸出來，等對方伸手過去。這是一種凡事皆表躊躇，缺乏判斷力的人。

4 保守的人握手時，手臂不但伸長，肘的彎度呈直角，手背貼近身子，充分顯示出謹慎與保守的個性。

5 強迫的人從來不放過與人握手的機會。不論何時何地，總不問親疏的先伸出手來與對方握手。此一強迫性的握手動作，正反映出他內心的不安與自卑。

6 敷衍的人視握手為應付公事。握手僅把手指頭伸向別人，毫無誠意可言。這是一種做事草率的人。

7 粗獷的人握手時的動作比較粗獷，而且對所握的手還不停的搖晃，這是一種意志堅定、秉性剛強的人。

8　說教的人先向對方握手，表示好感。然後開始宣傳攻勢，不達目的，絕不放手。這是一種機會主義者，善於利用別人來達到自己的目的。

9　握手時，緊抓對方手掌，大力擠握，令對方痛楚難忍的人，精力充沛，自信心強，為人則偏於獨斷專行。

10　握手時力度適可，動作穩實，雙目注視對方的人個性堅毅坦率，有責任感而且可靠、思想縝密、善於推理。

11　握手時只輕柔的觸握的人隨和豁達，絕不偏執，頗有遊戲人間的灑脫，謙和從眾。

12　握手時習慣雙手握住對方的手的人熱誠溫厚，心地良善。

13　握手時握持對方久久不放的人情感豐富。

14　握手時只用手指抓握住對方而掌心不與對方接觸的人個性平和而敏感。

15　握手時緊抓對方，不斷上下搖動的人極度樂觀。

16　有些人從不願意與人握手，他們個性內向羞怯，保守但卻真摯。

巧妙應付體格強壯的對手

這一類人大多體格強壯，肌肉發達，身材健碩。這些黏著質類型的人，其頭部肥胖，肩膀寬闊。

這類人的外貌及體魄都似是運動員、體力勞動者。但因為他們中不乏忠誠老實，一絲不苟者，更因其有忠厚的外貌，故也有不少是高級管理人員。

你的對手之中，大概會有這種人吧：抽屜內的東西清理得井然有序，或絕不會忘記寄信，其字體是工整的楷書！這種人就是典型的黏著質的人。

第二個特徵是經常以秩序為重、講求義理，每天過著充實的生活等等。此種性格的確黏性很強，一旦開始著手於某種工作，必定堅持到最後完成的階段。

另一種特徵是做事速度遲緩，說話大繞圈子，嘮叨不停等等。尤其在說話方面表現得更明顯。即使是寫信的內容，也如同講話一般，過於冗長、謹慎而周到，洋洋灑灑一大篇。

從以上的觀點來看，這種類型者是可以信賴的人物，不過，卻是稍嫌欠缺趣味性的堅硬性人物。

如果這種人是你的對手，你就要清楚他們有對抗、固執的一面，也有拘泥形式鑽牛角尖的習慣。

準確的分析對手

俗話說「知己知彼，百戰不殆」，用兵者如此，經商者亦是如此，只有了解你的對手，才能在接下的較量中占得先機，從而才能將對手玩於股掌之中，最終將其擊倒！

做生意的要訣就在於能夠準確的分析自我的優勢、敵人的劣勢和市場的總體需求，採取未雨綢繆的方式進行經營。例如某年某城市一個個體戶，聽到天氣預報說近幾天要下雪，氣溫下降。他考慮到該城市是個春城，連年天氣溫暖，人們的禦寒衣較少，各大商店也很少進貨，就趁機進了大批羽絨衣投向市場，果然天氣一冷，人們爭相購買。

未雨綢繆的目的在於預先周密安排好可能出現的事物，以盡量爭取時間和提高效率。它包括以下幾個方面：

1　知道何種產品可以上市，何種產品不可上市。如果要上市選擇何時

作為適當的上市時機。

2　知道何種產品何時可大量進入市場，何時為該產品的旺季。

3　知道競爭對手的產品品質及其優勢所在，知道如何開發出戰勝對手優點的產品。

4　知道自己的商品銷售歷史情況、商品庫存量和準確的貨源量。知道物力、財力、人力和自己所處的環境。

5　知道同行業的銷售庫存及經營特點、策略方法。

6　知道當時的經濟形勢和黨的方針、政策給市場帶來的影響。

7　本公司能夠重視研究發展，培養技術實力，隨時有能力製造品質優良、有市場潛力的產品，以適應商場的競爭。

8　主管能對傑出的經營幹部充分授權，讓其在經營過程中當機立斷，做出最好的決策。

9　熟悉商品的性能、品質、規格、價格等情況。知道生產與貨源情況。

10　知道消費者心理和購買投向。

11　禁忌看大不看小，小的不願做，大的做不了，到頭來大小都做不好。

12　禁忌擠「熱門」，一哄而起，一哄而散。

13　禁忌不專一，見異思遷，樣樣想做，但最後都半途而廢或者經營不深入。

14　禁忌因循守舊，步人後塵。

15　禁忌僥倖取勝。

考察別人的意圖，了解別人的意願

　　第一次世界大戰是德奧等同盟國與英法美等協約國的戰爭。當戰事正劇烈的時候，美國政治家、參議員胡佛，提醒了一位德國軍官他完全忘記的事情，從而保全了比利時戰時救災委員會。當時，由於德國被協約國的新聞傳媒攻擊得怒氣沖天，因此準備把駐在德國的「比利時戰時救災委員會」驅逐出境作為報復。這個委員會，卻是參議員胡佛發起組織的。胡佛聽到這個消息，就立刻從倫敦趕到德國軍隊的大本營中去。

　　一位德國將軍盛怒的告訴胡佛說，委員會必須立即出境。並且說，胡佛的那些委員，是一群「協約國的間諜」。同時，他還對協約國報紙上對德國戰略批評得「不公允」表示極大的憤慨。胡佛當時雖聲辯了一下，但卻絲毫不能打動這個軍官。

　　在這個緊急關頭，胡佛忽然想到了一個主意。

　　他很明確的對這位不可一世的將軍指出，如果他真的實施他的主張，那就是斷絕了比利時的糧食供應，將來在歷史上，他個人的名譽必然會因此而受損，難道他願意被世人責罵為「一個民族的屠夫」嗎？那將軍當時聽了這話卻一反常態，並沒有咆哮暴怒起來，他冷靜的考慮了一下，竟讓胡佛明天早上再來見他。

　　胡佛終於獲得了勝利。比利時戰時救災委員會得以保存下來。

　　那位將軍把其個人名譽看得比什麼都重要，這就是他「自尊心」的中心所在，也是他生命中的最大欲望。然而，他顯然沒有將這最珍視的名譽與「比利時戰時救災委員會」聯繫在一起嚴肅的加以考慮。胡佛因為能夠默察他人的內心偏好，所以就能夠隨心所欲的利用這一點來操縱、利用這位將軍而達到自己的目的。

　　不過，這裡應該強調的是，在對付別人的時候，應該懂得，人的欲望是各不相同的。一般的欲望，如自尊心、食慾、性慾等，是人人都有的。但即使是這些共同的欲望，在每個人身上都是不同的，形成一個永遠變化的獨特的模式。另外，世間一切人，在任何時候，都有一種特殊的欲望和癖好。這種欲望和癖好，因人而異，正如各人的身軀、相貌、聲音一樣存在著差異。所以，一個同樣的方法，絕不能對付於兩個人。

　　格瑞戈里曾經說過：「我平生應付過好幾千人，對於這些人，我的感覺是，他們是完全不同，各不相干的人。」

　　布倫克三十歲就做了液體碳酸製造公司的經理，四十歲以前就成為世界著名的礦務工程的專家。他曾有趣的談起他的經驗：「你如果想用同樣的方法來訓練每一個人，使他們都喜歡某一種事物，那是絕對沒有好結果的。人是生來就各不相同的，所以也必須個別的加以訓練。對於甲適用的辦法，對於乙也許就完全不適用了。所以，你必須知道在什麼時候應該扳動哪一個開關，才能收到一發就中的效果。」

　　為了說明這點，布倫克曾講過一個雇主的故事，這人就是因為扳錯了開關，以致錯過了一個輔助他成就事業的好雇員。布倫克說：「有一個青年職員，聽說另有一家公司對他很青睞，希望他前去發展。可這年輕人自己倒沒有離開這公司另謀高就的意思。有一次，他去見老闆彙報有關業務進展，那老闆因為對他的表現頗為滿意，便臨時嘉許了幾句，對他說：『你在公司做了幾年，很有長進。我想告訴你，你自己應該知道可以滿足了。』不料這年輕人聽了之後大為不滿。在這點上，那雇主實在不懂得年輕人的心理。青年人正是有著青春、大志與才能的，叫他在這幾年中自己可以滿足了，這是什麼意思？這對他有什麼鼓勵呢？他認為自己絕不該以此滿足，所以便立即辭了職，受聘於另一家公司了。」

這位老闆有一點是猜得不錯的，即這年輕人的確想留在他的公司裡，而且他的確並不希望他的主人立刻再擢升他。但他猜得太絕對、自信，是太性急了，完全扳錯了開關，結果反而壞了事。他以為只要在那個年輕人肩膀上輕輕的拍一下，給他一番糖般的讚許，就足以籠絡得住他，哪裡曉得他完全看錯了。那個年輕人所要知道的是一個前程，一個發展的機會。老闆只要在問答之間，探聽他的口氣，便可知道他真正的欲望。而只要稍加鼓勵，對他說幾句「年輕人，再加把勁，你的前程不可限量」之類的話，便可以牢牢的籠住他，然後再不斷的逐步滿足他便可。可是這老闆不肯費心一點這樣去做，結果因為一句讚詞不當而失去了這樣一位年輕能幹的職員。

這個事例也許獨特了些，不過從中仍可得出這樣一個教訓：「在對付別人之時，第一要做到的是，考察他們真正的意圖，尤其要設法了解與我們的計畫密切有關的對方的真正意圖和志向。」

學會察言觀色

「出門看天色，進門看臉色」，說直白點，察言觀色就是看人臉色，我們生活在社會中，朝朝暮暮、時時刻刻差不多都在看人臉色。僅憑對方的一個小小的眼神就能明察秋毫、見微知著卻也是一項高超的本事。生活中處處都需要察言觀色。在職場上前懂得察言觀色是識相與明智。與朋友交懂得察言觀色是知情識趣，善解人意。與親人相處懂得察言觀色是關愛和體貼入微。總而言之，察言觀色就是人際溝通的雙贏法寶。

古人說：「世事洞明皆文學，人情練達即文章。」做事離不開「人情定律」，不懂不察人情是不可以的，因為，人情是無根的東西，想要固定它，必須牢牢的掌握它。

第二章　察言觀色，看清你周圍的人

　　通曉人情，就是要有一種設身處地，將心比心的情感體驗的態度。從正面講，就是要「己欲立而立人，己欲達而達人」。就好像肚子餓了要吃飯，應該想到別人肚子也餓了，也要吃飯；身上冷了要穿衣，應想到別人也與你一樣。懂得這些，你就要「推食食人」、「解衣衣人」。劉邦就深諳此道，所以他在韓信眼中是個通情的人，並且劉邦還使韓信欠下自己的人情債不忍背叛。

　　漢王四年，韓信平定了齊國，他向漢王劉邦上書：「我願暫代理齊王。」劉邦大怒，轉而一想，他現在身處困境，需要韓信，就答應了。韓信力量更加壯大。齊國人蒯通知道天下的勝負取決於韓信，就對他說：「相你的『面』，不過是個諸侯，相你的『背』，卻是個大福大貴之人。當前，劉、項二王的命運都懸在你手上，你不如兩方都不幫，與他們三分天下，以你的賢才，加上眾多的兵力，還有強大的齊國，將來天下必定是你的。」

　　韓信說：「漢王待我恩澤深厚，他的車讓我坐，他的衣服讓我穿，他的飯給我吃。我聽說，坐人家的車要分擔人家的災難，穿人家的衣服要思慮人家的憂患，吃人家的飯要誓死為人家效力，我與漢王感情深厚，怎能為個人利益而背信棄義。」

　　過了幾天，蒯通又去見韓信，告訴他時機失去了便不再來，韓信猶豫不決，只因漢王對他情深意重。

　　我們姑且不論劉邦以後如何處死了韓信，但就人情世故而言，劉邦很成功，他能令韓信在想到背叛時心中產生了愧疚，不忍去做。

　　通曉人情從反面講，就是要「己所不欲，勿施於人」。你愛面子，就別傷別人面子；你要得到尊重，就不能不尊重別人。「只許州官放火，不許百姓點燈」的事，也不是沒有人做。

　　項羽就是其中之一。雖然他有「霸王」的美稱，卻只有霸者的習氣，沒有王者的風範。他自己想稱王，卻想不到手下的弟兄也想做官。該賜爵的時

候，爵印就在他手中，稜角都磨損了，他還是捨不得頒發下去。

因此，與其說項羽敗給劉邦，還不如說他輸給了人情。

通曉人情還不夠，有的人既通又曉，但自視清高，懶得做。情是做出來的，需要有你的人緣。

有人緣的人，才會廣交朋友受人歡迎。

話雖這樣說，但人情的「通」，人緣的「有」，是不能靠守株待兔的，天上不會掉下一張餡餅，而且剛好掉到你的嘴巴裡。人情要去做。

做人情，前提便是察言觀色，消息靈通。

察言，便是「聞一知十」，觀色，便是「見面明意」。真正的做到了這一點，讓你的朋友欠個人情給你，簡直太容易了。

李先生與趙先生在一家商場相遇，趙先生帶著他的獨生女，兩人邊走邊談些生意上的事情，當經過女裝櫃檯時，李注意到趙的女兒的眼光落在一件紅色衣服上。第二天，李來到趙的家，送給趙的女兒一件紅色的衣服作為禮物，趙的女兒很開心，卻沒想到，她的父親有一天要給「李叔叔」一個面子，將這個情還上。

透過嘴巴識人術

人的嘴部確實能夠鮮明的表現出人的態度來。一般來說，一個人口唇部分的變化，主要有以下幾種情況：

把嘴抿成「一」字形，如果是個堅強的人，他一定能完成任務；張開嘴而合不上，是個意志不堅定的人；注意聽說話時，嘴唇兩端會呈現稍稍拉向後方的狀態；人的嘴唇往前空撅的時候，可是一種防衛心理的表示；下巴抬高，十分驕傲，優越感、自尊心強，望向你時，常帶否定性的眼光或敵意；

下巴縮起，此人仔細，疑心病很重，容易封閉自己，不易相信他人。

　　口齒伶俐，吐詞清晰固然是辯才；口齒不清，說話遲鈍，但意志堅定，見識不凡為天下大才；嘴角上翹，這種人豁達、隨和，比較好說話，易於說服；嘴角下撇，這種人性格固執、刻板，不愛說話，很難說服；唇角後縮，對方正在傾聽你的說話，而且感興趣；說話或聽話時咬嘴唇，對方在自我譴責、自我解嘲，甚至自我反省；說話時以手掩口，說明對方存有戒心，或者在自我掩飾。

　　時常舔嘴唇的人，內心壓抑著因興奮或緊張所造成的波動。說謊時，常口乾舌燥的喝水或舔嘴唇；打呵欠是想暫時逃避當場意識的欲求表現；清嗓門的動作且聲音變調之人，是對自己的話沒有把握，具有杞人憂天的傾向，男性常見咬住菸頭，用唾液加以潤溼的動作，為不成熟的幼兒心理；當人的嘴唇往前噘嘴，可能是一種防衛心理的表示。

　　俗話說：「緘口以自重。」禍從口出，從人的口可以看出人的胸懷和性情，南北朝時，賀若敦為晉的大將，自以為功高才大，不甘心居於同僚之下，看到別人做了大將軍，唯獨自己沒有被晉升，心中十分不服氣，口中多有抱怨之詞，決心好好做它一場。

　　不久，他奉調參加討伐湘州之戰，打了個勝仗之後，由於種種原因，反而被撤掉了原來的職務。為此他大為不滿，對傳令官大發怨言。晉公宇文護聽了以後，十分震怒，把他從中州刺史任上調回來，迫使他自殺。臨死之前他對兒子賀若弼說：「我有志平定江南，為國效力，而今未能實現，你一定要繼承我的遺志。我是因為這舌頭把命都丟了，這個教訓你不能不記住呀！」說完了，便拿起錐子，狠狠的刺破了兒子的舌頭，想讓他記住這個教訓。

第三章

看透朋友的性格，
　　廣結人脈

如何看透對方心理

知人易，知人心難！如果能夠擁有看透對手內心的本領，那麼在這競爭激烈的社會裡，你便有了自己的一席之地。

在生意場上，實現對話的目的，開啟了對方的心扉，只能說成功了一半；我們還必須進一步看透對方的心理，否則將無法有效的說服對方，達到我們交際的目的。

人心藏於胸腹中，不易為他人所理解，但是，不知是幸抑或不幸，人的心思卻可由顯現於外的表情、動作、言談等流露出來。即使是極端型的面無表情者，其心理狀態也無法完全不表現在其舉止之間。下面將為你介紹幾種初見面時可以識透對方心理的有效技巧。

反問對方以確認其意圖

狡黠的政治家，慣常使用模稜兩可的回答。

如果你遇上說話語意不明者，而他又避免作明確的結論，乍聽似乎有理，實際並不然時，為了確認他是否為意志躊躇的人，可利用他自發的雙面理論來加以辨明。在他提出強調單方結論後，應立即反問他對於另一方的理論有何看法。

請堅持講完你的話

如果與人見面時，對方表現出聞一知十的態度，你在心裡須先設戒心。因為對方對你的個性、情緒毫無所知，卻表現出聞一知十的樣子，其意義大多表示不想傾聽你談話的拒絕姿態，只是礙於禮儀或情面，不好直接表明。但是，如果話才說出，對方便頻頻點頭表示了解，你不可緘默其口，而要堅持說完你的話，讓對方更加了解。

對方內心不安的表證

通常，見面雙方都持著該有的禮儀待人，若是對方態度異常的冷淡無禮，正說明了他的內心隱藏著不安，為了掩飾其弱點，便採用這種擾亂戰術。你可不要被對方的假面具所嚇退，此時要以冷靜的態度應付，才是上上之策。

「面無表情」的表情

面無表情的表情，正是對方內心無言的表達。當人類強烈的欲望無法得到滿足，或心底充滿敵意與不欲為人知的情感，不敢直接表露而努力壓抑時，就會變得面無表情。所以，無表情，並非內心毫無所感，而是波濤暗湧，畏於表現出來。在他們沒有表情的臉孔下，實則深藏著不為人知的想法。

對方突然多話時

人變得多話，並非只是在他想表達自我時，相反的，想打斷或想結束某話題時，也是如此。所以當對方突然高談闊論起來時，仔細想想是否提到他們不願觸及的問題呢？話多並不表示能言善道，只不過是掩藏自己的煙霧彈罷了。

對方特別親切時

面對對方親切無比的應付態度，若是認為自己交際成功而沾沾自喜，那真是大錯特錯。對方過度親切時，必須懷疑對方是否為了掩飾內心的不安才如此。此時，你應該若無其事的轉變話題。以探知對方的真意。

遞上一根菸

香菸盒乃是對方用之不露痕跡的表示己方的意思的一種信號。因此，若是推拒了對方所遞過來的香菸，而取出自己的香菸來抽的話，會被認為是不接受對方的一種拒絕態度。

如果對方將手插入褲袋中

手插入褲袋中，多半是在緊張之餘，無意識的把手放人褲袋中的。

不論何人，為了要解除內心的緊張，大都會做出解除肉體緊張的動作。他將手插入褲袋中，也只不過是要借著觸摸自己身體中易於接觸的位置，來提高與自己的親密性，進而消除緊張。初次會面的對象，即使他做出違反禮儀的動作，因此責難他也並非上策。接受對方的那些信號，並使其緊張得以緩和，這才是引出對方真心話的一個前提。

故意與對方的意見相左

在以了解對方的人品及思想為目的的面談中，為了能在有限的時間內盡可能的抓住正確的形象，就有各種深層的方法被使用著，其中有一種被稱為壓迫面談的方法。這是一種向面談者提出令他不快的問題，或是將對方置於孤立狀態而迫使他作二者擇一的決斷的方法，換句話，就是「虐待對方」，將其趕入危機的狀況中而視其反應的方法。

持續提出用「是」、「不是」不能回答完全的問題

對於人際社交，特別是要探知對方的真意時。不論有關任何一方面，都有必要讓對方說出更多的話語，因此，這一方法應是一個有效的助力。

對方若把話題岔開

對方將話題岔開，大致上有三種情形。其一是因為完全不留神而岔開了，其二因突然產生出乎意料的聯想而岔開，另一種則是故意將話題引到別處的情形。這些情形，都表示說話者目前的興趣和精力，已轉向別的話題上。因此，不要在中途截斷對方的談話，讓他繼續一段時間。如果是第一種情形的話，不久對方對於究竟何者才是正題也感到非常詫異。第二種情形中，因為本人並沒有忘記本題，所以能自然的了解到其聯想與本題的關係。而如果隔一段時間之後仍然不能回到本題的話，就可以判斷為第三種情形。依此種方法，可以了解到，乍看之下是很浪費時間精力的「離題談話」，也可以成為讀出對方心理的一個絕好機會。

不妨閒話家常

在不了解對方的性格、感情特點等的情況下而與之作初次見面的談話，就像拳擊比賽，需要猛擊。

完全脫離目的的閒談，就如同看似沒有目標的進攻，提供了看清對方本意的線索。如果對方加入了閒談中，則可視為接受己方態度的表現。假設對方並不參與閒談，那麼對於己方所引出的閒談，對方應該表示出一些反應。視其反應，己方就可以決定是進是退、或是再進一步試試看等，以改變自己的戰術。

不要探究初次見面者的過去

為了拉近與初次見面的對象之間的距離，將話題指向有關對方的過去或出生故鄉等，這也是可以的，但那並不一定都是對方所願觸及的往事。有時，這些事是他心靈上的創痕，在那種情形下，對方也會將深藏於自己內心

的不快和憂慮，表現在表情或實際行動的細微之處。因此，一邊談話也要一邊注意這些信號。

當你被誇獎時

誇獎的言辭、恭維話，並不都是單純可喜的。一被別人稱讚就立刻上當的，會被認為是太簡單、太幼稚。然而，若是露骨的表示出猜疑心並冷冷的應對，這也會破壞交際的氣氛。因此，最順利順利的方法是，先謙虛一番，然後繼續保持著探索對方真意何在的姿態。由此就能夠找出對方隱藏於讚賞言辭後面的觀察之心，並且判斷出他是否對你懷有敵意。

靈活掌握與朋友之間關係

「君子之交淡如水」，這句話經常被人說，但我認為總是淡也不好。朋友在一起冷冰冰的，沒有什麼意思，所以這句話得與另一句話聯繫起來理解，「水至清則無魚，人至清則無友」，朋友之間還是該淡時淡、該濃時濃最好。

處理好人與人之間的距離，莫不是處世的學問，而距離就在淡與濃之間，就看你如何去掌握了。

你可以與你的老闆交朋友，但是在工作中，你與老闆的角色是不同的。不能以為自己是老闆的朋友就可以在公司或公司裡也稱兄道弟起來。老闆還怎麼工作？他怎麼去安排他人工作？他怎麼處理好大家的關係？他又如何區分工作人事上的是與非？有一個人，上班時喜歡拿著茶杯到老闆的身邊，找他吹牛聊天。公司來了客人，他也不迴避，仍舊坐在一旁，還不時的插幾句，嚴重的干擾了老闆與客人的交流。

像這個人，就是由於在與朋友相處時沒有做到該淡時淡，使朋友關係對工作的負面影響增大。

　　如果你的老闆非常器重你，經常帶你出席各種社交場合，那麼，你千萬不要得寸進尺，保持適度的距離對你是有好處的。

　　也許你發現你可能正在成為老闆的朋友甚至是哥們，但是你應該掌握好尺度。

　　任何一位主管對待下級問題上，都希望和下級保持良好關係，希望下級對他尊重、服從、喜歡。所以，當他願意和部下建立朋友關係、同事關係的同時，或者在願意建立情感溝通的同時，總是不希望用朋友關係超越或取代上下級關係。也就是說，他必須保持自己一定的尊嚴和威信。

　　和主管保持一定距離，還有一點需要注意，即注意處理交往的時間、場合、地點。有時在私下可談得多一些，但在公開場合，在工作關係中，就應有所避諱，有所收斂，否則主管做出對某個人的工作安排或者對某個人進行處罰，當事者就會感覺有你的「陰謀參與」，到時候你吃不了兜著走。

　　老闆再民主也需要一定的威嚴。當眾與老闆稱兄道弟只能降低老闆的威信，並且其他的同事也開始對老闆的命令不當一回事。

　　當老闆發現他的工作越來越難做，而最終他發現是你破壞了他必要的威嚴，那麼，等待你的將是被老闆疏遠。你更不要試圖更多的參與老闆的私人生活。隱私對一個人來說是必要和重要的。也許老闆在某些時候，對你沒有什麼戒備，讓你進入了他的私生活，但你不可從此就隨便走進他的私生活。

　　當然，你能夠和老闆交上朋友，說明你與老闆的距離很近。但是。這種朋友關係的最佳狀態，是業務上的朋友和工作上的摯友。如果你能提升老闆在公司中的地位，你就是他最好的朋友。否則你就是個製造是非的人。

　　記住，老闆欣賞你，絕不是為了與你交朋友，而是讓你為他服務，創造效益。

　　但下班後，你可以與老闆放鬆的聚一聚，喝喝酒，說說笑話，情濃如

水，也是可以的。老闆畢竟是人，需要一個可以傾聽的對象。

以心交友，以誠聚義

「桃花潭水深千尺，不及汪倫送我情」，這句流傳千古的絕句展現了朋友之間的深情厚誼。

朋友之道，貴在真誠，真正的朋友要有一種能做到無怨無悔付出的心懷。

古人說，君子之交淡如水。但這種淡然自在一定的時候卻能變成血水相融的真切情感而救人於危難之中，這就是區別君子之交和小人之交的重要標誌。

秦王和大臣中期爭論，辯不過中期，秦王非常生氣，中期則緩步走開了。

他的朋友為中期向秦王開脫，說：「多麼強悍啊！中期也幸好遇到明君，否則剛才的行為，遇到桀紂一般的君王，一定要被殺了。」

秦王因此不再記恨中期。

人生在世，有三兩個知心朋友，閒暇時品茶聊天，暢談人生理想，感受時代變遷，可稱是一大樂事。

但要交得真正的知己朋友，卻並非易事。下列幾條交友之道，可做借鑒。

我們每個人都有知己的朋友，這類朋友交往甚密，幾乎就像自家人一樣，任他自由來去，不必迎來迎往。

來時趕上飯就吃上一口，渴時掂起壺自斟自飲。遇到問題讓他也發一些高見，碰上困難首先想到的會是他。一句話，這樣的朋友交心知底，最

可信賴。

但如果你非要用客客氣氣的方法來招待他，反倒顯得生疏了。

考察一個朋友的人品，就要從小處來觀察他，是否自私自利？是否心胸寬闊？

是否地位高人一等後就驕矜自滿、目中無人？是否有足夠學習精神？他有沒有一般男性小氣、自滿、無聊耍賴、不求上進乃至驕奢淫逸的噁心。

友誼得用心血、時間來維持。因此，如果一個人說他不需要別人，那可能意味著他只是懶惰，不能為友誼注入許多時間。有一種人常與書本作伴，這說明他們樂於沉浸在孤獨之中。

有人喜歡獨自一人去看電影，心血來潮時獨自一人去餐廳用餐，這說明他喜歡獨處。跟持有這種生活方式的人交友並不是什麼壞事。

然而，對於不願意交結朋友的人來說，你必須花大氣力去循循善誘。但如果你付出反覆的努力去博得他們投桃報李，那麼他們一定會十分珍視這份友情。

無論如何，勢利眼或小心眼是最要不得的。覺得今天的他不順看，只看眼前不考慮他的潛力，這是你的錯。

而要了解他的全部，總得根據自己的實際情況來判斷才行。方法是：

只有深深洞察了你的弱點的人，才可能成為你的忠實朋友。

友情的深淺，不僅在於那位朋友對你的才能欽佩到什麼程度，更在於他對你的弱點容忍到什麼程度。

比你太強的人，成不了你的朋友。比你太弱的人，你又不屑於和他做朋友。

只有與你的程度相彷彿的人，最容易成為你的朋友。因此，誰是你的朋友，誰就是你的生命尺度。

一旦朋友不幸去世，你會覺得自己的一部分生命也隨之離去。

真正的朋友並不是長相廝守，濃郁的友情看上去反而十分清淡。即使相隔多年未曾謀面，一朝相會兩個人的心靈便立刻對接上，無須任何寒暄與過度期，雙方就能成為一體。

友情的高低往往和距離成正比，時間與空間的雙重距離。糾纏在你身邊並且需要時間呵護的友情，往往十分脆弱。

最珍貴的友情又總是像北極星那樣，永恆而又遙遠。

一個個性強的人，日常他習慣於依靠自己而並不信任他人；在危難時，他寧可自尊的毀滅也不願向旁人呼救；在志得意滿時，他那鋒利的個性常常傷害距他太近的人……他天性中有一股強烈的排他性，使周圍人既被他吸引又被他驅離。

他的朋友只能是聳立於天邊的另一個強者。他們都不願意相互走近，只要彼此遠遠的望一眼，雙方就能汲取到對方的力量。

朋友越多，你也得越多的為朋友忙碌，也就是將自己的生命細細的剁碎給朋友們分享。

而忙碌的結果卻是朋友越忙越多，你的朋友總是你日復一日忙碌出來的，不願忙碌的人，連舊日的朋友也會逐漸失散。

不信賴朋友的人，保持了自身的完整，也會陷入無援的孤獨。完整本身就意味著孤獨。

在人的一生中，人人都離不開朋友。俗語云：「朋友多了路好走。」那是功利性的，「天下誰人不識君」那是幻想型的。

做芸芸眾生的普通人，擁有幾個真正的朋友，此生足矣。朋友是嚴冬之中讓你驀然回首的溫暖問候，是遠方捎來的「珍重加衣」，真正的友情必定有類似愛情的成分存在。

在別人最需要的時候伸出援手

人們常以患難之交來形容那些共同經歷風雨走出來的朋友，俗話說「患難見真情」，也正是這種真正經歷過風雨的友情才能經受住世俗的攻擊。

人的一生不可能一帆風順，難免會碰到失利受挫或面臨困境的時候，這時候最需要的就是別人的幫助，這種雪中送炭般的幫助會讓原本無助的人銘記一生。

德皇威廉一世在第一次世界大戰結束時，可算得上全世界最可憐的一個人。他眾叛親離，他的臣民都反對他，只好逃到荷蘭去保命，許多人對他恨之入骨。可是在這時候，有個小男孩寫了一封簡短但流露真情的信，表達他對德皇的敬仰。這個小男孩在信中說，不管別人怎麼想，他將永遠尊敬他為皇帝。德皇深深的為這封信所感動，於是邀請他到皇宮來。這位小男孩接受了邀請，由他母親帶著一同前往，他的母親後來嫁給了德皇。

「我不知道他那時候那麼痛苦，即使知道了，我也幫不上忙啊！」許多人遺憾的說。

這種人與其說他不知道朋友的痛苦，不如說他根本無意知道。

人們總是可以敏感的覺察到自己的苦處，卻對別人的痛處缺乏了解。他們不了解別人的需要，更不會花工夫去了解；有的甚至知道了也佯裝不知，大概是沒有切身之苦、切膚之痛吧。

雖然很少有人能做到「人飢己飢，人溺己溺」的境界，但我們至少可以隨時體察一下別人的需要，時刻關心朋友，幫助他們脫離困境。當朋友身患重病時，你應該多去探望，多談談朋友關心的感興趣的話題；當朋友遭到挫折而沮喪時，你應該給以鼓勵：「這次失敗了沒關係，下次再來。」當朋友愁眉苦臉、鬱鬱寡歡時，你應該多親切的詢問他們。這些適時的安慰，會像陽

光一樣溫暖受傷者的心田，給他們希望。

　　小麗在某企業擔任打字工作，一天中午，一位董事走進辦公室，向在辦公室的小姐們問道：「上午拜託你們打的那個文件在哪裡？」當時正值吃午餐時間，誰也不知道那個文件擱在哪裡，因此誰也沒有理睬他，這時，小麗對他說：「這個文件的事我雖然不知道，但是，林先生，這件事交給我去辦吧，我會儘早送到您的辦公室的。」當小麗把打好的文件送給董事時，董事非常高興。

　　幾週之後，小麗高興的向她的同事宣布：她升遷了。顯然，小麗的熱心和做事俐落獲得了董事的讚賞，董事在董事會上對她大力推薦。

　　有時候不用很費力的幫別人一把，別人也會牢記在心，投之木瓜，報你以桃李。

尋求「貴人」的幫助

　　那種在你最需要幫助時拉你一把的人就是你的貴人，珍惜貴人的幫助，累積你日後的財富。

　　你有強烈的企圖，想要成功，你有非常好的成功意願，你也有超強的行動力，也許你也成功了。但回想一下，在你追求成功的道路上，有沒有人幫助過你。你的回答可能是有，也可能是沒有。但我敢肯定，你的成功離不開「貴人」的相助，只是你沒有感覺到罷了。感激是人類最薄弱的環節，所有幫助過你的人你可能都忘了，唯獨沒有忘記你自己。

　　你經過辛苦的努力，幾年之後你成功了。你想不想成功來得更輕鬆一點，成功來得更快一點？如果想，請馬上找至少一位「貴人」來相助。

　　美國前總統柯林頓在十七歲的時候，立志當音樂家。可是，在白宮遇見

了當時的美國總統甘迺迪之後，他改變了志向。他放棄當音樂家的夢想，立志走政治家的道路，從此改變了他的人生和事業方向。甘迺迪在他的人生事業中發揮了非常大的作用。如果沒有甘迺迪，也許就沒有前總統柯林頓，甘迺迪就是柯林頓的「貴人」。

世界成功學權威安東尼．羅賓，目前他的演講費是世界上最高的，他事業成功的原因也是因為碰到了生命中的貴人吉米．羅恩．吉米．羅恩幫他走上了研究成功學，幫助他人成功的道路。可以想像當年如果沒有吉米．羅恩的引導、幫助，他可能還是窮困潦倒的坐在家中。

「貴人」是你生命中的開路先鋒，是你事業上的導師。找一個「貴人」相助，比你作的任何決定都來得重要。因為，藉由他們的成功經驗、成功模式，能使你在非常短的時間內，產生非常大的效應。他們也把他們失敗時所做錯的事情讓你知道，哪些是你不要做、不能犯的錯誤。他會讓你省下非常多的時間，走對方向，少走彎路。

學會利用自己的資源

蘇格拉底說過，真正高明的人，就是能夠借助別人的智慧，來使自己不受蒙蔽。

一個軍隊優秀的統帥，一定是一個會合理利用自己資源的人，他能夠使上至將軍、下到士兵的人員都達到人盡其用，這樣軍隊才能達到最優化的調配，才能打勝仗。人常說商場如戰場，其實，日常生活中也是如此。

星期天上午，一個小男孩在一個沙堆上玩樂。由於一個人享受這麼大的空間，他玩得十分高興。可是，當他在鬆軟的沙堆上修築公路和隧道時，他在沙堆的中部發現一塊巨大的岩石。小傢伙很討厭這塊岩石阻礙了他偉大的

工程，於是開始扒開岩石周圍的沙子，企圖把它從泥沙中弄出去。小男孩的身體還很小，而岩石卻相對巨大。手腳並用，花費很大的力氣，岩石才被他連推帶滾的弄到了沙堆的邊緣。不過，這時他發現，他無法把岩石滾動、翻過沙堆邊牆。男孩下定決心把它搬開自己的領地，他手推、肩擠、左搖右晃，一次又一次的向岩石發起衝擊。可是，每當他剛剛覺得取得了一些進展的時候，岩石便滑脫了，重新掉進沙堆。小男孩氣得哼哼直叫，使出吃奶的力氣猛推猛擠。但是，他得到的回報卻是被再次滾落的岩石砸傷了手指。他痛得放聲大哭。

整個過程，男孩的父親從起居室的窗戶裡看得很清楚。當眼淚從孩子的臉上流下來時，父親來到了跟前，問他：「兒子，你為什麼不利用你所有的力量呢？」依然陷於痛苦中的小男孩抽泣道：「我已經用盡全力了，爸爸，我已經盡力了！我用盡了我所有的力量！」「不是這樣的，兒子」。父親溫和的說：「你並沒有用盡你所有的資源，因為你還沒有請求我的幫助。」

父親彎下腰，抱起岩石，將岩石搬離了沙堆。小男孩恍然大悟，終於破涕為笑了。

自己遇到解決不了的問題並沒有什麼，畢竟一個人的能力有限，你大可以找自己的朋友或親屬幫忙，因為他們也是你所擁有資源的一部分。學會利用自己的資源，你會變得無比強大，那個時候，也就沒有什麼問題可以阻止你了。

選擇你的「貴人」

當然，要選擇「貴人」，一定要選擇恰當的，選擇最好的，選擇頂尖的。他們一定要有影響力，他或他所代表的公司一定是有前景的，一定是有潛力

的，而且是正當守法的。

那麼，如何選擇「貴人」呢？

不斷的拋頭露面。你主動出擊的次數越多，你所認識的人也越多。你認識的人越多，認識「貴人」的可能性就越大。

幫生命中的「貴人」做事。環境決定命運，在「貴人」身邊做事，你會學到很多東西。

與生命中的「貴人」一起合作。所謂的與馬賽跑，不如騎馬成功。畢竟站在巨人的肩膀上，成功來得比較容易。

主結交「貴人」的途徑，永遠不要做一個旁觀者或者局外人。

天下如果有飛不起來的氣球，那是因為它沒有被打氣；天下如果有一輩子都不走運的人，那是因為他沒有足夠的人緣基金！生命中如果沒有一個「貴人」出現，就會是艱辛而沒有收穫的。能夠對你有所幫助的人，不是毫無機緣地就會出現。人脈資源網路的建設需要你用心的尋找和發現，需要積極主動的投入和參與。

主動尋求機遇

有人可能憑機遇獲得一份好差事，但卻不能憑機遇去確保它。只有專注於工作本身，為理想充實自己的人，才會遇到真正的機遇。

機遇不是僥倖得來的，由學徒發展成洲際大飯店總裁的羅拔‧胡雅特，他的經歷有很多值得相信機遇的青年人仔細回味的地方。

胡雅特是法國知名的觀光旅館管理人才。可是他當年初入這行時，不僅對這一行懵懂無知，而且還是帶著幾分勉強的心情。因為那完全是他母親一手安排的，胡雅特一點也不感興趣，但也沒有反對的意思，只是渾渾噩噩的。這樣的工作方式，當然談不上機遇不機遇。

　　剛進去的時候，胡雅特很不適應，便想離開。但他母親認為，抱著憐憫自己、同情自己的心理，改變主意，以後就會形成習慣，一遇到困難就打退堂鼓，最終將會一事無成。胡雅特最後還是回到訓練班，結果以第一名的成績畢業，並僥倖進入羅浮的關係企業巴黎柯麗瓏大飯店。

　　胡雅特進去是當服務生，但他知道，觀光大飯店接待的是各國人士，必須有多種語言的能力，才能應付自如。於是，他在工作之餘。開始自修英語。三年之後，柯麗瓏大飯店要選派幾個人到英國實習，胡雅特被錄取。

　　在英國實習一年回來後，胡雅特由侍應生升為了領班。接著，就獲得一個機會到德國廣場大飯店實習。胡雅特到德國後不久，正趕上一九三〇年代的經濟不景氣，觀光客的人數跟著銳減，大飯店的經營非常不容易。他利用廣場大飯店過去旅客的資料，動腦筋設計出一些內容不同的信函，分別寄給旅客，使廣場大飯店平穩的度過了這段艱苦的時期。他這些函件，其中有四百多封，直到現在還被不少觀光企業作為招攬客人的範本。

　　這時候，胡雅特已經具備英、德、法三種語言能力，但一直沒有機會去美國看看，於是他決定請假自費到美國看一看。經理卻決定特准予他公假，以公司名義派他去美國考察，一切費用公司承擔。

　　胡雅特一到美國就去拜見華爾道夫大飯店的總裁柏墨爾，並把經理的親筆信交給他，請他給自己一個見習機會，並要求從基層做起。

　　胡雅特真的從擦地板開始做起。胡雅特的做法，給他帶來了好運。

　　有一天，華爾道夫的總裁柏墨爾到餐廳部來視察，看到胡雅特正在趴著擦地板。他跟這位來自法國的青年見過一面，印象頗為深刻，見他在擦地板，不禁大為驚訝。

　　「你不是法國來的胡雅特嗎？」柏墨爾走過去問。

　　「是的。」胡雅特站起來說。

「你在柯麗瓏不是當副理嗎？怎麼還到我們這裡擦地板？」

「我想親自體驗一下，美國觀光飯店的地板有什麼不同。」

「你以前也擦過地板嗎？」

「我擦過英國的、德國的、法國的，所以我想嘗試一下擦美國地板是什麼滋味。」

「是不是有什麼不同？」

「這很難解釋，」胡雅特沉思著說，「我想，如果不是親自體會，很難說得明白。」

柏墨爾的眼睛裡突然閃起一道亮光，用力注視了他半天，才說：「你等於替我們上了一課，下班後，請到我辦公室來一趟。」

這次的相遇，使胡雅特進入了美國的觀光行業。自此以後，胡雅特的事業蒸蒸日上，一直做到洲際大飯店的總裁，手下有六十四家觀光大飯店，營業範圍延伸到世界四十五個國家。

從這些知名的成功人士身上，我們最能明顯看到的優秀特質就是超人的社交能力。善於結交朋友，建立有效的社交圈，尋求前輩們的指導，對每個人來說都是基本的職業技能。

你必須和主流文化的人們自然和諧的相處。你必須充滿自信的參與社交活動，接受人們對你表示出的友好，最重要的，向別人主動展示你的好意。

發掘對方關心的事物

紐約有家著名的迪巴諾麵包公司，可是紐約的一家大飯店卻一直未向它訂購麵包。四年來，迪巴諾每星期必去拜訪大飯店經理一次，也參加他所舉行的會議，甚至以客人的身分住進大飯店。不論他採取正面攻勢，還是旁敲側擊，這家大飯店仍是絲毫不為所動。迪巴諾回憶當時的情形說：「我下定決

101

心，不達目的絕不甘休。我想我應該改變一下以前使用的策略，就開始調查他所感興趣的事情。

「不久，我發現他是美國飯店協會的會員，而且由於熱心協會的事，還擔任了國家飯店協會的會長。凡協會召開的會議，不管在何地舉行，他都一定搭飛機趕去。

「第二天，我去拜訪他時，就以協會為話題，果然引起了他的興趣，他眼裡發著光，和我談了三十五分鐘關於協會的事情，還口口聲聲說這個協會給他帶來無窮的樂趣。他還準備擴大內部組織，又極力邀請我參加。

「我和他談話時，絲毫不提及麵包。幾天後，飯店的採購部門來了一個電話，讓我立刻把麵包樣品和價格表送去。我有些喜出望外，準備好了東西，就趕到飯店。採購組長在談正事之前，笑著對我說：『我真猜不透你使出什麼絕招，使我的老闆那麼賞識你。』我真是哭笑不得，想想我迪巴諾麵包公司並非無名，我向他推銷了四年的麵包，可連一粒麵包，渣都沒有售出。如今我僅是對他所關心的事表示關注而已，形勢竟完全改觀。如果我依然沒有發現他所關心的事，恐怕現在仍是跟在他身後窮追不捨呢。」

積極參與社交

結交「貴人」、建設人脈的前提首先是認識更多的人，我們大多數人都是生活在一個既定的生活圈子內，只要留心，看看自己的生活範圍，是不是在很長時間內都沒有什麼變化，既沒有增加新的朋友，也沒有新類型的社交活動。更經常的情況是，一年年過去後，我們交往的依然是熟悉得不能再熟悉的人，出入的是閉上眼睛都想得出路的地方。這樣的生活很舒適，沒有陌生人的地方，我們可以充分放鬆自己，因為陌生的環境和陌生人總會因為不了解而給我們造成心理上的緊張。

這種情況，從我們離開父母求學時期就開始了。面對一個全新的環境，不同的臉孔，不同的生活習慣，那種陌生和因之而來的寂寞相信在每個人心靈上都留下很深的印象。但人脈建設就是要跨越這種熟悉帶來的「舒適地帶」，轉而開創一個更新、更廣的生活圈子。介入陌生人的世界，可以有很多方式，既可以主動加人，也可以被動接受。主動的形式可以是，主動參加各種聚會、社團、俱樂部等團體；被動的方式最常見的是，旅途中，我們必須學會和陌生人相處。

採取主動的姿態參與各種社交活動是拓展交際圈子的一個必然途徑。我們可以選擇一個社團，加入一個健身俱樂部、一個舞蹈團體、棋牌俱樂部，任何一個團體都可以，然後活躍其中。選擇你自己喜歡的就好，認識裡面的人，然後建立你的網路。如果你是一位女性，常參加週末社區裡的婦女們主辦的美容或者烹飪沙龍，也可以得到意外的收穫。不論是什麼形式，可以確定的是，許多有用的閒話就在那裡散布，友誼和羅曼史也常常在那裡產生。任何你能想到的地方，都是結交貴人，的一個絕佳場所。

你的朋友，你了解嗎？

每個人都有一種了解別人的願望。因為只有了解別人之後，你才能在交友時有所選擇。

人是很複雜的，了解一個人並不是一件簡單的事。但只要我們注意觀察，就可以透過一個人的喜好了解他的素養、修養和品德。

物以類聚，人以群分。只有性情相近、脾氣相投的人，才能走到一起成為朋友。如果對方的朋友都是一些不三不四、不倫不類的人，他的素養不會太高；如果他結交的都是些沒有道德修養的人，他自己的修養也不會太好。

有的人交朋友以性格、脾氣取人，能說到一塊就是朋友；有的人則以追求取人，有相同的追求就能成為朋友；有的人則因為愛好相同而走到一起。但無論如何，只有二人修養相當、素養差不多時才能成為永久性的朋友。所以，了解一個人的朋友也就了解了這個人。

想了解一個人，還可以觀察他是怎樣對待別人的。

人在得意的時候，特別愛訴說他與別人在一起交往的情景，他說的時候是無意的，不會想到他與被說人有什麼關係，所以，一般比較真實。

如果對方當著你的面說自己如何占了別人的便宜，如何欺騙了對方等等，那你以後就得對他注意一點，有可能他也會這麼對待你。

還有一種人比較圓滑，好像很會處世似的，往往是當面一套，背後一套，當著你的面說你如何如何好，別人如何如何不好。聰明的人就得注意這種人了，因為他在背後說人壞，就有可能在你背後說你壞。

而有一種人可能當面批評你，指出你的缺點來，卻又在你面前誇獎別人的優點，你也許不願接受他這種直率，但這種人卻是非常可信賴的人。

另外，看一個人如何對待妻子、兒女、父母，就可以分析出這人是否有責任感，自私還是不自私。

你可以透過他是否按時回家，有急事時是否想著通知家人，說起家人時感覺是否很親切等等，從這些細節可以看出他對家人的態度。一個不把家人放在心上的人是不會把朋友放在心上的。這種人往往心裡只裝著自己，只關心自己的得失安危，根本就不會想到朋友。所以交往時要注意盡量不要與那些沒有責任感或家庭觀念的人交往。

記住，如果你一時無法確定一個人是敵還是友，而對方又一直將自己的感情掩藏得非常隱蔽，那麼給對方一個充分的時間和空間表演自己。時間是判斷一個人對你的感情真假的最好憑證。不管對方多麼擅長於表演，多麼擅

長於掩飾自己的感情，他（或她）也會偶有失誤的時候。對方的失誤，是你最好的契機，抓住了，對方便會漸露端倪，並最終露出狐狸的尾巴來；如果你無法抓住，或者你一直在尋求與對方共同表演的機會，那麼你不但無法看到對方的感情，反而會變成對方眼中的空氣。

如果你足夠細心，你就能從別人對你說話的態度上判斷你的選擇目標，從而能夠將族群加以區分。記住，如果你足夠老練，如果你細心體會，不管對方多高明，你都會有制敵之術，從而免受傷害。

如果我們能夠很好的修練自己，提高自己的鑒別能力，那麼就能更好的穿透對方的心靈，尋找到自己真正的、能夠肝膽相照、患難相交的朋友。《三國演義》中的呂伯奢本是曹操的多年摯友，而且曹操兵敗潰逃之際，呂伯奢給予了曹操熱情豐盛的款待，而曹操為了保證自己的行蹤不被人洩露出去，臨行之際，他把呂伯奢一家上上下下、老老少少殺了個精光，這才放心而去。這也許是梟雄的作為，但如果你不幸交到了這種朋友，那麼你終有一日會在你的朋友身上倒楣，你不但會成為對方的墊腳石，而且還會遭到厄運。

經過考驗的朋友才靠得住

什麼樣的朋友才能讓你推心置腹、委以重託呢？

千里難尋是朋友，朋友多了路好走！這朋友二字說來容易，真正作起朋友來，卻又有著許多玄妙之處，猜不透弄不明便很容易吃虧上當。

有兩個人十分要好，彼此不分你我。一日他們走進了沙漠，乾渴威脅著他們的生命。

上帝為了考驗他倆的友誼，就對他們說：前面的樹上有兩個蘋果，一大一小，吃了大的就能平安的走出沙漠。

　　兩人聽了，就都讓對方吃那個大的，堅持自己吃小的。爭執到最後，誰也沒說服誰，兩人都在極度的勞累中迷迷糊糊睡著了。不知過了多長時間，其中一個突然醒來，卻發現他的朋友早向前走了。於是他急忙走到那棵樹下，摘下蘋果一看，蘋果很小很小。他頓時感到朋友欺騙了他，便懷著悲憤與失望的心情向前走去。

　　突然，他發現朋友在前面昏倒了，便毫不猶豫的跑了過去，小心的將朋友輕輕抱起。這時他驚異的發現：朋友手中緊緊的握著一個蘋果，而那個蘋果比他手中的小了許多。

　　他們都經受住了上帝的考驗。

　　不要輕易的去懷疑自己的朋友。各種猜測和疑慮都會加大朋友間的裂痕。應該相信，一些誤解會隨著時間的推移而真相大白。

　　人要學會付出。付出真誠的心和愛，才會使你的生活變得更有意義。在這個擁擠不堪的世界裡，能夠多付出一點愛和寬容的人，總會能找到一片廣闊的天地。

　　如果你想要獲得朋友，那你要先考驗他才能獲得他，不要過快的把你的信任給予他！

　　某些人是平安時期的朋友，困難的日子他就靠不住了。

　　某些朋友變成了敵人，在誹謗中他同你爭論。

　　某些人是酒肉朋友，在你不幸時就找不到他了。

　　在你幸運時他和你一致，在你不幸時他就與你分離了。

　　如果你碰到不幸，他轉而反對你，在你面前躲藏起來。

　　你對你的敵人要敬而遠之，在你的朋友面前要保持警覺！

　　一位忠實的朋友就像一頂牢固的帳篷；誰找到了這樣的一頂帳篷，誰就找到了一個愛人。

一位忠實的朋友是無價之寶，沒有東西可以與他的價值相匹配。

如果沒有友情，生活就不會有悅耳的和音。

在沒有友誼和仁愛的人群中生活，那種苦悶正猶如一句古代拉丁諺語所說：「一座都市如同一片曠野。」

人們的面目淡如一張圖案，人們的語言則不過是一片噪言。

當你遭受挫折而感到忿悶憂鬱的時候，向知心摯友的一席傾訴可以使你得到疏導。

否則這種憂鬱會使人致病。除了一個知心摯友以外，沒有任何一種藥物可以治療心病。

只有對一朋友，你才可以盡情傾訴你的憂愁與歡樂、恐懼與希望、猜疑與煩惱。總之，那沉重的壓在你心頭的一切，透過朋友的肩頭被分擔了。

友誼的奇特作用是：如果你把快樂告訴一個朋友，你將得到兩個快樂；而如果你把憂愁向一個朋友傾吐，你將被分掉一半憂愁。

所以友誼對於人生，真像鍊金術士所要尋找的那種「點金石」。它既能使黃金加倍，又能使黑鐵化金。

實際上，這也是一種很自然的規律。在自然界中，物質透過結合可以得到增強，而人與人之間難道不也正可以如此嗎？

朋友關係可以有兩種類型。

其中一種就是你是一個乞丐，你需要從別人那裡得到什麼東西來幫助你解除寂寞，而對方也是一個乞丐，他也是從你這邊要求同樣的東西，很自然的，兩個乞丐無法互相幫助對方。

不久他們將會了解，他們這種向另外一個乞丐乞討的行為擴大了他們的需要。

現在不是只有一個乞丐，而是兩個乞丐，沒有人有任何東西可以給予。

因此每個人都感到挫折和憤怒，每一個人都覺得受騙了，事實上，並沒有人在欺騙，沒有人在騙你，因為你有什麼東西可以給予呢？

另外一種朋友關係，另外一種愛，具有完全不同的特質。它不是來自需要，它是來自你具有那麼多，而你想要與別人分享，一種新的分享的喜悅進入你的存在。

你隨著存在流動，你隨著生命的改變流動，因為你跟誰分享是無關緊要的。

他可以在明天也是同一個人，在你的一生當中都是同一個人，或者他也可以是不同的人。

它不是合約，它不是婚姻，只是因為你太充滿了，所以你想要給予，所以不管是誰剛好在你身邊，你就將它給予出去。給予是這麼令人喜悅的一件事。

友情是一種特殊的人際關係。戀人的關係、家庭的紐帶儘管也是密切的，但在一定意義上來講，它們有著自然的、本能的要素，而友情卻是只有人類才具有的，是人的生活中不可缺少的寶物。

真正的友誼，很少被本能的欲望與利害的權衡所驅使，因為它是心與心親密的接觸相撞而產生的、語言所不能表達的強烈的共鳴，它是一種摒棄了其他任何目的信賴的感情。

朋友當然有許多種，親密的程度也各不相同，但是，我所講的是真正的朋友，是能夠互相理解、信賴的朋友。這樣的朋友我們經常尋求，不過，也沒有尋找很多的必要。

假如我們能遇到真正的知己，即使只有一兩個，那也將是人生巨大的財富，是生活給予我們的不朽的力量與最大的歡樂。

真正的朋友，在許多情況下，是年輕時候的朋友，是二十歲左右，即所

謂青年時代的朋友。

成年以後，特別是三十歲一過，心心相印的朋友就不太容易尋找到了。人們生活中需要獲得能夠給予安慰與鼓勵的知音，需要獲得不會隨時間推移而變遷的美好純潔的友情，這往往會在青年時代實現。

因為在青年時代，人們能夠用各自的真誠、坦率面對人生，也能夠真誠坦率的正視自己，在大多數情況下，心與心可以熱烈融合。

換句話說，在青年時代，用斤斤計較的、功利的觀點與人交際，比成年人要少得多。

在友誼中，相互信賴的人，就可以發現自己所沒有的長處，從對方那裡得到激勵與鞭策；反之，將自己的信賴寄予朋友，這也勝過任何鼓勵與安慰。

這樣，當生活對你產生誤解時，你知道你的朋友能夠理解你，那麼，還有什麼比友誼更加值得珍貴的呢？

對待各層朋友的技巧

你有很多朋友，有的是你的知己，可以推心置腹；有的是你的死黨，可以算為「刎頸之交」，有的可以算為「摯友」，可以共謀大事；有的只算是相識老友，見面相識一笑，把酒懷舊而以，不同的朋友與你交往的深度各有不同，因此就要求你在生活中不同對待。

你也許吃過千層糕，一層層麵粉、麻蓉、麵粉、蛋黃……多類材料的變化，豔麗的顏色，構成千層糕的滋味，與馬拉糕的單調大異其趣。

常聽人說：「千金易得，知己難求。」或慨歎：「相識滿天下，知己無一人。」不錯，知己很難得。但倘若每個朋友都是知己，可能又會像單調的馬拉糕一般，未必能令我們感到滿足。不是每個人都會對我們推心置腹，我們

也不能期望每個朋友都願與我們坦誠相待，耐心聽我們發牢騷。友誼的多彩，就在於它不單有知己深交或泛泛之交，而是在此二者之間存在了多種深淺不同的層次。庸人與智者的分別，也在於我們是否懂得分辨和接納不同層次的朋友，對他們有合適的期望，同時了解增進與維繫各種情誼的方法。

知己

他們是我們人生中絕難找到的極少數朋友，他們可以誠意的接納我們，了解我們，處處忠誠的為我們著想。他們像面鏡子，能給予我們勸勉和鼓勵；又像影子，永遠對我們信任、支持，是維持我們精神健康的支柱。

不過，對於知己我們也有義務不斷的付出，同樣捨己的為別人益處著想。去接納、支持、聆聽和幫助，是知己的責任。值得切記的，是不要濫用知己的權利──知心朋友不等於「黏身」朋友，更不能要求對方完全同意自己、遷就自己。當心！對你事事逢迎的可能並不是你的真正朋友。

死黨

他們多是一些來往密切，與自己的生活圈子很接近的朋友，彼此有相同的思想，相同的遭遇，故而很容易談得來，在行動上有默契的成為一夥，組成小圈子活動。

「死黨」是我們日常生活的好夥伴，可驅除孤單感，增加自信心，為生活加添色彩和熱鬧，是有需要時最好的支柱。

但若要整個「死黨」能相處愉快，就需要大家彼此遷就，不執意獨行，有合群的性格，才能發揮聯合的力量。「死黨」有事求助，我們該不吝嗇挺身給予援手，常加鼓勵，看作是自己的本分。不過，可不要單單陶醉在這個「小圈子」裡，完全排斥外界朋友，否則，可能會失去很多寶貴的友誼，更不要持著後盾和勢力而互相縱容。

老友

他們是與我們很熟悉、相識多年的老朋友，如舊同學、一起長大的玩伴等。雖然大家見面的機會未必很多，但基於彼此熟悉，每次相逢都能天南地北的親切交談，成為一段暢快的經歷。他們不是知己，有困難時未必會想到他們；大家的性格也未必接近，不過友誼倒是耐久而雋永，值得我們去珍惜和主動自然的表示關係。不要因為來往少而讓友誼止於寒暄、敷衍的地步。

來往密切的朋友

因為活動圈子相同，我們可能交到一些接觸密切的朋友，如上司、同事、老師、同學等。他們很熟悉我們的生活小節，但卻未必是那些互相了解，可傾訴心事的人。

對於這些朋友，雖然大家每日共事共學，但不能對人要求太高，因為彼此都沒有什麼承諾和默契。但起碼相處應不忘禮貌，言行一致，真誠，工作上給予人方便，都是我們該遵守的，因為他們正是最能看透我們言行、工作能力和態度的人。不要老擺出外交式的笑容和虛假態度，更須小心因日常利害衝突而摩擦。

單方面投入的朋友

有些人可能對我們很著迷和信任，常把心事向我們傾訴，但我們卻沒有那種共通的推心置腹的感覺。也有些時候，我們對某人特別崇拜傾慕，而對方卻未必有熱烈的反應，這種不平衡的關係多產生一些不同位置的朋友之間，如老師與學生，班長與同學，偶像與「迷」等，不過有時普通朋友間也有這種不平衡現象。

當受人仰慕的時候，可不要輕看和玩弄別人的友情，或表示討厭和高傲

的態度，應盡力去助人成長，給予中肯意見，鼓勵他發展獨立精神，認識其他朋友。

當我們傾慕別人的時候，也不要成為他人的累贅，過度倚賴。而應該積極從他人身上學習長處。切記，不要盲目崇拜，胡亂拋擲感情！

普通朋友

這類朋友占了我們的朋友圈子大部分。他們可以和我們扯東扯西，談些無關痛癢的話題，不過交情上可是誰也不欠誰，不會讓大家牽腸掛肚。

雖說是普通朋友，也可成為遊樂時的好玩伴。有難事，也可向有專門知識的個別朋友請教。這些來自不同背景的朋友能充實我們的知識，令我們感受到「相識遍天下」的溫暖感覺。

這類朋友，只要我們肯擴張生活圈子，自然不會缺乏。感情發展嘛，順其自然好了。別對人要求太苛刻，他們會受不了給嚇跑的。

泛泛之交

大家的友誼僅止於認識的階段，是點頭之交，連說話也未必有機會聊上。大家若能做到見面時打打招呼，保持禮貌距離，已是很不錯的了。千萬別對人隨便過度信任，否則誤交朋友，後悔可太遲呢。

千層糕以外還有……

除了上列的各種朋友，我們身邊其實還有很多非常重要的人物。他們不算是我們的朋友，但彼此間的情誼卻不止於友誼的層面。

伴侶：共同生活的伴侶應該是超越了一切層次的知己。他們對我們的了解，應較任何其他人更加深入。建基於深厚友誼的愛情才是恆久的愛，讓二人能樂於作終身的夥伴。

父母：在朋友的清單上，我們常會忽略了自己的父母，但其實在一生中，

父母都是我們的尊師和崇敬的對象，是比普通朋友更願隨時幫助我們的老朋友。父母與子女間常有的摩擦，起因可能就在於我們太執著、太隨便，而吝於以待朋友的態度彼此相處。

手足：要待父母如朋友，可能因年齡上的距離，比較困難。兄弟姊妹的年齡思想較為接近，當然較易成為好友。手足可以是我們的「老友記」，「死黨」，甚至知己。

贏得朋友的尊重和支持

如今這時代，個人英雄主義已經過去，那種斯巴達武士的英勇更多的成為彼此傳唱的精神讚歌，在現實社會，單打獨鬥難成氣候，更多的是追求團隊的合作，人類進入了高度合作的時代，一群人不會被一個人改變命運，而一個人的命運往往會被一群人改變，在這樣的一個時候裡，贏得朋友的支持與尊重是開啟你事業之門的第一步。

理想的人際關係應該是彼此間的真誠和尊重

在理想中，人際關係都應該以彼此間的真誠尊重、暢順溝通和關懷體諒為基礎。可惜的是，實際情形並非如此。有些人常常對別人步步緊逼，不斷的提出請求、需要和進行試探，直到遇到對方抗拒為止。而另一方面，有些人則不肯抗拒這些試探，事後卻找出種種理由來解釋他們何以永遠被欺侮。

讓我們來看看以下這幾個日常例子。

艾媚有個朋友不斷向她借東西，但從不歸還。艾媚鼓不起勇氣向她追討。她的解釋是：「如果我去質問她，就會傷害她的感情，而她又是我很要好的朋友。」

約翰在工作公司裡有個能言善辯的同事，三番兩次的說服約翰替他做一

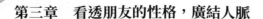

部分工作。約翰一向把自己視作願意為別人幫忙的好好先生，可是他也知道自己的好心只是使那個同事騰出點時間去進行交際應酬。約翰的解釋是：「老是找不到適當時機和場合來提起這個問題。」

　　安德莉亞對她的兩個孩子所要求的任何事情，不論是購買新玩具，遲遲不上床睡覺，或是不做作業而看電視，差不多全都答應。安德莉亞的解釋是：「他們只是孩子，滿足其要求會使他們快樂。」

　　像艾媚、約翰和安德莉亞這樣的人，往往為了想讓別人讚許而犧牲了他們的自尊。他們簡直就不知道怎樣拒絕別人 —— 而正因為這樣，他們吃虧不少。但人是可以改變的，如果你認為你也像艾媚、約翰或安德莉亞一樣，那麼，你可以學會利用一些方法來表明你的感受和希望，保護你人格的完整和獲得別人的尊重。

提出合理要求時不要表示歉意

　　首先應該學會辨認並糾正一般消極的人所共有的不適當的溝通方式：不要給別人一個現成的託辭，例如：「近來你天天遲到，不過，我知道你不是一個早起的人，要那麼早就開始工作是很難的。」如果你給了對方一個藉口，他便會認為你可以容忍他的所作所為，從此他就會繼續遲到。同時他還認為你是個軟弱無能、不願貫徹意旨的人。

　　例如：父親厲聲叫兒子打掃他的房間，但三個鐘頭後卻對兒子說：「孩子，我剛才不應該粗聲對你說話。你知道嗎？我不是生氣。因為，我知道你一定會自動清理你的房間的。」這種做法不好。做完一件事之後表示的歉意，通常是心有內疚或憂慮的結果。用這樣的方式來取消一個堅強的聲明，會使你喪失自尊。

不要過分寬限你分派的任務

例如：「我真的要在星期五看到那份報告，不過我可以等到下星期。假如事情順利的話，也許再遲一點也無妨。」要去掉這些「假如」和「不過」之類的字眼。一項清楚說明你希望那份報告什麼時候完成的直截了當的聲明，既能防止誤解，又可以使報告更有可能及時交卷。

不要把你的責任推給別人

例如：「老闆說你應該……」或是「你媽媽說你必須……」之類的說法，雖然可使說話的人不負責任，但卻使他變成了一個毫無實權的傳話者。假如你一開始就說「我要你做……」人們就會把你看做是一個堅強的人。

用更為有力的辦法來代替溝通上的不良習慣

在你消除溝通上的不良習慣時，你必須用更為有力的辦法來代替。下面有八種辦法供你試用。不可操之過急，先在你的人際關係中使用一兩種，然後再使用其他幾種。要記住，前後一致和堅持不懈是非常重要的。

1. 要直截了當

把你的期望說得清清楚楚。消極的人常常以為，他們就是不吩咐，別人也會知道該怎麼做。這往往會引起許多不必要的問題。

2. 要考慮透徹

說明問題之前，腦子裡先要有個概念。事先把事情想通想透，你才能陳述得合情合理。

3. 碰到問題立刻解決

躲避問題只能使問題更趨嚴重和更難解決。如果你對小的問題亦及早處

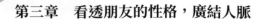

理，那無異是一開頭就說明了你的期望，而別人也就能確實知道你的看法。

4. 小心選擇要對付的問題

新近才學習維護自己權利的人常會做得過火，在同一時間對付太多問題，以致往往弄得焦頭爛額。如果能適當選擇問題，你便更能控制局面，取得較大的成功機會。

5. 表現自己時不可憤怒

如果你只在怒不可遏的時候表現自己，那表示你是軟弱的。假如你不能平心靜氣的表現自己，你對別人的話的反應便可能過於激動。況且，當你大發脾氣的時候，別人很可能會為自己辯護。這樣，真正的問題通常便解決不了。同樣的道理，如果別人聽了你的說話之後產生過度激動的反應，你也不可感到憤怒。你的毫不動氣，可以在相形之下顯示出對方的態度很不成熟，而且，你的鎮定通常還能使他冷靜下來。

1. 利用你自己的地盤

球隊在本地和外隊比賽，常較易獲勝。維護自己的權利也是一樣。在一位同事的辦公室或他的家裡和他對抗，往往會處於下風。因此，在可能範圍內，最好在你自己的「領地」堅持你的意見，這樣你便可以占到不少微妙的便宜。

2. 利用非語言的暗示

說話時眼睛要與對方保持接觸。不要反覆不斷的說明你的理由，要用停頓來加強效果，用適當而非挑釁性的手勢來強調你的論點。

3. 不要虛作恫嚇

你在虛張聲勢的時候，即使年幼的孩子也知道。要建立你的威信，就必須說明你的合理期望，以及說明如果這些期望不能達到時會產生什麼後果，

然後貫徹到底。要贏得別人對你的尊重，只有讓他們確實知道你言出必行。

從消極變成積極並不是一條易走的路。你會失去一些親密或友好的關係。但是，為了爭取自己的自尊心，即使喪失幾個人的好感，也是值得的。當你讓別人知道，他們對你的態度應該像你對他們的態度一樣時，更為健全的新關係就會產生。畢竟，你的人際關係如何，應該由你自己負責。

繞開與朋友交往的十大盲點

朋友是用來關心的，而不是利用的；朋友是用來合作的，而不是用來奴役的；朋友是用來交流的，而不是用來灌輸的；朋友是用來尊重的，而不是用來敷衍的……，朋友就是朋友，是一個獨立於你之外的另一個個體，因此，為人處事要想考慮自己一樣考慮你的朋友，避開盲點，才能友誼長存。

許多人交友處世常常涉入這樣的盲點：好朋友之間無須講究客套。他們認為，好朋友彼此熟悉了解，親密信賴，如兄如弟，財物不分，有福共用，講究客套太拘束也太外道了。其實，他們沒有意識到，朋友關係的存續是以相互尊重為前提的，容不得半點強求、干涉和控制。彼此之間，情趣相投、脾氣對味則合、則交，反之，則離、則絕。朋友之間再熟悉，再親密，也不能隨便過頭，不講客套，這樣，默契和平衡將被打破，友好關係將不復存在。因此，對好朋友也要客氣有禮，可以不強調自己的「面子」，但不可以不給朋友面子。

和諧深沉的交往，需要充沛的感情為紐帶，這種感情不是矯揉造作的，而是真誠的自然流露。當然，我們說好朋友之間講究客套，並不是說在一切情況下都要僵守不必要的繁瑣的禮儀，而是強調好友之間相互尊重，不能跨越對方的禁區。

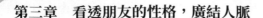

第三章　看透朋友的性格，廣結人脈

　　每個人都希望擁有自己的一片小天地，朋友之間過於隨便，就容易侵入這片禁區，從而引起隔閡衝突。譬如：不問對方是否空閒、願意與否，任意支配或占用對方已有安排的寶貴時間，一坐下來就滔滔不絕的高談闊論，全然沒有意識到對方的難處與不便；一意追問對方深藏心底的不願啟齒的祕密，一味探聽對方祕而不宣的私事；忘記了「人親財不親」的古訓，忽視朋友是感情一體而不是經濟一體的事實，花錢不記你我，用物不分彼此，凡此等等，都是不尊重朋友，侵犯、干涉他人的壞現象。偶然疏忽，可以理解，可以寬容，可以忍受。長此以往，必生間隙，導致朋友的疏遠或厭倦，友誼的淡化和惡化。因此，好朋友之間也應講究客套，恪守交友之道。

　　對朋友放肆無禮，最容易傷害朋友，其表現有如下種種，不可不小心約束：

過度表現，言談不慎，使朋友的自尊心受到挫傷

　　也許你與朋友之間無話不談，十分投機。也許你的才學、相貌、家庭、前途等等令人羨慕，高出你朋友一頭，這使你不分場合，尤其與朋友在一起時，會大露鋒芒，表現自己，言談之中會流露出一種優越感，這樣會使朋友感到你在居高臨下對他說話，在有意炫耀抬高自己，他的自尊心受到挫傷，不由產生敬而遠之的意念。所以，在與朋友交往時，要控制情緒，保持理智平衡，態度謙遜，虛懷若谷，把自己放在與人平等的地位，注意時時想到對方的存在。

彼此不分，違背契約，使朋友對你產生防範心理

　　朋友之間最不注意的是對朋友物品處理不慎，常以為「朋友間何分彼此」，對朋友之物，不經許可便擅自拿用，不加愛惜，有時遲還或不還，一次兩次礙於情面，不好意思指責，久而久之會使朋友認為你過於放肆，產生

防範心理。實際上，朋友之間除了友情，還有一種微妙的契約關係。以實物而言，你和朋友之物都可隨時借用，這是超出一般人關係之處，然而你與朋友對彼此之物首先有一個觀念：「這是朋友之物，更當加倍珍惜。」「親兄弟，明算帳。」注重禮尚往來的規矩，要把珍重朋友之物看做如珍重友情一樣重要。

過於散漫，不拘小節，使朋友對你產生輕蔑、反感

朋友之間，談吐行動理應直率、大方、親切、不矯揉造作，方顯出自然本色。但過於散漫，不重自制，不拘小節，則使人感到你粗魯庸俗。也許你和一般人相處會以理性自約，但與朋友相聚就忘乎所以。或指手畫腳，或信口雌黃、海闊天空，或在朋友言語時肆意打斷，譏諷嘲弄，或顧盼東西，心不在焉，也許這是你自然流露，但朋友會覺得你有失體面，沒有風度和修養，自然對你產生一種厭惡輕蔑之感，改變了對你的原來印象。所以，在朋友面前應自然而不失自重，熱烈而不失態，做到有分寸，有節制。

隨便反悔，不守約定，使朋友對你感到不可信賴

你也許不那麼看重朋友間的某些約定，對於朋友們的活動總是姍姍來遲，對於朋友之求當時爽快應承，過後又中途變卦。也許你真有事情耽誤了一次約好的聚會或沒完成朋友相託之事，也許你事後輕描淡寫解釋一二，認為朋友間應當相互諒解寬容，區區小事何足掛齒。殊不知朋友們會因你失約而心急如焚，掃興而去。雖然他們當面不會指責，但必定會認為你在玩弄朋友的友情，是在逢場作戲，是反覆無常、不可信賴之輩。所以，對朋友之約或之託，一定要慎重對待，遵時守約，要一諾千金，切不可言而失信。

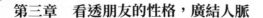

乘人不備，強行索求，使朋友認為你太無理、霸道

當你有事需求人時，朋友當然是第一人選，可是你事先不作通知，臨時登門提出所求，或不顧朋友是否情願，強行拉他與你同去參加某項活動，這都會使朋友感到左右為難。他如果已有活動安排不便改變就更難堪。對你所求，若答應則打亂自己的計畫，若拒絕又在情面上過意不去。或許他表面樂意而為，但心中就有幾分不快，認為你太霸道，不講道理。所以，你對朋友有求時，必須事先告知，採取商量口吻講話，盡量在朋友無事或情願的前提下提出所求，同時要記住：己所不欲，勿施於人，人所不欲，勿施強求。

不知時務，反應遲緩，使朋友對你感到厭嫌

當你上朋友家拜訪時，若遇上朋友正在讀書學習，或正在接待客人，或正和戀人相會，或準備外出等，你也許自恃摯友，不顧時間場合，不看朋友臉色，一坐半天，誇誇其談，喧賓奪主，不管人家早已如坐針氈，極不耐煩了。這樣，朋友一定會認為你太沒有教養，不知時務，不近人情，以後就想方設法躲避你，害怕你再打擾他的私生活。所以，每逢此情此景，你一定要反應迅速，稍稍寒暄幾句就知趣告辭，珍惜朋友的時間和尊重朋友的私生活如同珍重友情一樣可貴。

用語尖刻，亂尋開心，使朋友突然感到你可惡可恨

有時你在大庭廣眾面前，為炫耀自己能言善辯，或為譁眾取寵逗人一樂，或為表示與朋友之「親密」，亂用尖刻詞語，盡情挖苦嘲笑諷刺朋友或旁人，大出其洋相以搏人大笑，獲取一時之快意，竟不知會大傷和氣，使朋友感到人格受辱，認為你變得如此可恨可惡，後悔誤交了你。也許你還不以為然，會說朋友之間開個玩笑何必當真，殊不知你已先損傷了朋友之情。所

以，朋友相處，尤其在眾人面前，應和藹相待，互敬互慕互尊，切勿亂開玩笑，用惡語傷人。

過於小氣，斤斤計較，使朋友認為你是慳吝之人

你可能在擇友交友時，認為朋友的友情勝於一切，何必顧慮經濟得失，金錢不能使友情牢固。這種思想使你與朋友相處時顯得過於拮据，事事不出分文；或患得患失，唯恐吃虧。對朋友所饋慨然而受，自己卻一毛不拔，這會使朋友感到你視金如命，是個慳吝之人。所以朋友之交，過於拮据顯得慳吝小氣，而慷慨大方則顯得豪爽大度，它會使友情牢固。

泛泛而交，大肆渲染，使朋友感到你是輕佻之人

你可能由於虛榮心或榮譽心所驅，也可能交友心切，認為交友越多，本事越大，人緣越好，往往不加選擇考察，泛認知己，患「好交症」。此時，朋友已在微微冷笑，認為你是朝三暮四的輕佻之人，不可真心相處，你結果會失去真正的朋友。所以，朋友之交，理應真誠相待，感情專一，萬不可認為泛交會使己顯赫。

一意孤行，不聽人意，使朋友感到你是無為多事之人

是朋友就是要同舟共濟，對好意之計應認真考慮，妥當採納。也許你無視這點，每遇一事，一意孤行，堅持己見，無視朋友之見，依舊我行我素，結果自己吃虧，朋友受累。這必定使朋友感到失望，認為你太獨斷專橫，不把朋友放在眼裡，是個無為多事之人，日後漸漸疏遠你。所以你在遇事決策時，應多聽並尊重朋友意見，理解朋友的好心，即使難以採納的意見，也要說清楚，使人覺得你在尊重他。

如何構築人際關係

「人脈」對於一個人的事業成功具有相當重要的地位，好的人脈關係往往可以使你於危難處化險為夷，可以讓你事半功倍，在社會上活動自如、呼風喚雨。

要想使事業成功，就必須擴充自己的關係網，尤其是要想銷售某種新產品、做一項活動，能助你一臂之力的是那些有實力的關係。

孫正義在這方面可謂滴水不漏。打算去美國留學時，當他知道必須有擔保人，便馬上寫信給這之前短期留美時結識的老師，得到了他的幫助。

在利用他人智慧方面，孫正義也發揮出出色的才能。

比如他頻繁的走訪伯克利分校的教授、研究工作者，得到他們的支持，成功的完成了多國語翻譯機的試製品。這些在學校認識的教授和研究人員對孫正義來說，現在也是最寶貴的財產。

不過，一般的人也會想到這一點，做過嘗試。但是孫正義在這種與人建立關係方法的基礎上，運用了更高的手法，為建立更廣泛的人際關係網打下了基礎。

孫正義的關係網，遍布國內外，但這不是一朝一夕建成的，而且也不是偶然的相會所積蓄出來的。

孫正義抱著明確的企圖，有意識的一點點建起了這個人際關係網。這個龐大的建築物，是他智慧的結晶，是經過周密的計算和巧妙的安排才獲得的，是努力的結果。

回顧孫正義的經歷，會覺得他很幸運的遇上了不少一流人物。

但是，這並不盡然。孫正義為了得到人才，會首先考慮好為什麼目的去尋求關係？應是什麼樣的人物？這種人物哪裡有？要得到這一人物該如何去

做？深思熟慮之後才會行動。這可稱為「策略性人才保障法」。策略決定以後，再去考慮確保人才的具體戰術。

孫正義使用他獨特的「七步法」來築造自己的關係網。

1. 明確目的

首先明確自己為了什麼問題，尋求什麼樣的人物？希望達到什麼樣的目的。

2. 確定對象

千方百計調查自己所尋求的人物哪裡有。孫正義尋求人物所使用的最早的方法是查閱電話本。厚厚的電話本被稱為「資訊的寶庫」。

製造多國語翻譯機的試製品時，伯克利大學教授的家，是從電話本上查到的；在日本尋找推銷這一機器的去處時，孫正義是給大阪的專利代辦人協會打了電話，但是，要想成為大實業家，總是依靠電話本是不夠的。

3. 「撒網撈魚」，創造機會接觸重要人物

一九八一年十月，日本軟銀公司所做的第一件工作，就是獲得了大阪召開的電子技術展的展廳。這是孫正義撒下的網。結果，孫正義得以結交了上新電機的淨弘博光社長、哈特森的工藤裕司董事長（當時為社長）等重要人物。

而且由於這次電子技術展覽會，他還碰上了另一個重要人物，那就是後來被日本軟銀公司收買的掌握著世界上最大的電腦雜誌出版機構的齊夫。大衛斯出版公司的展示會部門的總經理威廉‧羅西。

4. 單鉤釣魚

要從進入網中的人物中選擇出所尋找的人物，日常注意培養對人的觀察、鑒別能力。

5. 重點培養

積極的接近一流人物，努力打動他們的心，使其成為自己人。

6. 和一流人物結成夥伴關係

孫正義很善於充分利用別人的智慧和力量使自己的事業得到推進。對於第一次見面的人，只要對方能幹，就會單刀直入的提議「一起做吧」，結成夥伴關係。

7. 螺旋式的擴充自己的「關係網」

從結成夥伴關係的一流人物那裡得到最有價值的資訊，又透過這種資訊，尋找另一個人物，螺旋式的擴充自己的「關係網」，以此蓄積起人、物、財、資訊（價值）的財產。能夠抓住一個一流的世界有頭有臉的人物，就能一步步得到他的關係網中所有的人物和資訊。和世界最大的媒體王羅伯特·默多克結識後，孫正義站到了世界媒體的核心位置，為他進一步發展自己的人際關係提供了有利條件。

孫正義的關係網迅速的擴充到了世界。這些關係為日後孫正義的成名和崛起達到了無法替代的、至關重要的巨大作用。

得體的讚美是友誼的源泉

如同許多人需要鮮花與掌聲一樣，朋友也需要讚美。

讚美是送給朋友的最好禮物

每個人都渴望得到別人和社會的肯定和認可，我們在付出了必要勞動和熱情之後，都期待著別人的讚許。那麼，把自己需要的東西，首先慷慨的奉獻給別人，展現的只能是我們的大方和成熟。

讚許別人的實質，是對別人的尊重和評價，也是送給別人的最好禮物和報酬，是做好人際關係的一筆暫時看不到利潤的投資。它表達的是我們的一片善心和好意，傳遞的是你的信任和情感，化解的是你有意無意間與人形成的隔閡和摩擦。對人表示讚許，你何樂而不為呢？

世界上的人大都愛聽好話，沒有人打心眼裡喜歡別人來指責他，就是相濡以沫的朋友，你批評幾句，對方往往臉上也有掛不住的時候。

日本的社會心理學家在細和孝就說過：「人們對你讚譽、佩服或表示敬意時，除非顯而易見的是溜鬚拍馬，即使是應酬話，你也許還是覺著舒坦。可是，聽到他人對你的批評，不中聽的言語時，即使他沒有惡意中傷，而且又部分符合實際，你也可能長期對它抱有反感。」

在細和孝的話恐怕不僅僅是對日本人而言的，他基本上，是滲透了人性在對待讚許和批評方面的底蘊而發的透徹議論。

一般的常人身上，都有著難以察覺的特質，而這些正是個人價值的生動展現。而一個偉大的領導者。往往獨具慧眼，大多是讚頌別人的專家。羅斯福的才能，就表現在對正直人士給予恰當的稱讚上。

既然讚揚是人際社交的潤滑劑，我們就要在和周圍人相處的過程中，毫不吝嗇的讚揚別人，使讚許動機獲得廣大而神奇的效用。

1　讚揚的過程是一個溝通的過程透過讚揚，你得到了對方的欣賞和尊重，自己享受了自尊、成功和愉快，你的精神面貌還能不如芝麻開花，充滿盎然的生機嗎？

2　讚揚能鼓勵人向上和自強

3　讚揚別人，也能激勵自己

現實生活中，一個善於發現別人長處，善於讚揚別人優點的人，絕不是單方面的給予和付出。不知你是否也有這方面的體驗，讚揚別人，往往也會激勵自己。別人的精神會感染我，別人的榜樣會帶動我，人家行，我何以不行呢？比比看！這樣一種情形和心態，在體育場上，簡直可以說是比比皆是。

真誠的讚美是生活的動力之源

一個五歲的女孩在一次教堂音樂會上初次展現了她的音樂天賦。她有著優美的嗓音，這從一開始就註定了她將有一個輝煌的前途。隨著她慢慢長大，她越來越多的受到教堂、學校和社交活動的歡迎。考慮到要對她進行必要的專業聲樂訓練，她的家人把她送到了一個很有名的聲樂老師那裡。這個老師的音樂水準是他人難以企及的。他是個力求完美者，他要求這個女孩的表演在任何時候都要達到盡善盡美。只要這女孩有一點點失誤，他都要認真的指出來。一段時間以後，她越來越崇拜她的老師。儘管他們年齡相差很大，他對她的批評多於表揚，但她還是愛上了他，並與他結了婚。

他繼續教她，但她的朋友開始覺察出她原本優美自然的音色有了變化。她的聲音顯得極不自然，原先所具有的那種清晰的激動人心的感覺已蕩然無存。漸漸的，她受到的邀請越來越少了。最後，再也沒人來邀請她。接著她的丈夫兼老師去世了，在接下的幾年裡，她幾乎沒再演唱。她的天賦不再展現，被埋沒起來。

直到有一天，一個充滿活力的推銷員開始與她交往，當她偶爾哼出幾句歌曲時，他為她如此優美的嗓音驚異不已，便鼓勵她說：「再多唱點，親愛

的，你擁有世界上最美妙的聲音。」而事實上，他可能並不知道她唱得到底是好、是壞，還是平淡無味，但他確實知道他非常喜歡她的嗓音。於是，他讚美她，稱頌她。奇怪的是，她又恢復了自信並再一次受到邀請去演唱。後來，她便和那位推銷員 —— 一個「偉大的發現者」結了婚，並走上了成功的演唱生涯。

一句西方諺語說：「讚美好比空氣，人不能缺少。」推銷員對那位女子的讚美是完全真誠的，發自內心的，是她最需要的。事實上，真誠的讚美是最有效的教學方法，也是生活的動力之源。它們的確像是空氣，充滿我們的汽車輪胎，載著我們在生活的大道上向前飛奔疾馳。

讚美使人際交往變得和諧而溫馨

林肯說過：「每個人都喜歡讚美。」讚美之所以得其殊遇，一在於其「美」字，表明被讚美者有卓然不凡的地方；二在於其「讚」字，表明讚美者友好、熱情的待人態度。人類行為學家約翰·杜威也說：「人類本質裡最深遠的鞭策力就是希望具有重要性，希望被讚美。」因比，對於他人的成績與進步，要肯定，要讚揚，要鼓勵。當別人有值得褒獎之處，你應毫不吝嗇的給予誠摯的讚許，以使得人們的交往變得和諧而溫馨。

歷史上，大衛和法拉第的合作是一個典範。雖然有一段時間，法拉第的突出成就引起大衛的嫉妒，但其二人的友誼仍被世人所稱道。這份情緣的取得少不了法拉寫對大衛的真誠讚美這個原因。

法拉第未和大衛相識前，就給大衛寫信：「大衛先主，您的講演真好，我簡直聽得入迷了，我熱愛化學，我想拜您為師……」收到信後，大衛便約見了法拉第。後來，法拉第成了近代電磁學的奠基人，名滿歐洲，他也總忘不了大衛，說：「是他把我領進科學殿堂大門的！」

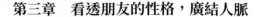

可以說，讚美是友誼的源泉，是一種理想的黏合劑，它不但會把老相識、老朋友團結得更加緊密，而且可以把互不相識的人連在一起。

充分聽取別人的「逆耳」意見

「忠言逆耳」，就是在勸說人們在社會生活中能夠多聽聽別人的意見，先做一個聽眾。在社交上，有些人不喜歡聽取別人的意見，心目中只有自己，而且還自以為比別人高明，事事要占上風，好出風頭。在交際中，即使是你有很大的本事，見識比別人高明，也絕對不能使用這種態度。由於你這樣的做法，根本沒有給別人留下一點餘地，這種趾高氣揚而又橫蠻的方法，使別人感到窘迫，無路可走，便明智的不想同你一般見識。如果有這種壞習慣，所有的朋友和同事，肯定沒有一個人向你提供意見和看法，更不敢向你進一步提出忠告。這類人，人們往往不想接近他，並且有時會產生看而生厭的情緒。這類人應當有自知之明，逐漸改變其不良習慣。

你應當明白，在日常的商務人際社交中，談論的話題十有八九不是學術上的問題，或國與國之間外交上的原則性問題，所以是非標準性的。這樣，你的意見和看法並不一定是正確的、合理的，而別人的意見和看法也不一定是錯誤的、無價值的。有這種毛病的人，即使是你比別人聰明，想從自己的思想中提出更高超的見解，也不能用這種方法來對待人。何況，平時的交往所說的事情大多是平凡的，不必費心費時做更高深的研究和爭辯。人們日常交談的目的，大多消遣多於研究，因此，你大可不必太認真，大家說說笑笑便行。所以你不要自作聰明，對別人不要隨便說教。即使你的說教有一定的見解，人家也會很不樂意接受。要說教也應當婉轉，採用徵詢的口氣說出你的看法、見解，別人才比較容易接受。所以，你不要隨便擺出架勢來教

導旁人。

在商務社交上，你的同行客戶、朋友同事，幫你出點子、獻策略，你若不能立刻贊成，起碼也要表示可以考慮考慮，這種場面下，是不可馬上提出反駁的。要是你的朋友和你聊天兒，你更應當注意，不可太執拗，這樣很容易把一切有趣的事情變得乏味。要是真的對方犯了錯，又一時不肯接受指正、批評或勸告，應往後退一步，不要急於提出來，把時間延長一些，隔幾天之後或更長時間再說。否則，若雙方都固執己見，不僅不能取得成效，還會造成僵局，傷害雙方的感情。

而作為你，也應學謙虛些，不要太過於高傲，要隨時考慮別人的意見，讓人們都覺得你是一個可以談話的人，是很懂得道理的人。

談話的目的是在於知道一下別人對某一件事情的意見和對社會世事的看法，以便增加雙方的了解，增進朋友之間的友誼，使大家都對生活感到興趣，使大家的感情都得到安慰。如果發現與對方的意見、看法不一致，也能從中得到啟發和學習，對方也會感到刺激和滿足。如果聽見別人的意見和看法同你一樣時，你要立刻表示贊同，不要遲疑。不要認為這樣做是為了討好對方，也不要認為這是隨聲附和，因此就不說話了。假如一聲不響，反而使人覺得你與對方的意見相反，或者是沒有主見。

了解別人對自己的信賴程度

與人交往，相互信任是基礎，沒有彼此的信任作基礎，如果相互間沒有尊敬與信賴，任何貌似堅固的友情長城也會瞬間崩塌。所以，一定要了解別人對自己的信賴程度。

如果對方不能信任自己，再怎麼用心與之交往也是徒勞。

講義氣的人是指那些特別容易相信別人的人，一旦相信了對方，就無論如何也不會改變彼此的觀點。

即使有第三者在中間挑撥，他還是堅信對方絕不會做有負道義的事。

隨著社會環境的變遷，尤其又是在變幻莫測的商海中，人與人之間已經越來越不容易彼此信任。因此，若你秉持先交朋友，再做生意的準則，就須真正了解對方。

要知道，交朋友也有朋友與知己的分別，只要略有交情或認識都可稱之為朋友；但真正彼此了解、信任的才是知己。

最能看出對方是不是信任自己，就是對方會不會與你商量一些私人的問題，如金錢往來、工作上的困擾及感情上的問題。

拿做媒人一事打個比方：不論是為了子女還是為了本人，對方之所以來拜託你當媒人，無非是因為信得過你，認為你人品好、眼力高、口才佳，能達到說媒的目的。

如果有人來拜託你前往說媒，那就表示你是個形象良好而且值得信賴的人。可千萬不要以為只有那些三姑六婆式的長舌婦，才有資格為人說媒。

光是會喋喋不休的說話，說出來的話卻一點也沒有說服力，這種人只能是成事不足，敗事有餘，不會有人敢請這樣的人做自己的媒人。

除了有良好的地位、職業及人品等條件之外，還要有靈敏的反應才能得到別人的信任。

尤其是為人說媒的時候，對於雙方的家世背景、性格、職業等全部都能了解，並善加運用，這樣才能夠成功的說服雙方。

如果你的朋友連說媒都不願找你，那說明朋友對你並非十分信賴。

所以，平時就要養成說話中肯、實在的習慣，樹立熱心幫助朋友的形象，一旦朋友有需要的時候，他們自然會第一個想到你，並找你幫忙。

朋友的四種類型

朋友就像催化劑，不同的你需要不同的催化劑才能發生更好的化學反應，知道朋友的類型，根據不同類型的朋友而改變自己的一些處世方式，也許會產生意想不到的結果。

一個人命裡不見得有太太或丈夫，但絕對不可能沒有朋友。即使是荒島上的魯賓遜，也不免需要一個「禮拜五」。一個人不能選擇父母。但是除了魯賓遜之外，每個人都可以選擇自己的朋友。照說選來的東西，應該符合自己的理想才對，但是事實又不盡然。你選別人，別人也選你。被選，是一種榮譽，但不一定是一件樂事。來按你門鈴的人很多，豈能人人都令你「喜出望外」呢？大致說來，按鈴的人可以分為下列四型：

第一型，高級而有趣。這種朋友理想是理想，只是可遇而不可求。世界上高級的人很多，有趣的人也很多，又高級又有趣的人卻少之又少。高級的人使人尊敬，有趣的使人歡喜，又高級又有趣的人，使人敬而不畏，親而不狎，交往越久，芬芳越醇。譬如新鮮的水果，不但甘美可口，而且富於營養，可謂一舉兩得。朋友是自己的鏡子。一個人有了這種朋友，自己的境界也低不到哪裡去。東坡先生杖履所至，幾曾出現低級而無趣的俗物？

第二型，高級而無趣。這種人大概就是古人所謂的諍友，甚至畏友了。這種朋友，有的知識豐富，有的人格高超，有的呢，「品學兼優」，像一個模範生，可惜美中不足，都缺乏那麼一點幽默感，活潑不起來。你總覺得，他身上有那麼一個竅沒有打通，因此無法豁然恍然，具備充分的現實感。跟他交談，既不像打球那樣，你來我往，此呼彼應，也不像滾雪球那樣，把一個有趣的話題越滾越大。精力過人的一類，只管自己發球，不管你接不接得住。消極的一類則以逸待勞，難得接你一球兩球。無論對手是積極或消極，

131

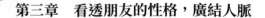

總之該你撿球，你不撿球，這場球是別想打下去的。這種畏友的遺憾，在於趣味太窄，所以跟你的「接觸面」廣不起來。天下之大，他從城南到城北來找你的目的，只在討論「死亡在法國現代小說中的特殊意義」，或是「因紐特人對於性生活的態度」。為這種畏友撿一晚上的球，疲勞是可以想見的。這樣的友誼有點像吃藥，太苦了一點。

第三型，低級而有趣。這種朋友極富娛樂價值，說故事，他最像；消息，他最靈通；關係，他最廣闊；好去處，他都去過；壞主意，他都打過。世界上任何話題他都接得下去，至於怎麼接法，就不用你操心了。他的全部學問，就在於不讓外行人聽出他沒有學問。至於內行人，世界上有多少內行人呢？所以他的馬腳在許多客廳和餐廳裡跑來跑去，並不怎麼露眼。這種人最會說話，餐桌上有了他，一定賓主盡歡，大家喝進去的美酒還不如聽進去的美言那麼「沁人心脾」。會議上有了他，再空洞的會議也會顯得主題正確，內容充沛，沒有白開。如果說，第二型的朋友擁有世界上全部的學問，獨缺常識，這一型的朋友則恰恰相反。擁有世界上全部的常識，獨缺學問。照說低級的人而有趣味，豈非低級趣味，你竟能與他同樂，豈非也有低級趣味之嫌？不過人性是廣闊的，誰能保證自己毫無此種不良的成分呢？

第四型，低級而無趣。這種朋友，跟第一型的朋友一樣少，或概率相當之低，這種人當然自有一套價值標準，非但不會承認自己低級而無趣，恐怕還自以為又高級又有趣呢。然則，餘不欲與之同樂矣。

當心被「朋友」拖下水

「孟母三遷」如果講的是孟子的母親，為了兒子而不斷創造良好環境的話，那麼「管寧割席」則是將一個不被朋友影響，最終與背離自己理想與目

標的朋友斷交的故事了。

在你的生活中，特別是在你為成功而奮鬥之初，你可能需要尋求自己，但是，你要注意，不要結交那些對你有害無益的朋友，不要被拖入他們的渾水之中。

我們的環境和朋友，對我們的一生有莫大的影響，可以說交上怎樣的朋友，就會有怎樣的命運。

一隻蝨子常年住在富人的床鋪上，由於牠吸血的動作緩慢輕柔，富人一直沒有發現牠。一天，跳蚤拜訪蝨子。蝨子對跳蚤的性情、來訪目的、能否對己不利，一概不聞不問，只是一味的表示歡迎。牠還主動向跳蚤介紹說：「這個富人的血是香甜的，床鋪是柔軟的，今晚你可以飽餐一頓！」說得跳蚤口水直流，巴不得天快黑下來。

當富人進入夢鄉時，早已迫不及待的跳蚤立即跳到他身上，狠狠的叮了一口。富人從夢中被咬醒，憤怒的令僕人搜查。伶俐的跳蚤跳走了。慢慢吞吞的蝨子成了不速之客的代罪羔羊，蝨子到死也不知道引起這場災禍的根源。

因此，在選擇朋友時，你要努力與那些樂觀肯定、富於進取心、品格高尚和有才能的人交往，這樣才能保證你擁有一個良好的生存環境，獲得好的精神食糧以及朋友的真誠幫助。這正是孔子所說的「無友不如己者」的意思。

相反，如果你擇友不慎，恰恰結交了那些思想消極、品格低下、行為惡劣的人，你會陷入這種惡劣的環境難以自拔，甚至受到。「惡友」的連累，成為無辜受難的「蝨子」。

假如我們已不慎交上了壞朋友，應採取敬而遠之的態度，要知道：把一顆爛蘋果留在籮筐裡。會使一籮筐的蘋果都腐爛掉。

要結交懂得自尊自愛的朋友。因為一個人如果不自尊，便無法尊敬別

人。近朱者赤，近墨者黑，假使我們所結交的朋友都是懂得自尊自愛的人，相信大家都會互相尊重的。

與身心健全的人交往，不僅可以使自己得到別人的尊敬，而且也可以促進自己的身心健康，提高品德修養。

有自尊心且身心健康的人，通常都有很強的個人主義意識，不喜歡輕易附和別人的意見。但其具有誠實的本性，不僅能忠實於自己，也能忠實於朋友。

而且，他們為了保護自己，常常會表現出很強的自尊心，但這種自尊並不是我們一般所謂的「傲慢」，而且也絲毫不含一點「輕視」別人的意味，只是事事自己做主，不容他人插足而已。並且，這種人是無法忍受他人欺侮的，一旦有人欺侮他，就一定會遭到激烈的反抗！

另外，他們的心態一直很穩定，能與人愉快相處，以整體的觀點來說，這種人是屬於和藹、意志高昂的類型。因此，很容易成功。他們一般的生活情形如下：

- · 工作很賣力，而且也有經濟獨立的能力。
- · 過著安定、快樂的家庭生活。
- · 能盡情的享受生活樂趣及休假的閒情。
- · 一般健康情況良好，很少生病。
- · 常受到人們的尊敬及喜愛。
- · 很清楚自己的能力，而且能將自己的感情表達給別人知道。
- · 能控制自己，因此，對自己的缺點並不十分苛求。
- · 能享受過去及現在的生活，對於未來也充滿希望。

有自尊心且身心健康的人不僅能在工作職位上盡忠職守，而且也能在人生的過程中，享受到真正的樂趣。如果我們本身就是一個有自尊心且身心很

健康的人，一定能夠很輕易的分辨出別人是否和你具有同樣的性格。

朋友是有等級的

　　朋友本不該有那麼重要，朋友又的確那麼重要。生命裡或許可以沒有感動、沒有勝利……沒有其他的東西，但不能沒有的是朋友。朋友不一定常常聯繫，但也不會忘記，每次偶爾念起，還是感覺那麼溫暖、那麼親切、那麼柔情；朋友是把關懷放在心裡，把關注藏在眼底；朋友是相伴走過一段又一段的人生，攜手共度一個又一個黃昏；朋友是想起時平添喜悅，憶及時更多溫柔。朋友如醇酒，味濃而易醉；朋友如花香，淡雅且芬芳；朋友是秋天的雨，細膩又滿懷詩意。

　　人人都想結交朋友，但是朋友有不同的等級，如有的人把朋友分了六個等級：

1　　刎頸之交級。

2　　推心置腹級。

3　　可商大事級。

4　　酒肉朋友級。

5　　點頭哈哈級。

6　　保持距離級。

　　其實，這六種朋友只有前三種是真正的朋友。後三種只不過是生活中的泛泛之交，不能算作真正的朋友。

　　誰是真正的朋友呢？

知音是朋友

古代流傳著高山流水知音難求的故事。現代社會裡，知音就意味著有共

同的興趣、愛好，相互之間能夠理解。

　　二十四歲的藝術家安娜說：「我有位朋友，我喜歡跟她一起去看歌舞。我的其他朋友似乎沒有喜歡現代舞的，然而我們兩人都喜歡。看了節目後，我們經常一起去吃飯，邊吃邊談論節目，這就是我們的友誼。」

忠誠是朋友

　　亞遜斯有一次來到了阿爾卑斯山下，遇到了幾位天神，天神說：「亞遜斯，你有過朋友嗎？」亞遜斯說：「有，他愛我勝過愛你們。」這句話激怒了天神們，他們決心殺掉亞遜斯的這位朋友，便詢問這位朋友是誰。亞遜斯看出了天神們的用意，就隱瞞不談。天神們拿出了各自的寶貝引誘亞遜斯，許諾他將有一位美貌無比的妻子，他會成為一個威嚴無比的國王等等。所有這一切都未能打動亞遜斯的心。但神通無比的天神還是抓到了亞遜斯的朋友，他們沒有立刻殺死他，對亞遜斯的話，他們並不十分相信，於是以同樣的手段去引誘亞遜斯的朋友，只要他背叛亞遜斯，他將得到他所要的一切：美色、財富、權勢。和亞遜斯一樣，這位朋友也絲毫未動心，天神們既羨慕又慚愧，沒有一位天神去殺他們，悄悄的將他們放下了山。亞遜斯說：「我們彼此忠誠、信任，沒有什麼比我們的友誼更重要。」

患難是朋友

　　伊索寓言裡有這樣一個故事：

　　兩個男人結伴穿越森林，突然，一隻大熊從叢林中衝出來。

　　其中一個男人為了自己的安全爬上了一棵樹。

　　另一個因無力一人同這頭獸搏鬥，便倒在地上一動不動的躺著，像是死了似的。他曾聽說熊是不碰屍體的，這肯定是真的，因為那頭熊只在他頭上嗅了一嗅，便像對他是死的感到很不滿似的走開了。爬到樹上的那個男人從

樹上跳下來。「那頭熊好像在你耳邊說了什麼，」他問：「他告訴你什麼事？」

「熊說，」另一個男人回答道：「和一個在危險時刻拋棄朋友的人作伴是愚蠢的。」

是不是朋友，只有當你遇到困難，遭遇不幸的時候，能挺身而出幫你度過難關的人，才是真正的朋友。

平等是朋友

古代有這樣一個故事：

白敏中與賀拔基是好朋友，兩人同到長安參加科舉考試。這年的主考官是王起。王起知道白敏中出身望族，文才皆上品，很賞識，有意讓他為狀元。但嫌他與貧寒的賀拔基交往過密，有點猶豫，使私下派人去勸說，暗示他：「只要你不再和賀拔基來往，王主考就取你為狀元。」白敏中聽著，皺起眉頭，沒有答話。

恰好這時賀拔基來訪，家人把他打發走了。白敏中得知大發雷霆，立即把賀拔基追了回來，如實的將情況告訴他，並說：「狀元有什麼稀奇的，怎麼也不能不要朋友呀！」說畢，命家人擺起酒宴，與賀拔基開懷對酌。

說客看在眼裡，氣在心裡，回去便一五一十的回稟王起，並從旁慫恿：「這小子捨不得賀拔基，我們也不給他狀元。」誰知王起一反初衷，既取了白敏中，又取了賀拔基。原來白敏中寧要朋友不要狀元的精神，融化了王起意識中的世俗偏見，他那真誠待人的恪守信義的品格贏得了人心，令世人敬仰。

俗話說，多個朋友多條路，朋友多了路好走。朋友相交以「誠」相待，此乃至理，那為什麼又要將朋友分「等級」？那不就不「誠」了嗎？

有個地方官員，朋友無數，三教九流都有，他也曾向人誇耀，說他朋友

之多，天下第一。

　　他的鄰居，當然也是他的「朋友」之一，曾問他，朋友這麼多，你都同等對待嗎？

　　他沉思了一下，說：「當然不可以同等對待，要分等級的。」

　　他說他交朋友都是誠心的，不會利用朋友，也不會欺騙朋友，但別人來和他做朋友卻不一定是誠心的。在他的朋友中，人格清高的朋友固然很多，但想從他身上獲取一點利益，心存壞意的朋友也不少。

　　「對心存歹意、不夠誠懇的朋友，我總不能也對他推心置腹吧，那只會害了我自己呀。」

　　所以，在不得罪朋友的情況下，他把朋友分了「等級」，有「刎頸之交級」、「推心置腹級」、「可商大事級」、「酒肉朋友級」、「點頭哈哈級」、「保持距離級」等等。

　　他就根據這些等級來決定和對方來往的密度和自己心窗打開的程度。

　　他曾說：「我過去就是因為人人都是好朋友，受到了不少傷害，包括物質上的傷害和心靈上的傷害，所以今天才會把朋友分等級。」

　　把朋友分等級聽來似乎太無情，但聽了那位官員的話，你是否也覺得分等級的確有其必要，因為這可以保護自己免受別人的傷害。

　　要把朋友分等級其實不容易，因為人都有主觀的好惡，所以有時會把一片赤心的人當成一肚子壞水的人，也會把凶狠的狼看成友善的狗。甚至在旁人點醒時還不能發現自己的錯誤，非得到被朋友害了才大夢初醒。所以，要十分客觀的將朋友分等級是十分難的，但面對複雜的人性，你非得勉強自己把朋友分等級不可。心理上有分等級的準備，交朋友就會比較冷靜客觀，可把傷害程度減到最低。

　　要把朋友分「等級」，對感情豐富的人可能比較難，因為這種人往往在對

方尚未把你當朋友時，他早已投入感情；而且把朋友分等級，他也會覺得有罪惡感。

不過，任何事情都要經過學習，慢慢培養這種習慣，等到了一定年紀，自然熱情冷卻，不用人提醒，也會把朋友分等級了。

分等級，可像前述那位官員那樣分，也可簡單的分為「可深交級」和「不可深交級」。

可深交的，你可以和他分享你的一切，不可深交的，維持基本的禮貌就可以了。這就好比客人來到你家，真正的客人請進客廳，推銷員之類的在門口應付應付就行了。

另外，也要根據對方的特性，調整和他們交往的方式。但有一個前提必須記住，不管對方智慧多高或多有錢，一定要是個「好人」才可深交，也就是說，對方和你做朋友的動機必須是純正的。不過，人常被對方的身分和背景所炫惑，結果把壞人當好人，這是很多人無法避免的錯誤。

如果你目前平平淡淡或失意不得志，那麼不必太急於把朋友分等級，因為你這時的朋友不會太多，還能維持感情的朋友應該不會太差。但當你有成就了，手上握有權和錢時，那時你的朋友就非分等級不可了，因為這時的朋友有很多是另有所圖，不是真心的。

結交優勢互補的朋友

在交友問題上孔子曾與弟子有過這樣一段話。子曰：「不得中行而與之，必也狂狷乎。狂者進取，狷者有所不為也。」其意思是說：「（子路）我們要盡可能的與言行合乎中庸的人相交，可這畢竟非常理想化，反映在現實中我們既要結交激進者，也要結交狷介者，優勢互補。這樣，我們就可避免偏

執。」這裡便展現了孔子交友優勢互補的思想。

博採眾長

在人際社交中，人們常常受方位的鄰近性、接觸頻率的高低性和意趣的投合性影響，交往的領域是狹窄的。

其實，決定交往對象範圍的主要因素，應該是需要的互補性，為了透過交往去獲得「互補」的最大效益。我們應當打破各種無形的界限，根據自己生活、事業上求進步的需要，積極參加相對的交往活動，主動選擇有益、有效的交往對象。

如果你發現自己某方面個性有缺陷而又對某人這方面的良好個性十分羨慕和敬佩的話，那麼你不僅可以而且應當主動找他談談，用自己的感受與苦衷去引發他的體會與經驗。如果你覺得自己與某人的長短之處正好互補的話，為什麼不可以透過推心置腹的交往來各取其長、補己所短呢？

選準對象，抓住時機，主動「出擊」，以己之虛心誠意去廣交朋友，這對博採眾長、克己之短、完善自我是很有好處的。

運用立體交叉法結交朋友

所謂立體交叉，可從不同角度去理解。從思想品德的角度說，就是不僅與比自己德高性善的人交際，也要適當與比較後進的人交際；從性格的角度上說，就是不僅與性格意趣相近者交際，還要適當與性格迥異、意趣不同者交際；從專業知識的深廣度來說，就是不只限於與同一文化層次、同一專業行業的人交際，還應發展與不同文化層次、專業行業不同的人的交際；從家鄉習俗的角度來說，就是不僅要與同鄉、國內的人交際，還應當發展與異鄉人、外國人的交際……

日本組織工學研究所所長系川英夫曾這樣談到「人事關係上的乘法」：「透

過與不同類型的各種人物交往，可以獲得大量的情報資訊，利用這些資訊，便可以進行新的創造性活動。在與各種不同類型的人交往過程中，不僅可以產生一些新的設想，而且可以使自己的思想更加活躍。」

他還做了這樣的對比：「假如有兩個人，A 的能力為五，B 的能力也為五，兩人是否交流，將使兩人的能力產生如下的差別：五家五等於十……兩個人未交往前的能力；五成五等於二十五……兩個人交換資訊後的能力。」

不妨結識忘年交

年輕人離不開老年人的提攜和幫助。然而，由於青年人與中老年人在思想、感情、思維方法和心理特質上的較大差異，加上青年人在青春發育成熟期心理上出現的成人感和獨立性，「代際關係」常被兩代人之間的心理障礙代溝所阻隔。

但這種「代溝」是可能而且必須要填平的，因為任何社會階段都要靠各個年齡層次的人的相互作用來發展。這種作用既有選擇性的繼承，也有創造性的更替、繼承與創新。老年與青年的矛盾，正是推動社會文明進步的動力。要解決好這些矛盾，要靠兩代人的努力合作，而代際關係是溝通雙方需要、實現能量互補的有效途徑。

要發展代際關係，青年人必須客觀的、辯證的認識老年人與青年人各自的長短優劣之處，看到代際關係對雙方的不同的互補功能。

培根就曾這樣論述過：「青年的性格如同一匹不羈的野馬，藐視既往，目空一切，好走極端，勇於改革而不去估量實際的條件和可能性，結果常常因浮躁而改革不成；老年人則思考多於行動，議論多於果斷。為了事後不後悔，寧願事前不冒險。最好的辦法是把兩者的特點結合起來。」

這樣，年輕人就可以從老年人身上學到自己正需要的那堅定的志向、豐

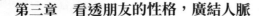

富的經驗、深遠的謀略和深沉的感情。而且，老年人有著豐厚的人際關係資源，可以為年輕人提供廣泛的人際關係門路。俗話說：「家有一老，如有一寶。」在你的人際圈子中，老年人是必不可少的。

性情豪爽，態度穩重

　　性情豪爽是一件好事，但是態度過於隨便的人卻難以獲得別人的尊敬，而且這種性情的人還會給自己的生活增加一些麻煩，比如：他們由於說話不注意分寸常常會惹長輩生氣；不顧場合的開玩笑，無意間會傷害朋友。另外，對待身分和地位比你高的人採取這種毫無顧忌的態度，則會使對方覺得你沒有涵養，不值得重用；對待身分和地位比你低的人時態度過於隨便，也容易使對方誤解，讓他以哥們義氣相待，甚至提出不當的要求。開玩笑的情形也是如此，如果你凡事都喜歡開玩笑，即使在講正經話的時候，也很難叫人相信。

　　個性豪爽的人雖然比較好相處，但要受人尊敬，你就應該善於利用這種豪爽。以我們自己的生活體驗，在一些娛樂性的場合，我們經常會想起這類人的加入。比如：因為那個人歌唱得很好聽，我們感覺和他相處得很愉快；或者因為某人舞跳得很好，所以我們樂意找他去參加舞會；或者因為他喜歡講笑話，非常有趣，所以我們高興約他一起去吃飯……

　　人們之所以樂意在這些場合找他，主要是為了娛樂的需要，但是，如果人們只是在這種時候才想到他，這並不是一件什麼好事，這也不是在真正誇讚一個人，反過來有可能是在貶損他。至少一個只有娛樂這方面「優勢」的人，是不會被他人委以重托的，因而也不會受到人們發自內心的尊敬。

　　如果一個人僅以一方面的特長去獲得別人的友誼，這樣的人其實是沒有

什麼價值可言的。由於他不具備其他特長，或者不懂得如何來發揮其他方面的優點，他也就很難受到他人的尊敬。記住：一個重要的處世原則就是，不論在任何時刻、任何境地，都要保持一種「穩重」的生活方式和處世態度。

那麼，到底怎樣才是具有穩重的態度呢？所謂具有穩重的態度，就是在待人接物中要保持一定的「威嚴」。當然，這種帶有一定威嚴的態度與那種驕傲自大的態度是完全不同的，甚至可以說是與之完全相反。這種反差就如同魯莽並不是勇敢的表現，亂開玩笑並不是機智一樣。我們這樣說，並無意去貶低那些具有驕傲自大態度的人，但是傲慢、自負的人確實很容易惹人生氣，甚至讓人嘲笑或輕蔑。

你應該同那些故意將物品價格抬高的商人打過交道吧！對待這樣的商人，我想你也會絕不心軟的把價格殺低，這與我們對待喊價合理的商人的態度截然不同，對待後一類商人，我們是絕對不會刁難他們的。同購物的情形類似，我們對待那種傲慢自負的人，要麼會將他自我標榜的「價碼」拉下來，要麼輕蔑的看他一眼，然後遠離他而去。

一個具有穩重態度的人，是絕對不會隨便向別人溜鬚拍馬的；他也不會八面玲瓏，四處去討好他人；更不會去任意滋事造謠，在背後批評別人。具有這種態度的人，不僅會將自己的意見謹慎清楚的表達出來，而且還能平心靜氣的傾聽和接受別人的意見。如此待人處世的態度，就可以說是一種具有穩重的威嚴感的態度。

這種穩重的威嚴感也可以從外在表現出來，即在表情或動作上表現出鄭重其事的模樣。當然如果你能在此基礎上再加上生動的機智或高尚的氣質這種內在的東西，就更能增進你的尊嚴感。相反，如果一個人凡事都採取一種嘻嘻哈哈，對任何事都無所謂的態度，在體態上總是搖搖晃晃，顯得極不穩重，就會讓人覺得你十分輕浮。如果一個人的外表看上去非常威嚴，但在實

際行動上卻草率之至，做事極不負責任，這樣的人也仍然稱不上是一個具有

穩重威嚴感的人。

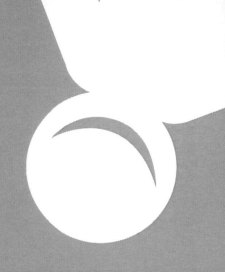

第四章

研究小人的個性，
　躲避暗箭中傷

學會躲避小人飛來的暗箭

社會是一個萬花筒，人活在這個世界上就是要與人交流，你不可能因為對方是小人而與之斷絕一切交往，有些時候利益面前，你必須學會適應。

小人種類繁多，有口蜜腹劍者，有逢迎諂媚者，有尖酸刻薄者，電有挑撥離間者，不一而足。應對之策，分類述之。

應付口蜜腹劍的人，微笑著敷衍

面對這種人，如果他是你的老闆，你要裝得有一些痴呆的樣子，他讓你做任何事情，你都唯唯諾諾滿口答應。他和氣，你要比他更客氣。他笑著和你談事情，你笑著猛點頭。萬一你感覺到他要你做的事情實在太毒，你也不能當面拒絕或翻臉，你只能笑著推諉，誓死不接受。

如果他是你的同事，最簡單的應付方式是裝得不認識他。每天上班見面，如果他要親近你，你就找理由馬上閃開。同一件工作，盡量避開不要和他一起做，萬一避不開，就要學著寫日記，每天檢討自己，留下工作紀錄。

如果他是你的部下的話，只要注意三點：其一找獨立的工作或獨立工作位置給他；其二不能讓他有任何機會接近上面的主管；其三對他表情保持嚴肅，不帶笑容。

應付專拍馬屁的人，不要與他為敵

如果你碰到這一類的主管，要和他做好關係，他吹牛拍馬對你無害。當此類人是你的同事時，你就得小心了。不可與他為敵，沒有必要得罪他。平時見面還是笑臉相迎，和和氣氣。如果你有意孤立他，或者招惹他，他就可能把你當作往上爬的墊腳石。

如果他是你的部下，要冷靜對待他的阿諛逢迎，看看他是何居心。

應付尖酸刻薄的人，保持一定距離

尖酸刻薄型的人，是在公司內較不受人歡迎的。他的特徵是和別人爭執時往往挖人隱私不留餘地，同時冷嘲熱諷無所不至，讓對方自尊心受損顏面盡失。

這種人平常也以取笑同事、挖苦老闆為樂事。你被老闆批評了，他會說：這是老天有眼，罪有應得。你和同事吵架了，他會說：狗咬狗一嘴毛，兩個都不是好東西。你去糾正部下，被他知道了，他也會說：有人惡霸，有人天生賤骨頭，這是什麼世界？

尖酸刻薄型的人天生伶牙俐齒得理不饒人。由於他的行為離譜，因此在公司內也沒有什麼朋友。他之所以能夠生存，是因為別人怕他，不想理他。但如果有一天遭到眾怒，他也會被治得很慘。

如果這類人不幸是你的老闆，你唯一可做的事就是換部門或換工作。但在事情還沒有眉目及定案時，不要讓他知道。否則，他的一輪人身攻擊，你恐怕會承受不了。

如果他是你的同事，和他保持距離，不要惹他，萬一吃虧，聽到一兩句刺激的話或閒言閒語，就裝沒聽見，千萬不能動怒，否則是自討沒趣，惹鬼上身。

如果他是你的部下，你得多花時間在他身上，有事沒事和他聊聊天，講一些人生的善良面，告訴他做人厚道自有其好處。你付出的愛心和教誨，有時會替公司帶來一份意想不到的收穫。

應付挑撥離間的人，最好謹言慎行

同樣是一張嘴巴，有人用來吹牛拍馬，有人用來諷刺損人，有人用來挑撥是非離間同仁。吹牛拍馬是不損人不利己；尖酸刻薄是損人利己；挑撥離

間是將公司弄得亂七八糟人心惶惶，變文明為野蠻，人人自危，人人戰鬥。

　　這種類型的人給公司帶來的殺傷力非常之大且迅速，只要一天不注意或處理不當，便可能灰飛煙滅，處處殘跡。應付這類型的人，沒有什麼好的辦法，只能防微杜漸，不讓這類人進來，或一有發現就予以制止或清除。否則，後果不堪設想。

　　挑撥離間型的人做了你的老闆，你首先要注意的是謹言慎行，和他保持距離，在公司內建立個人信譽。萬一有一天有什麼是非發生，你得盡量化解虛心忍耐，同時要保持著「能做就做，不能做就走」的寬廣心胸。

　　這種人做了你的同事，你除謹言慎行並和他保持距離外，最重要的是你必須得聯絡其他的同事，和他們建立聯防及同盟關係，將他孤立起來。如果他向任何人挑撥或離間，都不要為之所動和不受影響。

　　如果他是你的部下，那你就要想辦法弄走他，孤立他。如果下不了手，那他就會孤立你，弄走你。

　　小人當然有很多種，但以上四種小人最為可惡，也是最難對付的。如果你能夠多個心眼，未雨綢繆，那麼你將會穩操勝券，一路平安。

早提防忘恩負義的小人

　　有些卑鄙小人或是為了滿足自己的嫉妒心理。或是為了實現自己的權力欲望，從而忘恩負義。在暗中設下一圈套，引誘自己以前的恩人在絲毫沒有防備的情況下，走進自己的圈套，獲罪於君上或上司，而遭受致命性的打擊。這些受害者往往是心地單純或剛直的人物，他們沒有意識到對面的人：是何等的卑劣下流，有的人要光明磊落的堅持自己的政治主張，不！會和對方一樣玩弄陰謀詭計，有的人還正在把對方當成知己，認敵為友。他們都來

不及提防對方的暗箭，便遭到了突如其來的傷害。落了個悲慘結局。一樁樁悲劇留給後人多少深思與警醒。

王安石變法時，最信任呂惠卿，將他視力知心朋友和得力助手。朝中之事無論巨細，都要與呂惠卿商量而後行，所有變法內容都由呂惠卿擬寫成文，然後布頒布推行。

對於王安石的重用，呂惠卿表面感恩，背地裡卻另有打算。他依附王安石，不過是變法之機撈取個人好處罷了，即使是反對王安石變法的司馬光也看出了呂惠卿的狼子野心，他寫信對王安石說：「呂惠卿這種奸邪小人，現在依附於你，目的是撈取向上爬的資本，一旦你失勢他必然會出賣你，作為自己新的晉升之階。」

可惜這些忠告王安石根本聽不進去，當他迫於壓力將要辭去宰相職務時。覺得幾年來呂惠卿對自己如同兒子對父親一樣忠心，能夠將變法堅持下去，便極力薦舉呂惠卿為副宰相。

呂惠卿果然是一個忘恩負義勢利小人，王安石一走，他就背叛了變法事業。不僅如此，他還羅織罪名，將王安石的兩個弟弟貶至偏遠的外郡，然後把罪惡之手伸向了王安石。

呂惠卿整王安石的手段十分毒辣：當年王安石視他為左膀右臂時，對他無話不談。一次，王安石對一件政事拿不定主意。便寫信囑咐呂惠卿：「此事先不要讓皇帝知道。」工於心計的呂惠卿偷偷的將信留了下來。現在，王安石離開了朝廷，他便把這封信交給了皇帝，告王安石一個欺君之罪。呂惠卿就這樣徹底斷送了王安石的政治前程。

歷代官場不乏呂惠卿這種人，當你得勢時，他恭維你，追隨你，彷彿能為你赴湯蹈火，犧牲性命。同時，他在暗地裡觀察你，算計你，累積你的失言和過失，作為日後陷害你的武器。一旦時機成熟，他就會突然跳出來對你

大肆攻擊，無所不用其極。這種忘恩負義的小人實在讓人防不勝防。

跟姜太公學識小人術

小人歷來是受人鄙棄的，因為在一個公司裡，如果小人得勢，賢人就會遭殃。要識別一個人是不是小人，並不是一件很容易的事情。

小人會虛情假意，處心積慮，最具欺騙性；小人「黑箱」操作，不露聲色，最具隱匿性。小人為一己之私利，不惜損害團體的利益。小人再怎麼狡猾，總會有破綻可找，總會有防範和識破之術可尋，所謂「魔高一尺，道高一丈」說的就是這個道理。

姜太公姜尚是輔助周文公奪得天下的功臣，他對辨別小人有一套行之有效的方法。

「同床」

君主大都具有愛聽奉承，貪圖美色，驕奢淫逸的弱點。奸臣投其所好，使他變成昏君，然後伺機奪取皇位。

「在旁」

在君主身邊經常會有一些人供他尋歡作樂。這些人善於察言觀色，討取君主歡心。奸臣透過賄賂他們來充當自己的耳目、說客，以達到自己不可告人的目的。

「父兄」

在古代，宗法血緣關係占有相當重要的地位。以血緣構成的親族關係，以婚姻構成的姻親關係，在古代政治生活中有著巨大的影響。這些與君主有

血緣關係的人，是君主特別信賴和重用的對象，他們大都成了朝中的權勢人物。奸臣往往用美色財寶迷惑他們，形成聯盟以共用榮華富貴。

「養殃」

奸臣用美色名馬以亂君主之心，以樓臺亭榭縱君主之欲，進而樹立自己的聲威。這樣，既可以得到君主的寵愛，以上欺下，又可以謀權得利。

「民萌」

奸臣用自己或國家的錢財來取悅民眾，廣施小恩小惠，進而樹立自己的聲望，並藉機謀取更大的權利，以至威脅到君主的地位。

「流行」

君主深居簡出，容易為聽到的輿論所矇騙。奸臣便到處尋找能言善辯者，將巧飾之言大為傳播，流行於朝野以達到矇騙君主，抬高自己，博取聲名的目的，並欺騙更多的利益。

「威強」

「君，舟也；民，水也；水能載舟，亦能覆舟。」君主一般都知道民眾的力量。奸臣就透過自己掌握的權力，威脅民眾，把自己個人的意志轉化為民意，進而用民意來威脅君主。

謹防小人有規律

「明槍易躲，暗箭難防」，縱使你是一個謙謙君子，在小人的「暗箭」下也會深受其傷，甚至搭上姓性命。

　　小人的特徵是在別人不防備他的時候主動進攻他人，因此，對小人絕不可沒有提防之心。提防的辦法是掌握下面小人活動的四個基本規律：

- · 規律之一：小人表現為「志色辭氣，其人甚偷；進退多巧，其人甚數；辭不至少，其所不足。」這種人無論在言語、表情上看，都有假象；做事好投機取巧，討好別人卻不厭其煩；花言巧語不少，但值得相信的不多，不負責任，一肚子壞點子。

- · 規律之二：小人是「言行多變」，對人前後不一，態度反覆無常，行為不淳樸厚道的人。

- · 規律之三：小人「少知而不大決，少能而不大成，規小物而不知大倫」的人，即賣弄小聰明而決定不了大事，炫耀自己的小能耐而沒有大能力，局限於鼻子底下的小事而不懂大道理的人。

- · 規律之四：小人是「規諫而不類，道行而不平」的人。這種人雖也進諫，但都是講些不倫不類的事，表面上道貌岸然，實際做事卻很不公道。他們這樣做無非是為了撈取名譽，所以欺世盜名。

　　小人在上述基本規律的控制下，常喜歡造謠生事，他們的造謠生事都另有目的，並不是以造謠生事為樂；喜歡挑撥離間，為了某種目的，他們可以用離間法，挑撥同事間的感情，製造他們的不合，好從中牟利；喜歡拍馬奉承，這種人雖不一定是小人，但這種人很容易因為受上司所寵，而在上司面前說別人的壞話；喜歡陽奉陰違，這種行為代表他們這種人的行事風格，因此對你他們也可能表裡不一，這也是小人行徑的一種；喜歡「西瓜倚大邊」，誰得勢就依附誰，誰失勢就拋棄誰；喜歡踩著別人的鮮血前進，也就是利用你為其開路，而你的犧牲他們是不在乎的；喜歡落井下石，只要有人跌跤，他們會追上來再補一腳；他們還喜歡找替死鬼，明明自己有錯卻死不承認，硬要找個人來背罪。

孝武帝時，王國寶和王雅都得寵信。孝武帝嗜酒如命，常常酩酊大醉，以致清醒時少。某天晚上，孝武與王國寶和王雅一起飲酒，王雅推薦名士王旬，孝武叫人去召王旬，王旬到了宮門外，已聽到了門卒的稟報聲。王國寶自知才在王旬下，恐怕孝武對自己的寵愛被王旬所奪，因見孝武臉上已有酒色，便說：「王旬古今名流，不可以酒色見，自可別召見也。」孝武同意他的意見，認為這是王國寶忠於自己，於是，就傳令不見王旬了。在這件事上王國寶的小人之心達到了目的，而孝武帝卻還認為王國寶是在做好事。

小人千萬別招惹

在現實社會中，在我們身邊，常能看到一些勢利小人，他們設法偽裝自己，用虛偽奉承討得上司的好感，或用金錢換取自己所需的利益；他們總認為自己很高明，所做的一切都是對的，沒有辦不成的事，自欺欺人，自認為是十分隱密的，豈不知，司馬昭之心路人皆知。他們為了長遠的私利和一時的利己，還會千方百計的設法騙取同事的信任，借此達到自己不可告人的目的；他們以個人狹隘的心胸，短淺的目光看待事物，看待別人，從不檢查、反省自己的所作所為，一味的懷疑別人所取得的成績，離間同事間的關係。

小人道德卑下，手段無恥，為公理所不容，為千夫所怒指，凡是正常人都看不起小人，但幾乎所有的人又都畏小人如洪水、如瘟疫，有時寧願擔個膽小怕事的罵名，也一定要繞路而行，生怕招惹了橫行無忌的小人。小人之所以不可得罪，其原因就在於小人內心深處強烈的報復欲望。而且，小人的報復欲望有時不僅僅是針對某一個人、某一件事，而是面向整個兒大眾的一種心理傾向，這種傾向強化了小人對於妨礙其謀利者的打擊力度。而同時，小人在本質上又是膽小的，他行為方式的不合理性、無道德性常常令他擔心

受怕，他在對別人施以打擊、報復之後又時時害怕別人對他報復的報復。為了消除這種憂慮的根源和潛在的威脅，小人註定要連續不斷的傷害別人。

我們一般人之所以怕得罪小人，就是怕他的打擊報復，怕他在打擊報復之後仍然像無賴潑皮一樣糾纏不休、騷擾不止。一想到這些就免不了讓人頭皮發麻、手心冒汗。說人們太窩囊、太忍讓也罷，說人們太膽小、太神經質也罷，總之人們確實是沒有這般時間、這般口舌、這般心力去和小人死纏爛打，正如同偶爾看看摔跤比賽的觀眾最好別去跟專業摔跤師叫板一樣，在想不出更好辦法的情況下，我們還是盡量的躲避著、容忍著小人吧，盡量的不得罪小人吧。這實際上就是一般人對於小人的心照不宣的想法。

我們說小人不可得罪，首先在於小人會對其現實中或猜想中的敵人毫無顧忌的打擊報復，而我們對於小人的打擊報復往往防不勝防，就如同站在舞臺中心的演員無法防備四周黑暗中觀眾的嘲諷和噓聲一樣。俗語說「明槍易躲，暗箭難防」，小人對別人的打擊報復通常都是「暗箭」這一範疇的，他低劣的特質和偽裝的本能決定了他就連報復別人都不可能光明正大。光明正大有違小人的本性，這樣的做事方式會使他產生類似於蝙蝠撞見白晝一樣的不舒服、不適應的感覺，雖然白晝和光明被大多數物種所喜愛所歌頌。而且，小人的打擊報復不但來得陰暗，而且不達目的絕不甘休，一次不成，小人很快就會醞釀出第二次、第三次，來得一定比第一次更陰險、更凶猛，你縱有三頭六臂也恐怕抵擋不了這層出不窮的折騰，就算一時正氣壓倒了邪氣，還是很快會發現你逃得了初一逃不了十五，最後不得不悲歎小人實在難防。

壞人喜好「壞人」事

我們知道，在一個重視效率和效益的社會，小人其實是不容易大量孳生

的。相反，越是在繁文縟節盛行、中間環節錯雜的缺乏效率、缺乏產出的社會領域，小人就越容易大面積、成群落地孳生，這一方面跟某些大人物對小人的需求有關，一方面也跟小人這種社會生物作為社會消極力量的本質屬性有關。與少數社會責任感強烈的君子和大多數自覺、不自覺用雙手營建著自己的生活同時也為整個社會添磚加瓦的普通人不同，小人孳生在社會的肌體上，天然不是對社會起積極的推動作用的。

如果說多數人的活動是為了社會能夠更乾淨更美好，那麼小人的存在就是社會的一塊又髒又醜的黑斑；如果說多數人的努力可以推動社會各項事業向前發展，那麼小人的作用就是牽制事業前進的車輪，讓它緩慢而又沉重起來。不但如此，小人一旦掌握了大量的金錢和一定的權勢，還往往會給社會的各項事業帶來種種不可彌補的損失，成為社會身體上一支重要的破壞性力量。

小人沒有道德負擔，沒有在基本道德意識之上產生的社會責任感，因而在小人的心目中不存在所謂的群體大局、國家大事。小人心中的「大事」就是他的個人私利，就是他強烈欲望的滿足，除此以外不會有任何別的內容。我們正常人所接受的教育是「國家和團體的利益高於一切」，而小人所接受的自我教育則是「個人的利益高於一切」，而且要堅決的凌駕於國家、團體利益之上，甚至將其徹底取消。這種觀念上的分野使正常人和小人在面對某些事關國家、團體大局的選擇時往往會做出完全不同的取捨，而這種取捨所引致的後果也是截然相悖的。

如同攀援在高大挺拔的喬木身上的藤蘿永遠不會擁有喬木的偉岸瀟灑和高瞻遠矚一樣，小人的本質註定了他骨子裡的渺小委瑣。小人雖然常常舞權弄勢，但他既不是帥才，也算不上合格的管理者，充其量只是耍弄些機巧謀求一點點眼前的利益而已，他陰暗的算計再深遠也算不上有韜略有遠見。

在小人的眼裡，一般人特別看重的「事業」並不是什麼重要的東西，只要能夠帶來利益、滿足欲望的作為就是好「事業」，而再輝煌、再有價值的事業倘不能帶來足夠的名利權勢，小人也會棄之如敝屣。只要個人利益需要，小人完全可以殺雞取卵、因小失大，哪怕敗壞了團體和國家的大局也在所不惜。小人的這種作為就類似於無知的孩子為了烤熟一隻麻雀而燒毀了整塊莊稼或整片森林，只不過孩子是出於無知，怎麼說都可以原諒，況且已有悔恨害怕的眼淚為他洗刷愚蠢的罪過；而小人呢，則恐怕不以為過，反以為榮，面對著熊熊火海把麻雀嚼得津津有味呢。

學會度小人之心才能立於不敗

「與人鬥其樂無窮」，在漫長的長篇歷史裡，小人與君子或是小人與小人以及君子與君子之間的爭鬥就從來沒有間斷過，似乎人們對君子天生的好感，便有如「以小人之心度君子之腹」，此話只要有人一出口，旁人一聽，便知道又有某小人對某君子玩弄心眼了。有很多典故，被後人傳多了，就成了一種耳熟能詳的社會認同。

那麼，可曾聽說也有「以君子之腹度小人之心」的人呢？

這個問題不用回答，只要一點開，想必人們就會有很多感慨。

因為誰都可以不說，但誰心裡都明白這樣一個事實：君子與小人鬥，凶多吉少。

多的不說，僅說當年乾隆皇帝身邊有一個見利忘義的小人，叫和珅——滿朝文武，就出這麼個小人就足夠了——他只以一個人的力量，居然能讓所有的官員無一不活得如驚弓之鳥，誠惶誠恐，就連像紀曉嵐那樣號稱鐵嘴銅牙、足智多謀的君子，也常常遭到和珅的算計。

「兩人相爭，小人勝」——這可真是正人君子的悲哀。

歷史如此，現實也是如此；官場如此，社會也是如此。

每個人身邊都充滿了形形色色的人。

因為小人總是能在君子身上占得太多的便宜，所以持小人之心者，有時要比持君子之腹者多。

物以類聚，人以群分——這是人的信念；但人總是要彼此接觸，互相交往的。

那麼為什麼為君之道者屢屢會成為那些小人的「手下敗將」呢？對這個問題的回答，只需參考本文開頭提出的一句疑似很「顛覆」的話；以君子之腹度小人之心即明。

以君子之腹度小人之心——這是為君子之道者一生的主要敗招。

因為他們無原則的寬容與忍讓，恰恰會成為身邊小人視為可欺的軟肋，使他們把玩起「以小人之心度君子之腹」時更加得心應手。

如此之下，君子們豈有不敗之理？

以現在的職場為例，人們經常能遇到這種現象，很多才華橫溢的人往往不是事業的成功者，而不少能力上的平庸之輩，卻在事業上處處如魚得水、左右逢源。

「君子之腹」裡沒有「算計他人」這一科目，因此君子們搞不懂，為什麼自己的發明創造、熬燈點蠟產生的方案或好點子，怎麼會變成別人的了，而自己倒成了一個可憐的「剽竊者」、「寄生蟲」？

「君子之腹」裡也沒有「搬弄是非」這一科目，因此君子們理不清，為什麼自己堂堂正正、善解人意，可是老闆卻說，你經常在眾人背後議論公司的高層、傳播謠言？

更可悲的是，君子經過了千難萬險、重重考驗，終於在事業上有所收穫

的時候，突然卻被主管以不值信任為由而打入冷宮……

這些「不由你不信，不服也得服」的現實，確實令那些不太得志的「鴻鵠」們無可奈何、英雄氣短。

無疑，君子因為以己之腹度小人之心，因而成了小人的冷槍暗箭的犧牲品。

恨也罷、怒也罷，歎也罷、倒楣也罷，君子們都該認了，忍了。餘下。君子們只有吸取教訓，不但不再以「君子之腹度小人之心」，而且要在自己的防線上多加幾層網才是。

為君之道並不是真正的成功之道，只有在為君之道的前提下，能有徹底治癒「小人製造」麻煩的良方解藥，才是真正的成功之道。

尤其是對小人，應付的策略是敬而遠之，井水不犯河水。

你可以把他當作喜鵲，也可以當作烏鴉。在他們面前，充愣裝傻則是最好的應付策略。

古人說得好：害人之心不可有，防人之心不可無；明槍易躲，暗箭難防；知己知彼，百戰不殆。

為人處事，在坦誠的基礎上，應該多思忖，多警覺，眼觀六路，耳聽八方。只有這樣、才能在芸芸眾生中辨認出誰是小人，誰是君子；誰該近之，誰該遠之。

如果在這方面你做得很差，即使你自認為是一個堂堂正正的君子。你的人格形象世會遭到小人的刻意扭曲，你將成為很失敗、很落魄的「孤獨君」。

與小人和諧相處之道

歷代官場之上，彼此對立的派系，固然是勢同水火，即使是屬於同一幫

派團體之人，又何嘗有過什麼精誠團結，在對付共同的政敵時，似乎還有一番同仇敵愾的架勢，日常相處，也顯得和和睦睦；其實卻是同床異夢、同僚不同心，即使是在表面關係最為密切的時候，彼此也都在暗中窺伺著對方，隨時準備著「大火拼」。

本來，彼此都是以利相聚，分利不均自然要內訌；即使能夠維持較長時期的相安無事，等到贓利瓜分完畢，也勢必要分手散夥，再依據新的利益需求，組成新的團夥，原來同一營壘的人也許又會成為對手。

楊炎與盧杞在唐德宗時，一度同任宰相，兩個人都算不了什麼正派人物，不過楊炎畢竟還善於理財，文才也好，至於盧杞，除了巧言善辯，別無所長，但忌賢妒能，使壞主意害人卻是拿手好戲；兩個人在外表上也有很大不同：楊炎是個美髯公，儀表堂堂；盧杞臉上有大片痣斑，相貌奇醜，形容瑣碎。

兩人同處一朝，楊炎有點看不起盧杞。按當時制度，宰相們一同在政事堂辦公、一同吃飯，楊炎不願和他同桌而食，經常找個藉口在別處單獨吃飯，有人趁機對盧杞挑撥說：「楊大人看不起你，不願跟你在一起吃飯。」盧杞自然懷恨在心，便先找楊炎下屬官員過錯，並上奏皇帝。楊炎因而憤憤不平，說道：「我的手下人有什麼過錯，自有我來處理，如果我不處理，可以一起商量，他為什麼瞞過我暗中向皇帝打小報告！」兩個人的隔閡越來越深，常常是你提出一條什麼建議，我偏偏反對；你要推薦一些人，我就推薦另一些人，總是唱反調。

當時有一個藩鎮割據勢力梁崇義發動叛亂，德宗皇帝命令另一名藩鎮李希烈去討伐，楊炎不同意，說：「李希烈這個人，殺害了對他十分信任的養父而奪其職位，為人凶狠無情，他沒什麼功勞都傲視朝廷，不守法度，若是在平定梁崇義時立了功，以後更不可控制了。」

　　德宗已經下定了決心，對楊炎說：「這件事你就不要管了！」楊炎卻不把德宗的決定放在眼裡，一再表示反對，這使對他早就不滿的皇帝更加生氣。

　　不巧趕上天下大雨，李希烈一直沒有出兵，盧杞看到這是扳倒楊炎的好時機，便對德宗皇帝說：「李希烈之所以拖延不肯出兵，正是因為聽說楊炎反對他的緣故，陛下何必為了保全楊炎的面子而影響平定叛軍的大事呢？不如暫時免去楊炎宰相的職位。讓李希烈放心，等到叛軍平定以後，再重新任用，也沒有什麼大關係！」

　　這番話看上去完全是為朝廷考慮，也沒有一句傷害楊炎的話，盧杞排擠人的手段就是這麼高明。德宗皇帝果然信以為真，於是免去了楊炎宰相的職務。

　　從此盧杞獨掌大權，楊炎可是就在他的掌握之中了，他自然不會讓楊炎東山再起的，便找碴整治楊炎。楊炎在長安曲江池邊為祖先建了座祠，盧杞便誣奏說：「那塊地方有帝王之氣，早在玄宗時代，宰相蕭嵩在那裡建立過家廟，玄宗皇帝不同意，令他遷走；現在楊炎又在那裡建家廟，必定是懷有篡奪皇位的野心！

　　早就想除掉楊炎的德宗皇帝便以盧杞這番話為藉口，將楊炎貶至崖州，隨即將他殺死。

　　精於為官之道的人在處理官場人際關係時有一個原則：不要撕破臉。哪怕你對對方恨之入骨，必欲置之死地而後快，但在沒有達到目的之前，也還是要和氣相處，甚至在達到目的之後，對其親人也還要笑臉相迎，這叫「虛與委蛇」。這有很多好處，一是可以麻痺對手；二是如果將來形勢有變，彼此需要聯手，也有個轉圜的餘地。

　　像楊炎這種人，喜怒形於色，最後遭到對手的暗算，實在是不可避免之事。

　　張泊、陳喬是南唐末代皇帝李煜身邊的兩名親信佞臣，當北宋大兵討伐江南時，他們向李煜嚴密封鎖了南唐隊伍節節敗退的消息，李煜便以為可以高枕無憂，終日在宮中誦經念佛，直到北宋大軍兵臨城下，李煜偶爾登臨金陵城頭，發現四郊旌旗蔽日，戰艦滿江，才知道被二人所騙。

　　這兩個人自知罪責難逃，便相約共同自殺：於是一同來到宮中向李煜訣別。陳喬說：「臣辜負了陛下，唯有以死相報。如果大宋的皇帝責備陛下，陛下都往我身上推吧！」

　　李煜說：「我們南唐的氣數已經完了，你們死了也無補於事。」

　　陳喬說：「陛下縱然不加罪於臣，臣也沒有面目見天下人。」

　　說罷便回家上吊而死。張泊其實是個怕死鬼，根本就不想死，當陳喬離開李煜後，他說：「我和陳喬共同主持軍國大事，國家滅亡了，本來應當一起以死抵罪；可是我又想，如果陛下被大宋擄去，誰來出面替陛下開脫責任呢！我之所以不死，是因為我還有事情沒有辦完呀！」

　　他活了下來，後來投降了宋朝，又成為新朝的顯官要臣，倒是李煜比他還先死。

　　本來約好了一同以死抵罪的，到了最後關頭，誠實的死了，狡詐的變了主意、活了下來，原來這樣的事是古已有之。

　　像這樣的人可以叫做：「可與共歡樂，不可與共患難。」當有利可圖時，沆瀣一氣，同流合汙，當懲罰降臨時，卻又貪生怕死，原來就是同床異夢。所以最後分道揚鑣。

如何應對性格好鬥的小人

　　一生難免會遇到各式各樣的小人，然而對付小人切不可魯莽行事，一定

要根據他們的特點進行有針對性的回擊！

我們有時會碰到這樣一種人。他們總是喜歡不遺餘力的攻擊和指責別人，或散布一些流言蜚語，或造謠中傷，或出言不遜的辱罵等等。在這種情況下，要不要針鋒相對的予以回擊呢？

對此，在考慮和選擇自己的行為方式時，應該注意以下幾個問題。

首先，應弄明白你所遇到的是不是真正的攻擊。下面幾種情況很容易被誤認為是攻擊。

1　　由於對某種事物持不同的看法，對方提出了比較強硬的質疑或反對意見。此時，如果你能夠給予必要的解釋和說明，矛盾很可能會得到很好的解決。

2　　由於自己對某事處理不當，而對方在利益受損的情況下表示不滿，提出抗議。如果的確是自己處理不當，或雖則並非失誤，但確有不完善之處，而對方又言之有理。那麼，儘管對方在態度和方式上有出格的地方，也不能看成是攻擊。

3　　由於某種誤解，致使他人發脾氣，或出言不遜。在這種情況下，只要耐心的、心平氣和的把問題加以澄清，事情自然也會過去。如果忽視了去判別與區分真假攻擊的不同，往往會鑄成大錯。

其次，即便你完全能夠確定他人在對你進行惡意攻擊，也不必統統的給予回擊。在與其交往中，對付惡意攻擊最好的方式莫過於不理睬它。

如果你不理睬它，它仍不放鬆，那也不必唱反調。因為這樣恰恰是「正中下懷」。不難發現那些喜歡攻擊他人的人，大多善於以缺德少才之功，消耗大德大智之勢。你唱反調，他不僅喜歡奉陪，還頗會戀戰，非把你拖垮不可。所以在這種時候，你應果斷的甩袖而去。

古代哲學名著《老子》中，曾經有這樣一句話：「天下莫柔弱於水，而堅

強者莫之能先。」攻擊者並不屬於真正的強者。所以，對那些冒牌的強者，採用對攻，是很不值得的。

與性格好鬥的小人打交道，不管他是否懷有敵意，頭一條是要敢於面對他的進攻。此外，還應注意以下要點：

1　給對方一點時間，讓對方把火氣發洩出來。

2　對方說到一定程度時，打斷對方的話，隨便用哪種方式都行，不必客氣。

3　如果可能，設法讓其坐下來，使他不那麼好鬥。

4　以明確的語言闡述自己的看法。

5　避免與對方抬槓或貶低對方。

6　如果需要並且可能，休息一下再和他私下解決問題。

7　在強硬後做一點友好的表示。

如何應付口是心非的小人

今天，人們有一種普遍的心理：不信任。造成這種心理的原因之一大概是生活中「口是心非」的人太多了。口是心非，毫無疑問，就長表面上說得天花亂墜，而內心則全非如此；表面上對你百依百順，而實際上則是我行我素；嘴裡說著對你的讚譽之詞，而內心則是詛咒你不得好死；……試想一下，如果長期生活在這些人當中，吃過幾次虧之後不論是誰都會增強戒備之心，對他的話加上幾個問號。

口是心非的小人最善於勾心鬥角。因為他就是每天都在考慮如何表面應付別人，行動上又如何去算計別人。與這種人為伍是非常危險的，因為你不知道他心裡到底是怎麼個想法。在文學史上，《偽君子》中的達爾杜夫是口是

心非的最典型的代表，他已成為「偽善、故作虔誠的教徒」的代名詞。他表面上是上帝的使者，虔誠的教徒，而實際上則是個色鬼，是個貪財者；他表面上對奧爾貢一家恭維，而實際上則用最卑鄙的手段去謀害這一家人。可以說他是個表面上好話說盡實際上則是壞事做絕的最無恥、最卑鄙的小人。但是他最終的結局呢？他的這一套無恥的手段終於被人識破了，西洋鏡最終被人揭穿，達爾杜夫成了萬人唾棄的小人。他整天苦心於算計別人，最終倒把自己推進了萬丈深淵。

　　口是心非與虛偽可以說是等同語。因為口是心非的人為了掩飾自己內心的想法，必然要用謊言去應付別人。謊言說多了，被別人識破了，他也就成為了一個虛偽的人。我想，只要有點自尊心的人是不願被別人稱為，「偽」人的。一旦在別人的心目中是個虛偽的人，那你的生活將是很痛苦的，到處是不信任的眼光，到處是不信任的口吻，轉過身來人們對你應付一下，轉過身去你將成為眾矢之的，那滋味真是難受極了。

　　作偽或說謊，即使它可能在某些場合發揮作用，但總之，其罪惡是遠遠超過其益處的。因為經常作偽者絕不是高尚的人而是邪惡的人。當然，一個人不可能一下子就變壞。一個人起初也許只是為了掩飾事情的某一點而做一點偽事，但後來他就不得不做更多的偽事，說更多的謊話，以便於掩飾與那一點相關聯的一切。總結起來，做偽事說謊話。口是心非大概出於以下幾種目的：其一是為了迷惑對手，使對方對自己不加防備，以便達到自己的目的；其二是為了給自己留一條退路，這也是為了保全自己，以便再戰；其三嘛，則是以謊言為誘餌，探悉對手的意圖，這種人是最危險的。西班牙人有一句成語：說一個假的意向，以便了解一個真情。也許，這些目的有的可能不能算作太惡。但作為口是心非者，其說謊或作偽的害處卻是很大的。首先，說謊者永遠是虛弱的，因為他不得不隨時提防被揭露，就像一隻偽裝成人的猴

子一樣，牠要時刻防備被人抓住尾巴；其次，口是心非者最容易失去合作者，因為他對別人不信任、不真誠，別人也就以其人之道還治其人之身；其三，也就是最重要的一點是口是心非者終將失去人格，毀掉他人對他的信任。我想，世界上恐怕沒有比失去人格更可悲的事了。

第四章　研究小人的個性，躲避暗箭中傷

第五章

明察秋毫，
辦公室中生存有道

在求職時使自己成為炙手可熱的人物

提高你的僱用價值

現今一般公司都為了在競爭中生存，而將遣散及裁員視為平常的經營策略。因此，你的相應策略就應該是提高工作技術及增加知識。畢竟，要讓人家不找你開刀的先決條件，就是先要具備真正的僱用價值。別忘了 —— 是自己最基本的經濟資源，因此，你必須對這項資源多做投資。

1　了解公司及老闆的需求。

2　看看別的雇主有什麼不同的需求。

3　學習一些將來必會熱門的技術。

4　決定你自己想要做什麼。

5　考慮各種辦法：自己創業、換工作、改行、兼職、彈性工時或是再兼個小差，設法增加自己的收入。

6　發展新技能，讓自己成為有經驗的專家。

7　利用在職教育機會進修或參與研發計畫。

8　制訂生涯計畫來建立你的開源能力，實行自我投資。

讓你的僱用價值得到別人的肯定與賞識

有系統且持續的自我推銷對保障生活是非常必要的。你不能當個不出門的秀才，總等著別人來發掘你；更不能等到被炒魷魚時才猛抱佛腳。你平常就應該主動採取行動，讓別人知道你擁有的能力。

1　把該認識你的人列一張清單：公司老闆、同事、其他公司的老闆、挖角人、諮詢專家、工會會員、專業組織、慈善機構會員、校友、朋友、鄰居、同學、媒體人士、銀行家、顧客、俱樂部會員、承包

廠商、查稅員，甚至是競爭對手等。

2　善用各種「出名」管道：建立人際網路、參與各類組織、大小型會議、社交場合等。

3　學習各種專業性的「出名」方式：擔任組織的領導人、寫些會讓你受到注意的文章或信函、使別人引用你說過的話、演講、教學、主持調查報告、參加研習會、擔任義務諮詢等。

4　建立你自己的公關網路，讓每個網路成員都可成為其他成員的公關代表。

自我推銷可保障你在人力市場中占有一席之地，更是用以提高工作穩定感的利器，它可是每個人終身都得學習的功課。你切莫等到失業之際，才倉皇的緊盯徵才廣告、四處投寄履歷表，或忙著找人拉關係，那就太遲了。

盡量使自己成為某一專業領域的專家

不管打算從事什麼工作，你都應該盡量使自己成為這一專業領域的專家。市場上一定會有需要這方面專業知識的人雇用你，此時，你會處在較優勢的地位，因為競爭較少，可以要求較高的報酬。成為某方面的專家還可以得到更多額外的賺錢機會，如寫作及演講，這些都將有助於自我形象與知名度的提升。

然而對你的個人企業而言，單靠專業知識仍然具有一定的風險，因為你所選擇的專業可能沒有很大的市場，或者已經快要過時了。在市場很小的情況下，消費者對你的專業價值將會形成壓力：因為你的機會有限，不論你具備再多現代化的專業知識，還是會因為市場沒有需求而遭到「凍結」。就拿那些和國防工業相關的知識來說，一般市場根本用不到這些專業人才。

世事多變，但唯一可確定的是：改變會持續發生。你若過度依賴某種方

法，遲早是會步上不切實際的幻想之路，你最後還是得因現實環境而做出調整的。

透過求職信展示你的才幹

求職信函是給用人公司留下良好印象的第一關。如果這封信條理紊亂、或未能充分展現你的能力，你可能會被視為一個沒有組織能力，或抓不到重點的人。如果信中有任何錯字或是文句不通順，你也可能被認為表達能力太低或粗心大意。」下列是幾點要訣，可以讓你的履歷表充分展現你的優點：

1. 寄給特定人。

許多招聘廣告上都會注明應徵信件收件人的姓名。不過，如果只有職稱或部門，你應打電話給該公司，請問該部門負責人的姓名，再把信寄出去。

如果你寄信給特定的負責人，而且名字沒有寫錯的話。基本上，你已經先取得該人的好感。

另外，去電詢問負責人姓名時，不妨同時要求是否可請對方給你一份公司簡介或年報資料（或是在公司的網站查詢）。你或許可從中了解該公司的經營目標、政策及重大成就。然後，在你的求職信上，就可有憑有據的說明你可為該公司效勞、貢獻之處。

如果無法拿到任何資料的話，你應要求和人事部門的人談談，說明你自己是某職位的應徵者，想請教以下問題：

A. 公司的經營類別和經營內容是什麼

B. 營業規模，是否有分公司

C. 設立、創始的經過及成長狀況

D. 是否為家族企業

E. 有何福利，待遇是否優厚

這些問題或許看起來令人不太容易啟齒，但是該公司員工（不一定是那些負責甄選的人），有時的確能提供不少資訊。不過，有些問題可能要保留到面試時再談會比較適合。越了解該公司，就越有可能掌握致勝先機。

2. 切入重點。

要迅速切入重點，說明你的用意。

針對刊登於大眾媒體的招聘廣告，可用類似下面的句子：

「請考慮給予機會，擔任貴公司的財務人員。」

「對於貴公司在《倫敦日報》上的招聘啟事，我深感興趣，希望能有幸擔任貴公司的旅遊業務人員一職。」

透過他人介紹時，可以說：「本人最近在英格蘭舉辦的 ADA 會議中，經由貴診所的牙醫師狄馬其醫師告知，您可能需要一位牙科助理。」

毛遂自薦時，可以寫：

「我正在找一份可讓我充分發揮計算專長的工作。不知貴公司是否需要此方面的專才？」

雖然許多工作來自別人介紹或毛遂自薦，但大部分的工作來源還是來自於招聘啟事。因此，你必須符合廣告上要求的條件，才有可能被選中。所以，你的求職信應該要強調你的工作技能、教育程度、工作經驗等，處處都能符合公司的需求。以招聘廣告為依據，在履歷中強調你具有該職位所需要的性質要件。

3. 內容簡短。

除非必要，求職信應該不超過一頁。求職信的目的在於展現你的資料符合該公司的條件，讓閱信者願意接下去看你的履歷。也就是說，你得極力引起對方的興趣，讓他願意再深入探究。所以求職信主要的功能在於引起閱信

者的興趣，而不是借此就能獲得一份工作。

除了告知相關的經驗外，你還可以提出能為該公司的經營目標效勞之處，至少應提出一項（可從公司簡介中找尋你所要的）。而且記住要把履歷中沒提到的特殊資格、條件，在求職信中提出。

4. 要求面試機會。

你可以表明什麼時候有空；對方若有興趣而希望找你面談時，在什麼地方可以聯絡到你；或附上聯絡電話（給一個特定的時間），如此，就可得知閱信者對你的求職信和履歷的反應了。

如何摸透主管的個性

可以這樣說，某些時候主管就是你的衣食父母，他掌握著你的升遷、加薪等等，正所謂「人在屋簷下，不得不低頭」，因此熟知主管個性，進而投其所好，對你的發展是十分有利的。

在辦公室裡，你是否有過這樣的經歷：當你把一份殫精竭慮才完成的工作計畫詳細的向上司彙報時，上司卻顯得厭煩冷漠，不屑於這些細枝末節；而也有可能當你簡略、概要的彙報一件工作事務的時候，上司卻責怪你交代的不夠仔細，而要追問一些細節瑣碎的問題。

其實，你犯了一個錯誤：你沒分辨清你的上司是個只要掌握大局的人，還是個事無鉅細的人。一位只要掌握大局的主管，會認為你該把所有基礎工作都做好，他要的只是結果；而一個注重細節的老闆就會在意你的工作細節。如果你早些了解上司的這些與自身個性相關的資訊，你倆的合作就會變得愉快得多。

要記住，上司也是普通人，他也有七情六欲，也有情緒、脾氣、偏好等

等與他人無異的性格特點，如何掌握上司的性格特點和處事風格，採用適當的應對手法與之相處，是能否和上司相處和諧的關鍵。在這樣一種職場測試中，看高手總是能交上滿意的答案卷，不管面對什麼樣的上司，總是能拿捏得當，迎合上司的處事風格。

辦公室的上司個性無外乎分為七種類型，每一種類型都需要員工去區別對待：

優柔寡斷型的上司

這種上司在職場上不是很多，卻能讓你真正體會到「左右為難」的滋味，因為這種上司經常朝令夕改，讓身為下屬的你不知所措。

遇到這樣的上司，在他向你徵求意見或一塊討論計畫時，不妨順著他的個性，多說幾種可能的方法，或多個方面的意見。比如：他問你某個工作草案是否合適時，個性使然，心裡總是不自覺的存在對草案的質疑。你就可以多找一些批評性的意見，供他參考，反正定奪全在他，你又不必為此費心。

這樣的上司也常常會有一些讓他頭疼半天，還猶豫不決的時候，這種情況下，你不妨適時的在基於自己準確判斷的條件下，替他做出決定，幫他解決眼前的焦慮和難題。不過，切記，這種問題必須是無關緊要，與工作無重大關聯，且你確認上司會為此感謝你的情況下。否則，這種自作主張對你前途的影響是致命的。

當然，對於他朝令夕改的作風，明智的做法是最好什麼行動都遵照他的意旨，只是既然有了「隨時改變」的心理準備，凡事未到最後期限，就不必切實執行，例如做計畫書，只做好草稿，隨時再作加減，就是比較聰明的做法。因為你很難保證上司不會在計畫就快完成時，突然再生變故，對你的計畫全盤否定或是大加刪改。

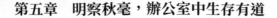

暴躁型的上司

辦公室裡，有一種上司天生脾氣暴躁，情緒容易失去控制。這種上司常常為了一些小事而大發脾氣，甚至公開斥責下屬。你可能也遇到過這類老闆，他們莫名其妙的斥責時常讓人難堪。

據心理學的推斷，經常令下屬驚怕的上司，只是權力欲作祟而已，你又不可能請他去看心理醫生，可以做的，就是自我保護了。

在這種上司面前，最好不要惹他動怒，說話盡量簡單、誠懇，不要囉嗦、推諉，特別是在他工作繁忙的時候，盡量不去打擾他。我們惹不起，總躲得起吧。

當上司大發雷霆的時候，不要推卸責任或試圖解釋，冷靜的說：「我會注意這情況的」或「我立刻去處理！」然後離開辦公室。既然目標物已在眼前消失，他就沒有咆哮的對象了。

如果不能立刻走開，就任他數落、批評吧，只要言語不是太惡劣，相信作為一個職場人，這點忍耐力和樂觀心態，大多數下屬還是應該有的吧。

當他的火氣消去，冷靜下來以後，或許他會為沒能控制好自己的情緒而覺得對你有所歉意。

暴躁型的上司的情緒激烈表現，往往只是一種本性作祟，並不是針對某個員工的故意打擊，這點你需要明白。不要因為他一次火暴的脾氣，就覺得深受打擊，一蹶不振，其實他對每個下屬都有可能如此。

極權型的上司

極權主義的上司除了對下屬的工作吹毛求疵外，最叫人討厭的是他們會如暴君一樣，連你的私事也過問，例如不准你跟其他部門的同事來往，不准你下班後去上英文課，不准你業餘時間與同事一起聊天……這種上司往往是

權力欲很重的人，有很強的控制心理，他希望下屬時時刻刻、各方各面都聽自己的，同時這種上司往往也是一個比較強硬的人。

在這種類型上司面前，你一個人難免勢單力薄，精明的做法是與其他同事聯合起來，團結大家的力量，共同應付上司。

在工作方面，你需要小心細緻，盡量做得無懈可擊，不給上司挑剔的把柄。時間長了，他在你身上找不到可以吹毛求疵的機會，自然感到無趣，便不會再找你的麻煩。

在個人私事的處理上，遇到有其他部門的同事邀約午餐，答應他們，並與你的拍檔們一起赴約，大家在公在私，相互交流一下。要是上司知悉，向你查問，可以直認不諱：「我們一起吃午餐只屬單純社交。」其他方面，只要不是在工作時間之內，遇到這種上司對你私事的干涉，你完全可以委婉的表示自己的態度：「這是我的個人事務，不必勞煩主管操心，我會獨立處理好的。」

懶散型的上司

遇上一個懶散不已，又好爭功的上司，通常會使你不服，憋著一口氣。但如果就此打退堂鼓，另謀他職，實在是消極的想法，而且一切從頭開始，等於打仗重新布陣，同時，一遇困難就退縮，註定你難以登上成功的階梯。

一般而論，這類上司，在接到重大任務時，必然是不假思索就交給你去實行。當任務大功告成，他又會一手接過，向老闆交代，將下屬的辛勤汗水抹殺，一切當作是自己的努力成果，爭取老闆的信任和讚賞。

你當然不可能當面拆穿他，跟他理論，這只會陷你（因你是下屬）於不利境地。比較理想的做法是，在每一個步驟進行時，請來一個見證者，當然不是公然的去找，而是有意無意，例如在祕書小姐面前進行，目的是要有人

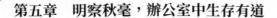

知曉事件的來龍去脈，即使最終的功勞給上司奪去，在公司裡也必然有人曉得真相，一傳十，十傳百，你的目的就可達到。

工作狂型的上司

遇到上司是個工作狂，你一定會整日裡大皺眉頭，因為工作狂的心目中，認為不斷工作才是一種生活方式，每個人都應該如此。

工作狂上司是個理想主義者，工作就是他的生命，所以，為他效力，沒有閒下來的時刻，亦不會受到欣賞。如果你希望情況有改變，就先試著讓上司明白，不斷埋頭工作，花掉私人時間，並不是聰明和應該的做法。

比如：他交給你一項任務，要求你一週做完，並暗示恐怕你要加班才能做得好。而你則可用自己的工作方式，既不加班，又提前很漂亮的完成了。一次如此，再次如此，時間一長，你就等於是在向他示威，告訴他有更高效、輕鬆的做法。如果他夠謙虛、有見地，大概會坦然接受的。當然，他也可能表現得極端反感，但至少在日後讓你加班時，不會那麼理直氣壯了。

如果你遇到了工作狂上司，而又不能勸服他，不得不在他的「以身作則」下勤奮工作，也可以就試著從心理上理解和接納他們的做法，不要一味排斥、抱怨，以避免雙方關係的惡性循環。其次，多配合他的工作，盡下屬之責，爭取成為他信任的好助手。如果他的工作方式你確實不能接受，也應該大膽表達出來，當然必須注意尋找合適的時機和方式。畢竟，從樂觀的角度看，你可能會因此有更好的業績。雖然是情非得已，也算不無收穫。

頑固型的上司

不管你如何努力向他解釋自己的處事方法，他一概不理，指定要你依照他的方法處事，只要是稍微拂逆他的意思，他便暴跳如雷，令你精神緊張，心煩意亂，對工作感到厭倦，甚至想過以辭職作為無聲的抗議，逃避上司的

「迫害」。這種上司就是典型的頑固型上司。

作為下屬，怎樣才能改變或者適應在這種上司手下工作，以下有些忠告，你需要輔以耐性，嘗試一下：

不要以為自己的處事方式及建議一定正確，你與上司談話時語氣須溫和，態度客觀，不妨多做讓步。

在環境許可的情況下，盡量避免在辦公室跟上司展開激烈的爭辯，應該在下班後請他到附近的餐廳喝杯咖啡，在輕鬆的環境下，把你的看法委婉的提出來。

你要專心聆聽上司的說法，避免搶先表達自己的意見，他可能也有難言之隱，你應該學習設身處地替人想一想。

摒除成見，不要以為上司必定是個難纏的人，盡量與他成為好朋友。

管家婆型的上司

有些上司喜歡以「管家婆」的姿態出現，事無大小，他都要過問，還插手去干預，令負責推行工作計畫的職員感到很苦惱。

這種上司到了過度專制的地步，他表面上似乎相當開明，鼓勵「人盡其才，各就其位」的精神，實際上他是一切工作幕後的企劃者。對他來說，下屬只是他獲得某個結果的工具，他的意見就是命令。

如果你的上司是這類型人物，你必然時常感到精神緊張，很難從工作中獲得成就感。你想與這樣一位上司好好相處，首先你要仔細想想，對方什麼事情也要管一管，間接命令你要依從他的指示而行，在工作進行期間，你是否獲得寶貴的經驗，從中獲益良多？你不妨嘗試說服他就算你以自己的方法處事，結果也會像他所預期的那樣美好；如果他一意孤行，你只有兩個選擇：對上司唯命是從，或是向他遞上辭職信，另謀發展。

　　不過，在你採取最後的行動之前，應努力爭取自己的權益，鼓起勇氣對上司說出自己心中的話，嘗試以朋友相待，看看他究竟有什麼憂慮，以致總是對下屬缺乏信心。

　　每個人都有自己的性格，跟你每天相處八小時的上司，他的性格也是跟你的職場生活密切相關的。要想成為一名優秀的員工，你必須做到知己知彼，因人而異，才能與他相處融洽。

看透上司內心的期望

　　對上司來講，能夠正確的抓住上司對下屬的期望而迎合的人，是位「有用而可靠的人」。若把上司對下屬的期望，分為一般的期望和個別的期望兩種，就比較容易理解了。

　　一般的期望，將因下屬本人的立場而有所差異。

　　某人進入某公司的第一年中，如果能夠有條不紊的完成上司布置的工作，工作完成後，上司又沒有其他可交辦的事情，在這種時候，上司往往期望他能積極主動的提出工作要求，比如說：

　　「有什麼要我做的事嗎？」

　　經過兩三年後，某人已經完全熟悉公司情況，能夠順利處理本身的業務工作，這時，上司就會期望他能夠在自己的工作上有一些創意，或向前輩、上司提出一些改進工作的方案等。一句話，更深入的參與工作。

　　到第四年，某人已具有足夠的經驗，上司就會希望他能夠按照指示的目標和方針，去思考實施的順序，進而具有籌劃和付諸實施的能力。

　　如果這個人進入公司已超過十年，即將升任某個部門的主管，那麼，上司就會希望他能夠站在比他自己更高一兩級的立場去思考問題，並有能力把

眼光放大,帶動周圍的人去實現自己的想法。更因他的地位,負有代理上司的職責,所以必須要體會上級的意思,主動協助上司工作。

當然,以上的區分很籠統,各人應視自己公司的情況而定。

至於個別的期望,即牽涉到直屬上司在特定時刻的期望,就應掌握以下重點:

第一,上司對下屬的期望,往往因上司的工作態度和想法而有所不問。

凡事都小心謹慎的上司,如果覺得目前的工作能夠按部就班的進行就已滿足,則下屬若不斷的提出問題或要求,將與上司的期望相悖。如以報答上司的期望來說,此時寧可確實做好交辦的事情,不要有興風作浪的舉動。

當然,僅僅默默的順從上司的旨意,是無法促使上司採納你的意見的。從推動上司使事情做得更好的角度出發,這種無所作為的做法,對上司也毫無益處。必須要努力設法採取突破現狀的行動,然而此一想法固然不錯,卻與上司不希望有所作為的期望不符。有衝勁的下屬也許會覺得不耐煩,但是卻急不得。重要的是,該學會如何和何時興風作浪,也就是應如何提建議。

第二,上司的個性不同,其對下屬的期望也有差異。

一般來說,技術幹部出身的上司,個性上多喜歡按部就班,因此對程序的要求非常嚴格。對於規定的程序,即使是芝麻小的事情,如果下屬不遵守,他必定會找毛病,致使有些下屬討厭他,而採取敬而遠之的態度。其實,只要了解他的個性,反而容易掌握住他的期望。某位下屬,他的上司就是這種類型的人。有一次他的上司要求他提出業務改進方案。他將現狀過濾後,提出了一個自認為非常好的方案。他覺得:

「再沒有比這個更好的方案了!」

於是,他非常自信的把這個方案交給了上司,可上司看後卻說:

「哼,不論任何情況,方案必須要有兩個以上,才能夠比較出優劣來。從

頭再做一通吧。」

　　他的上司斷然將他的方案駁回來。雖然他的土司也認為這是個很好內方案，但是一向做事謹慎的上司，認為要有兩個以上的方案才符合他的期望。

　　該上司的做法看似過度苛求，可也有他的道理。只要領會出這個要點，再附提一案，就不難迎合他的期望。

　　第三，上司對最高階層的方針的理解程度不同，間接的對其下屬的期望也就有所不同。

　　若「提高服務品質」，是某公司最高層本年度擬定的工作方針，那麼。作為下屬就要先看自己的頂頭上司對此所持的態度，如果你能知道，也就等於掌握住了上司的期望。

　　以上是探索上司期望的三個要點。但是上司不一定會直接說出來。通常，越是高層的上司，其說出來的話越具有暗示性，亦即較抽象而不具體。你必須要自行補充才能領會，如果自以為是的去理解，就很容易造成錯誤，因此，凡不明白的地方應該問清楚：

1　　要當場問清楚何事、何時和在何種情況下等，不要留下不清楚的地方。

2　　如果你認為語氣可能變得不自然，可把你的感受講出來：「我這樣理解你的意思，有沒有不妥？」以求確認。

3　　如果你認為不適於當場發問，就選擇其他時機，但是要儘早，如果拖延太久，上司會認為你沒完全了解。

與上司一起分擔憂愁

　　對付自己的上司，僅靠察言觀色、投其所好、「戴高帽」等等是遠遠不夠

的，一個聰明的下屬還應與上司一起分擔憂愁，只有這樣的患難真情才能換得以後的同舟共濟。

作為下屬，不僅要善於推功，還要善於攬過，兩者缺一不可，因為大多數主管願做大事，不願做小事；願做「好人」，而不願充當得罪別人的「醜人」；願領賞，不願受過。在評功論賞時，主管總是喜歡衝在前面；而犯了錯誤或有了過失以後，許多主管都有後退的心理。此時，主管亟需下屬出來保駕護航，敢於代主管受過或承擔責任。

某飲食公司因產品品質問題，引起社會大眾的投訴。電視臺記者到該飲食公司採訪時，最先碰到經理助理，他怕承擔不起責任，就向記者推卸道：「我們經理正在辦公室，你們有什麼事直接去問他吧！」這下可好，記者闖進經理辦公室，把經理逮個正著，經理想躲也躲不開了，又毫無心理準備，只好硬著頭皮接受了採訪。事後，經理得知助理不僅未提前給自己報信，還推卸責任，很生氣，很快就把他炒魷魚了。

這個教訓值得我們深思：記者因產品品質問題採訪，這本身就不是件光彩的事。此時，主管最需要下屬挺身而出，甘當馬前卒，替自己演好這場「雙簧」戲。他除了應該實事求是講明問題的原因外，還應該維護主管的面子，替主管分憂，而不該把事情全推到經理一人身上了事。當然，這是一種比較艱難而且吃力不討好的任務，一般情況下主管也難以啟齒對下屬交代，只有靠一些心腹揣測主管的意思然後硬著頭皮去做。做好了，主管心裡有數，但不一定有什麼明確的表揚；如果下屬粗心或不看眼神把主管弄得很尷尬，主管肯定會在事後發火。

主管管轄範圍的事情很多，但並不是每一件事情他都願意做、願意出面、願意插手，這就需要有一些下屬去做，去代主管擺平，甚至要出面護駕，替主管分憂解難，贏得主管的信任和賞識。

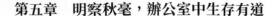

　　小陳是某信訪辦公室的科員，每天都會遇到大量的投訴者要求見主管解決問題。主管精力有限，如果事事都去驚動主管，勢必影響主管集中精力做好事關全面的工作，並且也會認為下屬未承擔起自己的職責。每當這時，小陳總是利用自己的特殊身分，勇敢的站出來，分別情況，解決糾紛，進行協調，必要時還使用一些強制手段把問題處理好。在排除無理取鬧、胡攪蠻纏以外，一旦查實確有重大問題，再向主管請示。問題在他這裡總能處理得有條不紊，眾人心服，同樣也獲得了主管的讚揚。

　　擋駕是件得罪人的事，但同樣也是一門藝術。如果做得不好，事事呈給主管，可能會加重主管的負擔；如果做得太超過，則會影響主管與下級和群眾的關係。所以，就需要下屬敢於負責任，對情況予以核實和整理，最後徵求主管的處理意見。只要處理得體，你的用心良苦就會為主管所理解，對你給予更多的鼓勵，這就為此後建立良好的關係奠定了一個有利的基礎。

　　由於高層主管處於各方面問題的焦點，著眼於全面考慮，有些問題不便於親自處理，或處理不當就可能會引起大問題，這時，下屬就應挺身而出，把這些棘手事攬過來。

讓上司覺得離不開你

　　任何一個主管欲做好工作，都是離不開「謀」的，有勇無謀者必吃苦頭。因此，每個主管身邊都有著一個小小的「智囊團」，聚集著一批謀士型的人才。原因很簡單，任何一個領導人不可能是處處超群出眾的，他可能有膽識、有遠見、有能力，但他不可能事事都能預料到。而謀士卻可以點破迷津，幫助主管分析當前的形勢及未來發展的趨向。因此，主管對於謀士型的下屬是很重視的。

　　主管重視謀士是問題的一個方面，而能否受到主管重視，則更大程度上取決於謀士的行為方式。如果下屬是謀士型的人才，多謀略，善企劃，慮事周全，胸有奇謀，能令主管茅塞頓開，幫助上司度過無數的危機，或使主管事事成功，這無疑也是你日後晉升的一個籌碼。

　　五星上將喬治‧馬歇爾以其出眾的才華，贏得了陸軍部長史汀生的信任和讚賞，從而成為他最重要的助手。當一九四一年三月，羅斯福總統要史汀生派一些高級軍官去歐洲視察時，他最先的反應便是：「我不願馬歇爾這個時候離開，他在這裡太重要了。」當一九四三年五月，英國首相邱吉爾再次要求馬歇爾陪他到非洲旅行時，史汀生將軍已變得十分憤慨，他說：「要想從美國挑出一個最強的人，那人肯定是馬歇爾，在他身上，寄託著這場戰爭的命運……而這次遠行並不需要他，只是為了滿足邱吉爾的願望，我認為這樣做太超過了。」甚至，連羅斯福總統都說：「是啊，要是把你（指馬歇爾）調離華盛頓，我想我連睡覺都不安穩啊。」

　　透過這些事實，我們發現，馬歇爾以其卓越的才幹贏得了上司的信賴，他的上級任何時候都會感覺到離不開他，迫切的需要他。

　　由此可見，當下屬的工做出色得令上司無法忽視，甚至感到無法離開你時，這其實等於說，你已在無形中構成了對上司的影響力，形成了某種潛在的權威。由於你任勞任怨的開拓業務，為主管出謀劃策，毫無「篡權」的野心，勢必會取得上司的信任，把你當做可以信賴的人，賦予你更多的職責和更大的許可權。

不要被人當槍使

　　一位哲人說過：「也許你是一件利器，但可悲的使用它的不是你自己；也

許你是一匹千里馬，可惜的是你自己不能駕馭……，那感覺就如同自種的農作物被人運走，自製的衣服穿在別人身上。」

你是否有過以下的經驗？某一天，一位與你稔熟的同事向你提出建議，不如合作幫助上司整理歷年來的開會資料藝紀錄，雖然此舉或會增加工作負擔，卻不失為一個表現自己的好機會，可以博取升遷與加薪。你對於這樣的提議大表歡迎，甘願每天加班完成額外的工作，甚至沒有發出絲毫怨言，因為確信其他同事工作得一樣辛苦。可是，你怎樣也想不到，對方竟然把全部功勞歸為己有，在上司面前邀功，結果他獲得上司的提拔，使你又驚又怒。

為免日後再次被對方所利用，你應該怎樣應付呢？專家的意見如下：

1　常言道：害人之心不可有，防人之心不可無。如果有一位同事，建議與你一起完成額外的工作，你可以接受提議，但應當把各人所負責完成的工作部分清楚記錄下來，留待日後作為參考。

2　假如有人向你大送高帽，稱讚你的工作能力如何驚人，無非想讓你助他完成工作，你不要被對方的甜言蜜語所動，應當教導他如何處理工作上的難題，無須由你親自動手完成。

3　若你對於同事的行為與企圖有所懷疑，可以直接找上司談一談，避免徒勞無功。

4　同事始終是同事，他並非你最好的朋友，你應該與對方保持一段距離。

當你發現某同事原來一直在利用你，你定是怒不可遏，恨不得立刻拆穿他的西洋鏡。但同時，你又明白，衝動行事，肯定不會有好結果。那麼，應該採取怎樣的態度呢？有位同事經常公開讚揚你的工作表現，表示對你的做事能力欽佩不已，卻原來，他是另有目的，就是努力踩你的拍檔，要把這個眼中釘拔掉。

若不想被此人繼續利用下去，就要有所行動了，不是仗義幫拍檔那麼簡單，最重要是為了自己的清白，和保持精明的形象。因為長此下去，容易遭人誤會，以為你與這同事是站在同一陣線，甚至連拍檔也敵視你。

你的行動可以是：

當對方再次故意公開讚揚你，不妨中斷他的說話。

你可以這樣道：「奇怪，你對我特別捧場。其實這個任務不是由我負責的，我的好拍檔才是真命天子，我認為你的讚美詞十分適合他。」

既教他無可奈何，又對拍檔表明了心意，情況肯定可以改善。

在大公司裡工作，難免碰上「人事問題」。

例如：別的部門主管向你下命令或諸多留難，應以什麼「招數」去招架呢？

對方既是主管，比你級高別，你當然得罪不得，切莫跟他爭辯，或者不加理睬，如此令對方對你有惡感，日後必會有後遺症的。不過你若是言聽計從，也大大不妙，一則對方相信你是個膽小鬼，缺乏主意，會得寸進尺，叫你無地自容；二則你是應該向上司負責的，若胡亂聽別人吩咐，等於不尊重上司，甚至惹來有異心的懷疑，你以為上司會怎樣對你？即使不立刻發作，日後也有得你瞧。

正確的態度是無招勝有招，當對方在你上司不在時，向你無理取鬧，大發雷霆，請冷靜、客觀一點，記著，你只需要向上司負責，而你與這位仁兄是全無關係的，即是說，對方發脾氣是不必理會的，待對方靜止下來，你才淡淡告訴他：「這些事我無權過問，一切還是請你與我上司商議吧。」輕巧的就把他打發掉了，然後待上司回來，立刻向他報告一切，讓他去處理這些棘手事件。

在權力排擠遊戲氾濫的環境，你應該有自己的立場，才能夠「生

存」下去。

　　例如：兩位經理大鬥法，你是夾在中間，應該如何應付呢？

　　最大的可能性是，兩人都希望拉攏你，卻又不能太露骨，在言詞上表達，或在工作上給甜頭，聰明的你當然明白其用意。但同時，你是不可能一直裝蒜下去，必然要表明立場，否則會被視為雙面人，那就更不妙了。

　　那麼應如何抉擇呢？要順利的踏上青雲路，你當然也得選擇自己要走什麼路，例如決定了朝業務發展的方向走，自然是向業務經理那一邊了，他把你當心腹，自對你好的。但你的難處就是，要令另一位經理不至於把你視作眼中釘，給自己樹大敵，埋下定時炸彈。所以，你在業務經理眼前，最好只著重聽他的指示，不隨便提意見，尤其是不要講另一位經理的壞話。同時，在後者面前，要有意無意間表現你只是人在江湖，並非針對他本人。

　　舊上司親自來找你，表示希望你回來。你本來與舊上司合作愉快，所以立刻心動起來，但奉勸你先分析清楚。

　　你必須現實，因這是保護自己的唯一方法。例如對方給你的條件怎樣？薪水是否比現在高出百分之十或以上？職銜是否比你現在的要高？權力究竟怎樣？有名無實是最要命的！

　　要是以上問題的答案俱是正面，則可以進一步考慮。

　　例如：其工作環境怎樣？將會跟你緊密合作的會是哪些同事？

　　他們是哪一類型的人，工作作風怎樣？你可以跟他們融洽相處嗎？而他們又會願意與你合作嗎？

　　此外，還有一個因素必須觀察：舊上司此舉的動機是什麼？是真的欣賞你，要你為他效勞，還是純為權力之爭而拉攏你？經過這些考察後，看來，你是不會甘心被利用的吧。

　　遇上人事問題，你的態度最好是保持中立。

　　例如有別的主管犯了大錯，公司的高層人員大為震驚，又開會又討論的，而且老闆還可能私下召見你，問你各方面的意見，就是其他部門主管（受牽連的與不受牽連的），也有可能找你談談。這種種情況，你都不能夠迴避，你還需認真的面對。

　　老闆一定牢騷甚多，大指某人做事不力，某人又能力欠佳，目的只有一個，就是要看你和哪方面關係良好。聰明的你，最好是耍太極，這樣不明，那樣不知，最後還補充說：「老闆，請教您對整件事有何高見？我想跟您學習去觀察。」這樣，既保護了自己，又沒有傷害別人。

　　至於其他同事，找著你無非是探口風或想看風使舵，這類人也是得罪不得，但千萬別說真話，來一招模稜兩可吧，以防被出賣。

　　要想不被他人當槍耍，上面說的中立態度確實很重要。

　　平日與你關係密切的某部門，其中幾位同事突然發生內鬨，弄得十分不愉快，成為公司上下的話柄，其中有些人以為你必然對此事了解甚多，紛紛向你打探。

　　「什麼？他們究竟發生了什麼事？」你裝傻這一招堪稱絕招，但在大耍太極之餘，有必要決定以後的對策。

　　既然你與他們有一定關係，必然就有人會對你進行拉攏，或者各人分別向你述說他人的不是等煩得要命的情況，

　　你明白「避之則吉」是最佳妙法，但如何躲避呢？而且要避得漂亮。

　　即日起，盡量減少與該部門的接觸。可能的話！一切聯絡交給祕書小姐去做。既然沒有直接接觸，那麼，你對事件的前因後果自然是不大不解了。同此，即使有人訴苦，也等於是「對牛彈琴」了。

　　記著，冷眼旁觀，比加入聰明得多！

　　一天你因公事與某同事一起出差，對方突然問你；「你跟拍檔間似乎有很

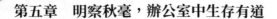

大的問題存在。你如何面對呢？」大地良心，你一直覺得與拍檔相處融洽，公事上大家都很合作，私人間也是客客氣氣的，何來問題呢？霎時間你彷彿給澆了一盆冷水。

　　冷靜一點，世事難料，這當中可能發生了不少問題，有直接的，有間接的，總之不簡單，表面上，你必須表現得落落大方，微笑一下，反問對方：「你看到了什麼？」或者，「你是聽到廠什麼？」對方必然是支吾以對，你以繼續說下去：「我們一直相處得好好的，我從未察覺到有什麼問題？亦不會因公事發生過小愉快事件！」這個說法，可收連敲帶打之效。

　　若對方是有心挑撥，或試圖獲取情報，你的一番話就沒有十點線索可讓他查到，間接的還拆穿了他：對方要是真的要透過某些蛛絲馬跡，或小道消息，希望明白一下而已，你的表現，也就等於怪他過敏了。

　　不過，很多事情並不如表面那樣簡單，背後可能有不可告人的目的，精明的辦公室政治家必須提防陷阱，小心被人暗算。

　　當有一天，公司突然向你做出一項提議 —— 譬如調派你到另一部門工作，或把你派駐海外分公司 —— 千萬別太快高興，因為這很可能是一種陰謀，一個托詞，最終目的是要消減閣下的權力或影響力。不少行政人員不虞有詐，欣然接受，到後來知悉事情真相時已經太遲。

　　虛榮心是行政人員的致命傷，當公司告訴你有意調派你到另一部門工作，讓你開闊視野時，可能是清除你的第一步棋。如果你被虛榮心蒙蔽，覺得這是公司重視你的表示，坦白說，你很容易便會掉進別人精心設計的陷阱裡。

　　特單‧法恩斯沃思的忠告很值得大家聽取：無論公司的提議是如何有吸引力，在接受之前必須三思。否則的話，你會發覺自己吃了一個有毒的蘋果，到時悔之已晚。

缺乏「心機」的人，永遠不會成為出色的企業家。其實你只需要問一個問題便可看清楚事情的真相：若你接受了公司的提議，哪個人會得益？

公司給予你的條件也許十分不俗，但切勿被表面的現象 —— 如更寬敞的辦公室，豪華的房車，多一名私人助理 —— 迷惑，要考慮的是，接受了這份新職務後，工作的重要性是否提高了，你的權力有沒有增加，職務的頭銜很多時候是騙人的，獲得一個有名無實的職位有什麼用？為什麼公司會採用這類手法去對付處於較高職位的員工呢？無他，這是一種明褒暗貶的方法，目的是要令這名職員在新職位上無所作為而自行辭職。公司內有著一些看似很悠閒的職位，如果公司派你接管這種職務，千萬不要以為公司關照你，這不過是「隱藏」你的手段。若你一時不慎接受了公司的提議，閣下便好比一名沉船的水手，在討價還價上只好任人宰割。

對上司要表現出足夠的寬容

在世界中，每個人都得生活、工作，都得接觸社會與家庭。難免會發生矛盾，出現這樣或那樣的失誤與差錯。不能原諒自己或他人所出現的失誤與差錯，就會給自己和他人增加心理上的壓力和影響今後的正常生活與工作，因此，我們需要學會寬容，「容人須學海，十分滿尚納百川」，智慧藝術告訴我們，寬容就是一門藝術，一門做人的藝術，寬容精神是一切事物中最偉大的行為。寬容待人，就是在心理上接納別人，理解別人的處世方法，尊重別人的處世原則。我們在接受別人的長處之時，也要接受別人的短處、缺點與錯誤，這樣，我們才能真正的和平相處，社會才顯得和諧。

寬容不但是做人的美德，也是一種明智的處世原則，是人與人交往的「潤滑劑」。常有一些所謂厄運，只是因為對他人一時的狹隘和刻薄，而在自

己的前進路上自設的一塊絆腳石罷了；而一些所謂的幸運，也是因為無意中對他人一時的恩惠和幫助，而拓寬了自己的道路。

寬容猶如冬日正午的陽光，去融化別人心田的冰雪變成潺潺細流。一個不懂得寬容別人的人，會顯得愚蠢，大概也會蒼老得快；一個不懂得對自己寬容的人，會因為把生命的弦繃得太緊而傷痕累累，抑或斷裂。

我們生活在一個越來越不忽視功利的環境裡，但倘若太吝惜自己的私利而不肯為別人讓一步路，這樣的人最終會無路可走；倘若一味的逞強好勝而不肯接受別人的一絲見解，這樣的人最終會陷入世俗的河流中而無以向前；倘若一再的求全責備而不肯寬容別人的一點瑕疵，這樣的人最終宛如凌空在太高的山頂，會因缺氧而窒息。

曾有人把人比喻為「會思想的蘆葦」，因為弱小易變，因而情緒的波動，隨時都在改變對事物的正確了解。人非聖賢，就是聖賢也有一失之時，我們何以不能寬容自己和別人的失誤？

寬容並不意味對惡人橫行的遷就和退讓，也非對自私自利的鼓勵和縱容。誰都可能遇到情勢所迫的無奈，無可避免的失誤，考慮欠妥的差錯。所謂寬容就是以善意去寬待有著各種缺點的人們。因其寬廣而容納了狹隘，因其寬廣顯得大度而感人。

在日常生活中，當自己的利益和別人利益發生衝突，友誼和利益不可兼得時，首先要考慮捨利取義，寧願自己吃一點虧。鄭板橋曾說過：「吃虧是福。」這絕不是阿 Q 式的精神自慰，而是一生閱歷的高度概括和總結。清朝時有兩家鄰居因一道牆的歸屬問題發生爭執，欲打官司，其中一家想求助於在京為大官的親屬張廷玉幫忙。張廷玉沒有出面干涉這件事，只是給家裡寫了一封信，力勸家人放棄爭執，信中有這樣幾句話：「千里求書為道牆，讓他三尺又何妨？萬里長城今猶在，誰見當年秦始皇。」家人聽從了他的話，鄰

居也覺得很不好意思，兩家終於握手言歡，反而由你死我活的爭執變成了真心實意的謙讓。

《菜根譚》中講：「路徑窄處留一步，與人行；滋味濃的減三分，讓人嗜。此是涉世一極樂法。」可謂深得處世的奧妙。

有這樣一個女人，總在喋喋不休的向人們說鄰家的汙穢不堪。有一回她故意的將一位朋友帶到家裡，指著窗外說：「您看那家繩上晾的衣服多髒！」可是那位朋友卻悄悄的對她說：「如果你看仔細點，我想你會明白，髒的不是人家的衣服，而是你窗戶的玻璃。」

是啊，我們在同一藍天下生活，為什麼不學著去寬厚的待人，而是去輕易的指責呢？即使髒的真是鄰家的衣服，我們為什麼不能表示理解和容忍呢？要知道，這樣做不會給我們造成任何損失。

努力去愛你不喜歡的人也是一種不可缺少的寬容。

小杜畢業後初入社會，在某合資公司外貿部就職，不幸碰上一個愛拍馬屁、什麼本事都沒有的主管。此人每天下班後沒有什麼事也要跟著日本課長拼命「加班」，無事生非，把白天理好的文章弄得一團糟，轉眼出了錯，又把責任全部推給小杜。小杜不是一個會「爭」的女孩子，只好忍氣吞聲等日本課長長出「火眼金睛」，結果等了三個月，還是等不來一句公道話。

一氣之下，小杜就去了另一家外資公司。在那裡，她出色的工作博得了許多同事的稱讚，但無論如何也沒辦法讓苛刻、暴躁的馬經理滿意。心灰意冷間，她又萌動了跳槽之念，於是向新加坡總裁遞交了辭呈。總裁先生沒有竭力挽留小杜，只是告訴她自己處世多年得出的一條經驗：如果你討厭一個人，那麼你就要試著去愛他。總裁說，他就曾雞蛋裡挑骨頭一般在一位上司身上找優點，結果，他發現了老闆兩大優點，而老闆也逐漸喜歡上了他。

小杜依舊討厭她的經理，但已悄悄的收回了辭呈。她說：「現在想開了，

作為一個成熟的人應該放開心胸去包容一切、愛一切。換一種思維看人生，你會發現，樂趣比煩惱多。」

卡內基說：「如果一般說來你不喜歡人們，有個簡單的方法可以教化這種特性：尋找別人的優點。你一定會找到一些的。」釋迦牟尼說：「以愛對恨，恨自然消失。」試著去愛你不喜歡的人吧，他們也會喜歡你的。

對上司持有審慎的批評態度

有批評上司的欲望時首先要克制自己

忍耐是和上級保持良好關係、和諧相處的良方。忍耐往往能委曲求全和以曲求直。適當的克制自己，在矛盾和衝突中學會忍耐，是能夠在衝突中處於一種比較有利的地位的。

主管和下屬，所處的社會地位不同，扮演的社會角色有別，矛盾和衝突是在工作和生活中逐漸醞釀形成的。所以，首要的是抓住蛛絲馬跡，防微杜漸；還要學會察言觀色，看臉色，知進退，弄清主管生氣的原因。如果確實是自己有不周到的地方，不妨去上門道歉，以期達到溝通的目的，把大事化小，小事化了，和睦相處。在衝突的開始階段，要盡量忍耐，把上司與你的衝突限定在一定的範圍之內，並把外在的衝突，轉化成個人心理的自我調適。比如上司無中生有的批評你，你感到惱火和委屈，很想和他大鬧一場，弄個水落石出，可是你需要冷靜下來，以雪裡埋鞋總有真相大白的時候來安慰自己，於是你的內心就會慢慢的歸於平靜。倘若你火氣太盛，怒髮衝冠，找上門去，或者和主管在大庭廣眾面前就接上了火。其結局是很難收拾的。那麼不僅會導致衝突的升級，甚至會把自己逼到一個危機的邊緣。

在上下級衝突中保持一定程度的克制和忍耐，也能夠在主管那裡形成一

個緩衝的過程。每個上司都不可能是百分之百的完美，有時也有不恰當的地方。你的忍耐，實際上也是送給上司一個反省的機會。這樣，退後一步天地寬。

如果錯處真在主管一方，相信人家宰相肚裡能撐船，是不會繼續委屈你的。

忍耐是一種有限度的克制，但一味的忍耐就是一種怯懦。有時反而會助長上司的為所欲為，這裡一定要掌握好忍的程度和分寸，該忍時忍，不該忍時，就要挺身維護自己的利益。

維護自身的合法權益和忍耐是相輔相成的，也是處理與上司矛盾和衝突的一種手段，當忍無可忍的時候，就要透過一定的手段來維護自身的利益。比如：你與上司的矛盾是由於大是大非問題引起的，為了堅持原則而引發了衝突，這樣的衝突，忍是於事無補的，這時你就只能加以抵制和鬥爭，以表明自己的立場和態度。事實上，大多數的主管，只要你從工作和團體的利益出發，一般合理化的建議和批評，還是能夠虛心聽取的。只要我們動之以情，曉之以理，誠心誠意的幫助上司把事業推向前進，是有共同的心願和語言來化解衝突的。

處理主管和下屬的關係，爭取和維護自身的合法權益，一定要從實際出發，掌握好時機和尺度，做到既合情，又合理。如果為了自己的利益，胡攪蠻纏，一味的找主管無理取鬧，不僅會損害自己和主管的關係，也會在同事的心目中影響自己的人緣和威信，這是需要十分注意的。

主管的尊嚴不容侵犯

在指出主管錯誤的時候，必須注意的是，主管的尊嚴不容侵犯。歷史上就有很多人因為不識時務、不看主管的臉色行事而倒楣，也有一些忠心耿耿

的人因衝撞主管而備受冷落。現實中一些人有意或無意給主管丟臉、損害主管的尊嚴，常常刺傷主管的自尊心，因而經常受到刁難、遭受整治。

　　即使很英明、寬容、隨和的主管也很希望下屬維護他的面子和尊嚴，而對刺激他的人感到不順眼。唐太宗李世民是以善於納諫著稱的賢君，但也常常對魏徵當面指責他的過錯感到生氣。罷朝之後，他有時怒氣衝衝的嚷著：「總有一天我要殺死這個鄉巴佬！」一次，唐太宗宴請群臣時酒後吐真言，對長孫無忌說：「魏徵以前在李建成手下做事，盡心盡力，當時確實可惡。我不計前嫌的提拔任用他，直到今日，可以說無愧於古人。但是，魏徵每次勸諫，當不贊成我的意見時，我說話他就默然不應。他這樣做未免太沒禮貌了吧？」長孫無忌勸道：「臣子認為陛下不可行，才進行勸諫；如果不贊成而附和，恐怕給陛下造成其事可行的印象。」太宗不以為然的說：「他可以當時隨聲附和一下，然後再找機會陳說勸諫，這樣做，君臣雙方不就都有面子嗎？」

　　現代社會的主管出現失誤或漏洞時，也害怕馬上被下屬批評糾正。有些人直言快語，肚子裡放不住幾句話，發現主管的疏漏就沉不住氣。某供銷合作社召開年終總結大會，主任講話時出了個錯，他說：「今年供銷合作公司進一步擴充，到現在已發展到四十六個⋯⋯」話音未落，一個下屬站起來，衝著臺上正講得眉飛色舞的主任高聲糾正道：「講錯了！講錯了！那是年初的數字，現在已達到六十三個⋯⋯」結果全場譁然，把主任羞得面紅耳赤，情緒頓時低落下來，他的面子頓時被這一句突如其來的話丟得乾乾淨淨。

　　那麼，在發現主管犯錯誤時該怎麼辦呢？

　　如果主管的錯誤不明顯，無關大局，其他人也沒發現，不妨「裝聾作啞」。如果主管的錯誤明顯，確有糾正的必要，最好尋找一種能使主管意識到而不讓其他人發現的方式糾正，讓人感覺主管自己發現了錯誤而不是下屬指

出的，一個眼神、一個手勢甚至一聲咳嗽都可能解決問題。

有些人對主管不滿，雖不當面發洩，卻在背後亂嘀咕，有意詆毀主管的名譽，揭主管的「家底」，殊不知「紙裡藏不住火」，沒有不透風的牆，被主管知道後果可想而知。得罪主管與得罪同事不一樣，輕者會被主管批評或者大罵一番；遇上素養不高、心胸狹窄的人可能會打擊報復、暗地裡給你穿小鞋，甚至會一輩子壓制你的發展。在批評主管的時候，不慎言篤行，一旦衝撞了主管，就可能導致不良後果，影響你的進步和發展。

盡量不在背後論上司的短長

和上司在一塊兒時間長了，工作上難免有一些碰撞摩擦。這時。你一定要有話講在當面，千萬不要在背後議論上司的長短。隔牆有耳，打小報告的人正在尋找材料好去告密。你的議論恰好為他拍馬屁提供了時機。倘若他把你的話添枝加葉，添鹽加醋，傳到上司的耳朵裡，你一向辛勤工作的成績，很快會被幾句告狀的話語抵銷得一乾二淨。

自己不議論上司是一個方面，但事實上，任何上司都不是十全十美的，也總有一些人喜歡在背地裡議論和埋怨。遇到這種情況，你不符合，會招致閒話，落個「膽小鬼」或者「跟屁蟲」的名聲。你附和了，難免裡面沒有內奸。萬一被上司知道了，也沒有好果子吃。因為兩面三刀的人多的是，他們見人說人話，見鬼說鬼話，會弄得你非常難堪的。

在這樣的場合中，最好還是不去附和為好。尤其對那些平時信譽不佳、好搬弄是非的長舌者，最好敬而遠之，遇到扯不開的話題，可以環顧左右而言他，或者乾脆把話題岔開。能在背地裡議論上司的，多與個人利益相關。每個人的利益取向是各不相同的，也難得一致，所以對上司的期望要求程度也不同。對別人的說三道四，你只聽不說為好，否則，很容易成為某些人

的工具，被別人當槍使，最低限度，一旦東窗事發，也會是城門失火，殃及魚池。

　　當然有兩種情況可以破例：一是那種怨聲載道、群眾反映強烈的上司，在大家議論時你切不可迴避，否則會招致大家的反感，把你作為公敵對待。二是最好的朋友圈子裡的議論，你大可不必沉默，因為相互信任，你緘口不語，反而會不歡而散，引起朋友的猜忌。

積極避免與主管產生矛盾

　　領導者和被領導之間發生矛盾的事是難免的，遇到這種情況，當然作為領導者要解決好和下級的關係，這是問題的一個方面，或者說是主要的方面；問題的另一方面，作為下級該怎麼處理同上級的關係呢？

　　有些人和上司發生矛盾時，有意無意的指責上司的多，反省自己的少，同時還缺乏對工作環境的考察和分析。

　　一個公司工作的好壞，領導者的成功與否，不光跟領導者有關，還跟被領導者和工作對象有關，可以說是領導者和被領導者相互作用產生的結果。

　　領導者的業務水準、管理技能和協調人際關係的能力是領導成功與否的關鍵。被領導者的技術水準、勞動態度、競技狀態、責任心、義務感又是影響領導者的重要因素。而工作性質、組織規模、類型、任務的緊迫程度、團體的士氣、工作環境的地理狀況等等，也可能成為造成領導者與被領導者矛盾的客觀因素。

　　當我們和上司發生矛盾的時候，首先應當冷靜的分析一下上司、自己和工作環境三個因素，特別應當先考慮一下自身的因素：對本職工作喜歡嗎？個人意向是否融合在團體目標裡？是應付差事呢，還是積極主動的工作？是

否自恃學歷高或者有什麼專長而目中無人？自己的知識、才能、技術貢獻出多少？對自己的工作效率和效果清楚嗎？

如果存在上述那些常見的毛病，就應該在自己身上找原因。單純責怪「領導者差勁」是片面的。

人人都希望自己和上司的關係融洽，怎麼樣才能做到這一點呢？這個問題涉及的方面很多，最重要的是以下三點：一尊敬，二諒解，三幫助。這既是同事、朋友之間相處應該注意的原則，也是協調領導者和被領導關係應該注意的重要問題。

尊敬

這不是教人阿諛逢迎，溜鬚拍馬，也不是提倡盲從，而是鼓勵大家正確認識自己，正確對待領導者。初到一個地方，他人對某個領導者的介紹和評價，往往帶有不少主觀的色彩，這就容易使我們造成一種「先入為主」的觀念，以致真假難辨，「人云亦云」；而自己欲望是不是得到滿足又常導致我們對某個領導者的喜好或者厭惡；另外自我評價高，往往也會產生輕蔑、怠慢、目中無人的錯誤態度。因此，拋棄偏見、尊重領導者是非常重要的。

諒解

如果我們每個人都能夠站在「以工作為重」的立場，設身處地，替上司分憂，為上司著想，勢必可以減少許多不必要的誤會和不愉快的衝突。

幫助

下級幫助上級，是生活中常有的事。在上司遇到困難的時候，具有高度責任感的下屬是不能袖手旁觀的。

應該說，我們採取「敬」「諒」「幫」的態度對待上司，絕大多數矛盾都

會得到順利的解決，我們應該知道，個人情感的滿足絕不能靠衝動來獲得，而是要靠理智。為此，我們應該學會在情勢惡化時緩和矛盾的藝術：在憤怒時，你把什麼看成對你個人最重要的呢？是自己的人生大目標呢，還是幾元獎金，一級薪資，一間住房？是你的理想、事業呢？還是憑「出出氣再說」？不要因為斤斤計較蠅頭小利而忘記自己的遠大理想和追求。

即使採取了正確的態度對待上司，彼此間仍難免會產生一些矛盾。當我們和上司產生矛盾，並且造成矛盾的主要責任在上司方面的時候，應該採取什麼方式加以解決呢？

1. 要直言相陳

進一步旗幟鮮明的向上司講明自己的觀點和態度。

2. 要「以德報怨」

即使暫時受點委屈，也能以自己的寬宏大度，促使矛盾趨於緩和，以至逐步解決。

3. 可以吐訴衷腸

有什麼委屈，有什麼煩惱，不要悶在肚子裡，可以向其他主管成員或親友、師長講明情況，求得幫助。

4. 要好自為之

只要自己做得正確，就堅持下去，不為聲色所左右。特別重要的問題，還可以越級申訴，請求上級主管機關幫助解決。

成為老闆青睞的員工

為什麼許多人工作勤懇，但卻舉步維艱，從未像他們期待的那樣得到提

升呢？為什麼有的人能為老闆帶來累累碩果，而其他人卻碌碌無為呢？美國一家全國性的醫藥用品公司的創建人兼總裁巴里・艾吉，經過二十多年的觀察發現：成功的雇員，他們的舉止與態度就如同管理自己的公司一樣，而且事實證明，老闆們也是這樣期待自己雇員的。

假如你想得到提升，你必須通曉以下幾條原則：

善於解決問題

人人都會遇到難題，這就看你是否善於解決。受老闆青睞的員工懂得不斷發現問題，善於解決問題。解決問題是你大顯才能的好時機，也是你為公司發展創造價值的機遇。實際上，許多人的升遷都仰仗其在工作職責範圍之外的出色表現。善解難題的雇員最讓老闆注目。

一天早晨，電報收發員卡納奇來到辦公室的時候，得知由於一輛被撞毀的車身阻塞了路線，鐵路運輸已陷於大亂，最糟的是鐵路分段長又不在。

卡納奇將如何處理呢？按照條例，最好的辦法就是等待分段長的到來。因為只有鐵路分段長才有權發調車令，別人做了便會受到處分或革職。塞車的情況仍在繼續惡化，貨車全部停滯，載客特快車也已因此而誤點。

卡納奇顧不得許多了，他毅然破壞了鐵路最嚴格的規則中的一條，而發出調車集合電報，上面簽著分段長的名。

等分段長到來時，阻塞的鐵路已暢通，各事都順利如常。他非常驚異，但什麼也沒說。不久，卡納奇升任分段長的私人祕書，到了二十四歲，便升任為這區鐵路的分段長。

不必謹小慎微

據一位大公司的總裁介紹，他曾拒絕過一個各方面都很出色的候選人，因為他被推薦得太細了。這位總經理解釋說：「好的推薦是必要的，但此人太

完美了，完美得讓人恐懼。他的衣服、頭髮、指甲，甚至，甚至牙齒都很完美。他是一件塑膠製品，但我不信這個，沒有人是完美的！」

許多人都認為讓老闆發現自己的不足，機遇就會泡湯。因此，他們處處謹小慎微，開會時坐在後排，盡可能不惹人注目，唯恐哪裡有所疏忽。洩露出「自己不完美」這一事實。

避免出錯的唯一辦法是不再有任何新作為。一個從不出錯的人，給人的感覺是不思未來，缺乏創造力，只會忙於日常細節。謹小慎微的人是不會有大作為的。

學會推銷自己

你必須讓上司了解你的才能、技巧和潛力，這是你的職責。你必須學會推銷自己。

有天上午，一位叫安德魯的青年要求見老闆賽福，說有件「對我、對你、對公司都很重要」的事。過了一會，安德魯走進來，非常自信的說：「直截了當的說吧，我有能力和才幹做更多的事，負更多的責任，而且我正拭目以待。」

說得太好了，短短三句話，簡明扼要，但他的言外之意更重要，安德魯想要更多的錢，而他卻讓老闆來說。他就是這樣不斷推銷自己，逐步當上了公司的行政副總裁，目前已擁有自己的公司。

勇於自我嘗試

不要相信「機會只有一次」這一說法。機會隨時會有，而且往往來得太快。假如知道自己能勝任某項工作，就大膽的去迎接。要相信自己的能力，不要坐等事物自我完善。當上司問你「能否勝任新的工作」時，應毫不猶豫的回答「當然」。

你也許嚇得要死，對自己說，「我確實不能勝任，我已感到自己超負荷了。」當人們接受新的職責時有這種感覺是很正常的。然而，只要你能游泳，即使是狗爬式，也要跳進去，過一會就學會仰式了。

學會與難纏的上司相處

如果你正為與上司相處的問題而煩惱，覺得對方總是批評你的工作，不管你如何努力討好他，對方依然不斷找你的麻煩，請不要生氣，與難纏的上司合作須講求一點技巧，首先，你要想想你的上司是否有以下的表現：

- 他要求你事無大小都要向他報告？
- 他喜歡把煩悶留在心裡，在你冷不防的時候，卻一把它們提出責備你？
- 對於同事之間的糾紛，他表現出漠不關心的態度？
- 他習慣隨意而為，沒有理會到工作完成之先後次序？
- 他無法接納人家的意見，卻要求你事事附和他的主張？
- 他是一個小題大作的人？
- 他習慣斤斤計較，很注意小節上的問題？
- 他是否自以為是，目中無人？

如果你的上司有上述的缺點，你與他相處的時候，應注意採取以下的態度：

- 不要總是發出怨言，也不要責怪任何人。
- 時常提醒自己，你要表現出一副希望與他積極解決問題的態度。
- 如果你的上司之上仍有上司，你不妨把自己的難處告訴他，向他尋求幫助。

· 讓上司明白到一個事實：你是很認真與他討論問題，盼望尋找出解
決的方法來。

或許你覺得你的上司主管無方，事無大小都要依賴其他同事替他完成，他好像什麼事情也不會做，奈何卻是你的上司，令你十分生氣，你認為自己的工作能力遠勝過他，以致潛意識裡開始仇視他，對他的命令陽奉陰違，自己的精神也深受困擾，影響工作的效果。

如果你遇到以上的問題，又無力自我釋放，快快樂樂投入工作之中，你要告訴自己一個事實：凡事都有好壞兩方面，你是否忽略了上司的長處？以下是一些忠告：

捫心自問：是不是有一些自己不懂得如何處理的事，必須要依靠上司獨自面對？

上司在日常工作的小節上，可能表現出很可笑的樣子，但他的心思意念會不會放在其他重要的事情上？如：籌集發展的基金，對外開拓新市場等等。

客觀的想想他曾經達至的輝煌成就，或許你會發覺他並不像你想像中的那麼無能，學習欣賞對方的長處，是達至合作的第一步。

「家家有本難念的經」，你的上司是否也有難言之隱？他可能也要取悅自己的上司，很多事情都是身不由己的。

假如上司真的是敷衍卸責，不要因此一味抱怨，相反，這可能是一個自我表現的好機會，上司惡劣的工作態度，正好突出你的長處，或許因此而得到上級的賞識，平步青雲。

你或許人遇到過以下令你畢生難忘的經歷：還差五分鐘便到下班的時間，你興致勃勃的把辦公室桌上的檔整理妥當。與同事東拉西扯，開開玩笑，就在你準備離開的一剎那，你看見上司氣衝衝的從辦公室走出來，他把你剛才交給他的報告扔回桌上，當眾指出報告中錯誤的地方，還要你馬上把它修

改妥當。

對於上司的凌辱，你感到又驚又怒，本來愉快的心情一掃而空，你很想跟他大吵一頓，以泄心中怨憤，可是，請記住：上司永遠是上司，吃虧的永遠是你。

若要妥善處理以上的情況，你要首先認清楚以下各點：

只要你有充足的自信心，沒有人可以用說話刺傷你，令你產生屈辱感。

盡量避免與上司發生正面的衝突，否則大家的關係將會變得很惡劣，日後很難找到補救的方法。

一個有修養而自信的人，他絕不會像瘋子一樣罵人，或是反唇相譏。他會處變不驚，冷靜的面對一切問題。

你不妨考慮馬上離開，讓大家有一個安靜反省的機會，只要你能夠忍耐一點，你會發覺羞辱你的人，根本是一個欠缺修養的人，不值得你氣惱。

很多下屬對自己的上司，都會有以下的批評：他的命運比我好，但做事能力卻遠不及我，可恨他還作威作福，表現出不可一世的樣子，只懂得一味批評下屬的工作做得不好，一旦問題真正出現之際，他卻推卸責任，誰也無法從他那裡得到明確的指示，大家都認為他不是一位好上司，奈何在現實生活裡，每個職員都要服從他的命令，你感到很氣憤，但你要記住一個事實：沒有人是十全十美的，在辦公室裡與其明爭暗鬥，弄至兩敗俱傷，不如努力與每一個人合作愉快，為日後美好的前途打好穩固的基礎。凡事「小不忍，則亂大謀」，你應該檢討一下自己的態度，學習與辦公室裡的每一個人做朋友。

不要妄想於短短數月內，便可以完全改變上司的性格，良好的人際關係實在是需要慢慢建立的，儘管上司沒有要求你把過去的工作紀錄拿給他看，你也可以把它們整理妥當，主動呈交給上司過目，讓他曉得你的工作能力，

對他忠心耿耿，對方自然會增加對你的好感，不再盲目挑剔你的處事方法。

在環境許可的情況下，請嘗試支援、愛戴你的上司。站在他的立場想一想，你會發現對方有許多不得已的苦衷，無論遇到任何工作上的困難，不可過度信賴上司的幫助，避免與他發生任何正面的衝突，尊敬你的上司，你會發覺對方慢慢開始接納你的意見。

適應十種不如意的上司

不同上司的能力有不同，比如有強幹型的就會有平庸型的，有果敢型的，就會有優柔型的，因此一個聰明的員工不會因為自己的主管平庸或者是其他很多的缺點而一味的抵觸、不配合，相反他回去適應。

平庸型

假如你的上司屬無能平庸之輩，是個糊塗蟲、傻瓜、笨蛋，無疑你的命運是很悲慘的。你這匹「千里馬」也許會毀在他的手裡，但是，你畢竟暫時無法擺脫他的指揮，還要在他的手下任職。這時你可採取的對策是：

1　仔細觀察他，如屬自身素養問題，則不必苛求。如果上司是前輩，就更不能要求他適應年輕人的心理需求，因其不會有與你一起「闖世界」的熱情，想改變他是徒勞的。

2　努力發現他的特長與長處，多肯定，多讚揚，以鼓勵他發揮優勢，並對你產生好感。對你的所作所為不反感，無敵視態度，即達到目的。

3　只要他不妨礙你、干涉你，你盡可以按自己的想法努力去做自己想做的一切，不要把自己的前途，命運寄託在他一個人身上。期望值小一些，你會獲得心理上的平衡，減少對他的埋怨。

4　如果需要他的支援，可用你的活力和朝氣感染、帶動他，尤其要調
　　動團體的力量，進行耐心，巧妙的勸說。

5　做知識與才能方面的儲備，不可只發牢騷，自暴自棄。平庸型的上
　　司也許不會任職很久。

6　如果他實在有礙於你的發展，不妨再尋一個滿意的上司。

優柔寡斷型

有的上司做事囉嗦、猶豫，不能下決心做決定，凡事怕出亂子，膽小、缺乏當機立斷的勇氣。這種個性會錯過許多好機會，無法轟轟烈烈的做事業。

對這種怕擔風險的人，你的對策是：

1　這種人的優點是求穩，考慮事較細緻，不莽撞。如果你向他提建
　　議，必須仔細推敲你的方案，確信沒有漏洞，具有實踐的可能性，
　　然後再提出來，這樣，他比較易於接受。

2　這種上司心細，謹慎，有時會出奇的固執，不會隨便附和眾人的意
　　見，甚至會有強烈的對抗情緒。你與之談話，不要性急，而應力求
　　自然，待到兩廂情願時才會「水到渠成」。

3　你向他提的建議最好與團體的整體要求一致。如果大家都贊成，便
　　會促使他下決心。

強迫型

有的上司喜主觀臆斷，獨斷專行，經常用命令的口吻同部下講話，提要求，希望所有的人絕對的無條件的服從，不允許你有異議，不允許你有反抗行為。

他會想盡各種方法做到「順我者昌，逆我者亡。」在他手下也許會感到

很壓抑。

你的交往原則是：

1　不卑不亢，該執行則執行，該拒絕則拒絕，一味服從和奉迎，只能加劇其獨斷專行的心理定勢。

2　創造團體的民主氣氛，用團體的力量糾正他的個人習慣。

3　如果覺得個人的抗拒沒有結果，就要盡量減少與他的正面衝突，以免他形成成見，認為你有意做對。

4　尋找機遇，顯示出你超越他的才幹、學識與能力，爭取他的重視。

5　透過「認同」與「溝通」，與之建立比較親密的個人關係，經常滲透你的思維習慣。

挑剔型

有的上司不願用表揚激勵下屬，而是好挑剔、指責。這種人有二類：一類是水準較高，認為你應該把一切都做得很好，做的漂亮是應該的，做得不好便是無能。

因為他總是用自己的能力和水準要求水準能力不同的下屬，所以總是不滿意。

再一類就是嫉妒心較強者，從不承認別人的優點，沒有尊重他人勞動成果的習慣，更不懂表揚的藝術。不會設身處地考慮下屬的難處，也不肯親自去實踐。

只是坐在上面發議論，以為不挑出毛病就不足以顯示自己的水準高，不足以證明自己的價值。

你的對策是：

1　多彙報，讓他知道你在做什麼。不僅彙報困難，更重要的是介紹如

何克服困難。

2　多請教，工作中多吸取他的意見。你的工作成績中有他的指導成分，有他的心血，自然他就不會否定，轉而會肯定和讚揚當別人挑剔時，他也許還要為你辯解。

3　迅速摸清他的工作路數，好惡情況，按上司的要求發展工作，以免費力不討好，走彎路、白辛苦。

4　讓他了解你的全面情況，以確信在某一個方面的欠缺並不代表一個人的整體水準。

5　當他肯定、表揚你時。要表現得歡欣鼓舞，並加倍努力，以使之感覺到表揚比挑剔更富有魅力。

缺乏信任型

有的上司不夠高明，在囑咐下屬做事時總要加一句「別搞壞了」、「小心失敗」「我懷疑你的能力」等等，以為用這樣的話便可提醒下屬加倍注意。

然而事實卻相反，下屬聽了這種話心中很不高興，心想「既然不信任我，那麼你自己去做好了，幹麼要我做？」

有的上司因不信任部下，而邀請其他部門的人來做本該由下屬做的事，這更令下屬感到氣悶。

1　如果你的上司不信任你，可用下列方式做一番嘗試：做那些你能做得很漂亮，很成功的小事，不要嫌其微小，瑣碎。能把小事做得很瀟灑，才能把大事做成功。許多上司也常用這種方法考驗下屬。如果你粗心大意，不屑為之，認為大材小用，造成效果不佳，那麼，上司便會認為你是個什麼都做不好的無用之材，會更加輕視你。

2　不必直接向上司抱怨，表示委屈。可透過要好的同事旁敲側擊。如

果上司信任你這位同事，則效果更佳。

3　有了小成績不要沾沾自喜、盡力炫耀，而要把名利讓給上司，讚揚
　　這是他栽培的結果。他會認為你很明事理，以後願意把一切成功的
　　機會留給你。

4　當自尊心受傷時，要用堅強的毅力去克服困難，相信逆境更可出人
　　才，將對方的不信任化為促使你向上的動力。

「武大郎開店」型

嫉賢妒能，害怕追隨者的競爭，不許下屬超過自己，更談不到舉薦。
你的對策是：

1　不可聰明外露而令其自慚形穢。

2　謙恭請教，滿足他的權力癮，將「武大郎」抬上「高蹺」，店小二
　　就可以伸腰了。

虛偽型

不是自然的喜歡下屬，真誠的對待同事，但懂得人情世故，精於社交
術，常常樂於奉承。當面讚揚你，很熱情，鼓勵下屬按他的要求去做，但內
心冷漠無情，根本就不重視下屬。

如果你要求他真誠相待，可做如下表示：

1　表示自己是一個重感情，講義氣，能為知己者死的人，喜歡交知心
　　的朋友。

2　委婉的點出你早已識破了他的虛偽詭計，但仍以誠相待。

3　如果他堅持表面敷衍，那麼便會失去朋友的幫助。

懷疑型

自尊自強、疑心重，擔心下屬輕視自己，心理自我防衛的傾向較強。對下屬的言談舉止格外敏感，好猜測，極其重視自己的威信。

相處原則：

1　不斷的提醒自己，他在才幹、經驗、學識、閱歷，人際關係範圍等方面有許多優越於你的地方。如果你在心理上輕視他，那麼在言談舉止中便有可能不自覺的流露出鄙視，瞧不起、指責、埋怨等態度傾向。

2　注意他的心理活動，觀察其言行，多勸慰他。創造機會和條件讓他顯得很重要。

自私型

替自己打算，與下屬爭名利。在立足未穩之時要求一切人都為他服務；即將下臺時更有一種極度的補償心理。權力是他謀取個人私利的敲門磚。心中只有自己。

對策：

1　當我們不得不與其接觸、交涉時，只有暫時按捺住自己的厭惡之情，姑且順水推舟，投其所好。當他發現自己所強調的利益被肯定了，自然就會表示滿意。犧牲小利以換取大利是我們的目的。

2　不能為虎作倀，這種自私的人什麼事都做得出。他可能把得到的私利分你一半。但在引起眾怒時，也會把你拋出去做替罪羊。上司的任職畢竟沒有你的名聲長久，故不可與之同流合汙。

3　如果他的所作所為實在過度，可用沉默表示無言的抗議。聰明的上司會領會下屬沉默的含意。

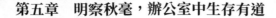

無節奏型

有的上司工作起來抓不住重點。沒輕沒重，一天到晚忙個不停，但沒有頭緒，做不到點子上，使得下屬也勞而無功，攪得你不得清閒，心煩意亂。

從原因上講，有兩個方面，一是思想水準低，抓不住主要問題及上級意圖；二是心理素養差，缺乏大將風度，沒有養成有條不紊的開展工作的習慣。

你的原則是：

1　以靜制動，以穩制亂。既要聽從他的安排，又要保持清醒的頭腦，在明顯的失誤處適當做一些變通和修正。

2　出色的完成你的工作任務，以減輕其緊張，焦慮的心理。

3　過於忙碌、氣氛緊張時，用幽默和詼諧的語言寬慰他，以便繃得很緊的神經得以舒展。

4　不要急躁，因為他的心理承受能力有限，你的急躁只能招致更大的混亂。

總體而言你的上司可能是不如意，不理想的。但要真誠的相信，人是有感情的動物，只要你掌握了他的心理活動的特點與規律，並克服自身的弱點，便可改善與他的關係。當然一切努力都要在保持人格尊嚴的前提下進行，什麼時候都不能放棄做人的原則。

不要以貌取人

俗話說「人不可貌相，海水不可斗量」，歷史上關於「以貌取人」的故事比比皆是，然而公道自在人心，一段段歷史又有後人來評說。「以貌取人，失之子羽」，一代聖人孔子尚且會犯這樣的錯，我們更應該小心警惕。

任何人和事物都是處於不斷的變化之中，既可能向著好的方向發展，也

可能向著壞的趨勢轉化，所以人們在對待人和事物的時候，不能夠僅僅盯住眼前的這麼一點點表象，因為它只反映了這個人或者這件事目前的狀態。人們要懂得美麗的白天鵝是從醜小鴨變來的，美麗的蝴蝶是從醜陋的蛹變來的，不要以貌取人，應該將目光放得長遠一些，對人和事從本質上進行分析、判斷，只有掌握了這種能力，才可能做出正確的、符合自己利益的決策，否則就要犯急功近利的錯誤。

說到以貌取人，大家肯定會想到三國時期，和「臥龍」諸葛亮齊名的「鳳雛」龐統了。當時，龐統隱居在江東，魯肅慧眼識英才，周瑜死後，他就向孫權極力推薦龐統。可是孫權見龐統「濃眉掀鼻，黑面短髯，形容古怪」，心裡十分「不喜」，又嫌龐統出言不遜，輕視周瑜，便拒而不用，輕易的將他放走了。於是，魯肅只好把他推薦給了劉備。龐統雖然早死，但是從當事人對他的評價，以及他生前所做的事來看，他確實是一個不可多得的人才。孫權因為以貌取人，就失去了這樣一個人才，只能說是很大的遺憾。

而司馬懿則比孫權聰明多了。他任用的名將鄧艾在小時候就常常被人瞧不起。

鄧艾從小是個孤兒，做過牧童，犯有口吃的毛病，說起話來結結巴巴，常常憋得臉紅脖子粗。像他那樣的人想要做官是沒有什麼指望的。但是他從小喜歡武藝，愛看兵書，每見高山大河、形勢險要的地方，他總要指指點點，結結巴巴對人說：「這……這裡駐一支兵……兵馬，敵……敵人就……打不進來。」人們都笑他人小心大，做不了文官還想當武將。

就是這樣的一個人，也被司馬懿看中了，並做了尚書郎。後來，鄧艾帶兵消滅了蜀國，打破了「三分天下」的格局。

而韋詵擇婿的故事更是為「以貌取人」的人上了一課。

唐玄宗時，裴寬曾在潤州地方官手下做事。當時潤州刺史韋詵正在為女

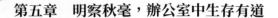
兒挑選丈夫，很久也沒有遇到合適的。一天，他在家裡休息，登樓遠望，看見花園裡有個人往土堆裡埋東西，於是向家人打聽那是誰，家人回答說：「是裴寬。他為人清廉，不願意接受人家的賄賂，生怕玷汙了自己的家門。有人送給他一大塊鹿肉乾，放下東西就走了，他沒辦法退還給那個人，又不敢自欺欺人，所以就把它埋起來了。」韋詵聽了對裴寬的人品讚歎不已，決定把女兒許配給他。結婚那天，韋詵讓女兒躲到帷帳後面偷偷看裴寬。裴寬又高又瘦，穿著一件碧綠的衣服，族人都取笑他，叫他「碧鸛」。韋詵嚴肅的說：「父母愛惜自己的女兒，一定要讓她嫁給賢良的公侯作妻子，怎麼能夠以貌取人呢？」果然，裴寬不負岳父的厚望，後來當上了禮部尚書，很有聲望。

　　人都是在不斷變化著的，某個人現在很貧賤，不一定證明他日後就不能富貴；反之，某個人現在很風光，不一定證明他以後就不會窘迫。關鍵在於要學會識人，從這個人的本質看出他日後的情形。韋詵選中了裴寬，著眼點不是放在此時此地，而是放在了彼時彼地，他不以以貌取人，不以貧賤取人，是因為他明白人是會變化的這個道理。他從裴寬埋肉乾的行為看出他清正廉潔的人品，由此斷定裴寬以後必定能夠飛黃騰達，而後來裴寬當上了禮部尚書的事實，也證明了他的眼光果然沒有錯。

沒有解不開的「結」

　　「冤家宜解不宜結」、「多一個朋友多一條路」很好的詮釋了現實生活中「結」的問題，「結」解的好與壞直接影響著你個人的各方各面。

　　同事之間、同學之間、師生之間、兄弟姐妹之間、朋友之間、夫妻之間，任何關係之間都可能發生誤解。

　　紛繁複雜的人生牽涉到千頭萬緒，各方各面，隨便哪一方面哪一時刻的

無意識之間，都可能造成人的誤會。

誤解大多始於日常生活中雞毛蒜皮的小事，一句笑話，一個臉色，一篇文章，一封書信，一道傳聞，一件用具等等都可以成為產生誤會的媒體。

長期相互隔絕，互不交往，也可能引起誤會。

不論遭到別人誤解或者誤解別人，只要是一種負面意義的誤解 —— 把美好誤為醜惡，把善意誤為惡意，把真誠誤為虛偽，把正確誤為錯誤，把鮮花誤為毒草……都可以成為人生中的一層陰影。一重難堪，一種痛苦。

有些誤解初時不深，若未及時消除，可能會隨著時間的加長而裂痕越益增大，誤會越益加深。有的因誤會加深而成為仇敵。

人生在世，精神的愉快勝過一切，而和諧美好的人際關係無疑是構成心情愉快的重要因素；由於各種原因，有些人際關係是無法達到和諧的，誤會則不然，它是本可以做到和諧或本來是和諧的關係，只因理解和認識的誤會而形成人際關係中的遺憾。所以說，它比直接不良的人際關係更多一層痛苦。它是對美好關係的破壞。這種破壞並非主觀的、有意識的、故意的，而只是因為互相的隔閡、意識的不可通性、感情的客觀障礙所致。

誤解既已形成，不論是你遭到了誤解或你可能正在誤解別人，唯有互相疏通才能達到理解，使誤會消除。

首先難處在於能夠自覺的意識到你的人際關係中誤解的存在。只有自覺的意識到了這點，你才可能產生疏通的動機和目標。

通常，人際關係中容易產生誤會的是這樣一些人：交談交往極少者，互不了解個性者，性格內向者，個性特別者，自視清高者，狂妄傲慢者，神經過敏者，常信口開河者，愛挑剔小節者等。

與上述這些人交往，不論是初次的或多次的，你都要注意你的言行是否容易產生歧義，是否可能遭到誤解。或者你是否對他存有偏見和誤會。

　　任何人都有他獨立經營著的那一片小小的天地，形成他之所思、他之所言、他之所行，形成他自己的特色。有的人的這片小天地呈開放張揚的狀態，可以隨時接納所有的人。有的人則呈封閉壓抑的狀態，這是不好交際、不善交際、不易交際的人。與他交往首先得啟開那扇封閉的門。待你走進去後才可能發現真正的他。否則，你只能在門外與他交往，這時，各式各樣的誤會都可能產生。

　　我們都知道，林黛玉是個特別難打交道的人，隨便一句話中一個用詞不妥，可能就得罪了她。她發了脾氣，你還不知道為了何事。生活中這樣的女性並非罕見。

　　如果你已經自覺意識到遭到了誤解，最簡便直接的辦法當然是直接與誤解你者解釋交流，推心置腹，真誠相見。不要擱在胸中，不要猶豫顧忌。你可以藉一次家宴、一次舞會或一次公關活動，或一次約會、一個電話互剖衷腸，以你心換他心，以他心換你心。疙瘩解開，冰消雪融，重歸於好。

　　可能沒有這種直接交流的機會，或者覺得直接解釋交流的方式有些難為情，用書信的方式，詳盡的闡明自己，也許可以化干戈為玉帛。

　　如果對方對你誤解太深，已經對你形成偏見，乃至於把你視同仇敵。消除誤解當然要困難許多。一是要有恰當的方式，二是要有一定的時間。你首先可以透過間接的方式，動用誤解你者親近的信得過的人，讓他在你們中間做橋梁、做媒介，把誤解你者的怨氣和意見，把你的誠意你的本心都透過這位中間人在雙方予以傳達疏導。傳達疏導到一定時機，你們就可以發展到直接解釋交流了。

　　天下沒有解不開的疙瘩，沒有打不破的堅冰，沒有過不去的火焰山。

　　一切的前導和基礎就在於當你受到誤解的時候，誤不在你而在於對方，而你對對方之誤卻能夠寬容大度不予計較，反倒主動的想法去消除對方之

誤。此為君子度量。

當你受到誤解的時候，如果你對對方之誤厭惡憎恨，壓根兒不想去消除它，更不願主動去做疏通工作，以為那樣做是降低了身分，丟了自己的面子，損傷了人格。此為小人之心。

聖人說：「愛國之垢，是謂社稷主。」—— 承擔全國的屈辱，才算得國家的君主。如果你在小小的人際關係圈內也受不得絲毫委屈，吃不得半點虧，頭低不下一毫，話多不得半句，那你就去煢煢孑立、形影相弔好了。

同事不合作時如何處理

在工作中，常常會遇到一些不願合作的同事，對於他們應該怎麼辦呢？

第一，要用實際行動幫助不合作的人消除不合作的原因。要使不合作者轉變為合作者，不僅僅是一個說服問題，而應該是一個實際行動問題，只有在行動上幫助不合作者，才能使不合作者成為合作者。

第二，就是在需要使用說服方法時，也要想出比較巧妙的方法，才會取得較好的效果。

比如：美國著名工程師萊芬惠，有一次，他想換裝一個新式的產量指數表，但他想到有一個工頭必定要反對。怎麼辦呢？萊芬惠想了許久，終於想出了一個辦法。萊芬惠是怎樣和這個工頭打交道的呢？萊芬惠說道：

有一天下午，我去找他，腋下夾著一個新式的指數表，手裡拿著一些要徵求他意見的文件。當我們討論文件的有關問題時，我把那指數表從左腋換到右腋，又從右腋換到左腋，移換了好幾次，他終於開口了，「你拿的是什麼？」他問我。「哦，這個嗎？這不過是一個新的指數表。」我漫不經心答道。「讓我看一看。」他說。「哦，你不要看的。」我假裝要走的樣子，並這樣說：

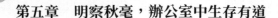

「這是給別的部門用的，你們部門用不到這種東西。」「但我很想看一看。」他又說。於是我又故意裝著一副勉強答應的樣子，將那指數表遞給他。當他審視的時候，我就隨便又非常詳盡的把這東西的效用講給他聽。他終於叫喊起來說：「我們部門用不到這東西嗎？哎呀！這正是我早就想要的東西！」

請看，萊芬惠的方法是多麼巧妙，這種方法叫欲擒故縱，效果是十分明顯的，使不合作者成了合作者。

如何應付同事搶功勞

當你挖空心思想出一個好主意，或者你勤奮工作為公司發展做出了極大貢獻時，卻有人試圖把這份功勞歸為己有。面對這種情況，你該怎麼辦？總不能整天氣急敗壞吧？下面幾種方法或許對你有所幫助。

用 LINE 訊息澄清事實

當然，首先寫的信不能有任何壞的影響，LINE 訊息內容一定不能讓對方產生不快。寫信的主要目的是要委婉的提醒一下對方，自己當初隨便提出的想法，是怎樣演變到今天這個令人欣喜的樣子。在信中適當的地方，你可以寫上有關的日期、標題，可以引用任何現存書面證據。

在 LINE 訊息的最後要建議進行一次面對面的討論，這是很重要的，這能讓你有機會再次含蓄加強一下你的真正意思：這主意是你想出來的。

如果真的有人把你的功勞忘記了，想把功勞歸屬於自己，那麼這個方法倒能為你爭回功勞起一定作用。

誇讚挖你功勞的人，然後重申功勞是自己的

說這番話的時候，要再一次對這位同事的獨一無二的才能和見解大加讚

賞。這種方法對職業女性來說特別重要。很多研究者發現，女性員工喜歡從「我們」的角度 —— 而不是「我」的角度來敬事，所以她們的想法和首創就常常會被男性同事挪用。如果著眼於事情的積極一面 —— 你的同事也是想方設法要做出最好的工作，而且他（她）對要做的事情也有獨到的看法 —— 也許會有助於你解決這個可能很棘手的問題。

當你覺得這個方法比較適合你應用時，你就應早點行動，如果等你的同事把你的想法散布開時再行動，困難就大得多了。

退出爭奪戰

初看起來，這似乎不是一種方法，或者不能算是一種很好的方法。但對某些人來講，這或許是最好的。你應該問一問你自己：哪個更重要，是把這個想法付諸實施，還是獨自擁有想出這個點子的名譽？這是一個複雜的問題，特別是對女性來說，什麼時候應該跟男同事理直氣壯的理論「挪用他人想法」的問題，什麼時候又應該為本機構做出一些犧牲呢？在做出決定時，應該考慮一下，要打這場「官司」得花費多少精力。在某些情況下，比如你正要接受一次重要的提升，要付出大量的時間和精力；或者除了「原則問題」之外其他並無妨礙，而要證明所有權只能使你疲憊……也許還會讓你的上級生氣，讓他們納悶你為什麼不能用你的時間來做點更有意義的事情。在這些情況下退出爭奪戰顯然是明智之舉，是上上之策。

求同事做事的原則

人們在運用關係網做事時，總認為同事之間只存在猜疑和忌妒，實際上，這是一個錯誤的認識。現代社會中同事之間更需要同舟共濟，特別是因為在一起共事，友誼會自然而然的產生，一個人在家與家人相處的時候和在

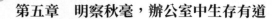

公司與同事相處的時間幾乎差不多，如果在做事時，不會利用同事關係，不但有些事辦起來費力，還容易讓人覺得你沒有人緣。

　　每一個人在公司都有表現自己的欲望，求同事做事就等於為他提供了一次表現個人能力的機會，即使遇到困難也得辦；即使有時擔心主管不滿也得辦，以此在同事中維護自己急公好義的形象，同事的事和公司的事一樣，每個人都會感到自己有一份責任和義務。因此，找同事做事不用存在有任何顧慮，該張嘴時就張嘴。

　　那麼，我們該怎樣利用好同事關係做事呢？

找同事辦事要有誠意

　　同事之間了解得比較多也比較深，想託人做事又神神祕祕，不把事情說明白，容易使同事產生你不信任他的感覺。因此，找同事做事就要先說明究竟要做什麼事，坦言自己為什麼做不了，為什麼要找他。這樣，精誠所至，同事只要能做到的事，一般是不太會回絕你的。

找同事辦事要客氣

　　同事不是朋友，一般都沒有太深的交情。因此，找人之前說話一定要客氣，而且要以徵詢的口氣與同事探討，激他幫忙想辦法，受到如此的尊重，同事如果覺得事情好辦，自然會自告奮勇的去辦，幾句客氣話，省卻許多麻煩。辦完事之後，一般不要用錢來表示謝意，客氣幾句，說聲謝謝你就可以了，如果執意要拿錢來表示，容易引起反感，因為同事之間辦點事就接受物質感謝會給大家留下壞印象。

找同事辦事要有的放矢

　　一些比較籠統不明的事一般不找同事去辦，辦一件事之前，要先知道你

這位同事的社會關係，以及他是否辦起來沒有太大的難度，只有掌握了這些情況，你才能做到張口三分利，也不至於叫同事左右為難。

有些事不能找同事做

自己能做的事盡量自己去做，這樣的事求同事，會使人感到你不把同事當回事，這樣既可能耽誤事，又影響了同事感情。

需要請客送禮的事不要託同事做，在公司裡，請客送禮畢竟不是什麼光彩的事，「流行」只是指在社會大環境裡。

如果同事不能直接辦也得「人託人」、費周折的事，不如轉求他人。

和同事利益相抵觸的事不能找同事去辦，即使這利益涉及的是另一個同事。

人情債務最划算

「生當隕首，死當結草」、「女為悅己者容，士為知己者死」。無一不是「感情效應」的結果。善於做事的領導者大都深知其中的奧妙，把握時機的付出廉價的感情投資，對於拉攏和控制部下往往能收到異乎尋常的效果。

有時兩句動情的話語，幾滴傷心的眼淚往往比給人以高官厚祿更能打動人。因此，感情投資，可謂一本萬利，是一種最為高明的統治術。

有許多身居高位的大人物，會記得只見過一兩次面的下屬的名字，在電梯上或門口遇見時，點頭微笑之餘，叫出下屬的名字，會令下屬受寵若驚。可見，富有人情味的上司必能獲得下屬的忠心擁戴。

吳起是戰國時期著名的軍事家，他在擔任魏軍統帥時，與士卒同甘共苦，深受下層士兵的擁戴。當然，吳起這樣做的目的是要讓士兵在戰場上為他賣命，多打勝仗。他的戰功大了，爵祿自然也就高了，正所謂「一將成名

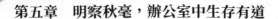

萬骨枯」！

　　有一次，一個士兵身上長了個膿瘡，作為一軍統帥的吳起，竟然親自用嘴為士兵吸吮膿血，全軍上下無不感動，而這個士兵的母親得知這個消息時卻哭了。有人奇怪的問道：「你的兒子不過是小小的兵卒，將軍親自為他吸膿瘡，你為什麼倒哭呢？你兒子能得到將軍的厚愛，這是你家的福分哪！」這位母親哭訴道：「這哪裡是愛我的兒子呀，分明是讓我兒子為他賣命。想當初吳將軍也曾為孩子的父親吸膿血，結果打仗時，他父親格外賣力，衝鋒在前，終於戰死沙場；現在他又這樣對待我的兒子，看來這孩子也活不長了！」

　　人非草木，孰能無情，有了這樣「愛兵如子」的統帥，部下能不盡心竭力，效命疆場嗎？

　　作為上級，只有和下級做好關係，贏得下級的擁戴，才能調動起下級的積極性，從而促使他們盡心盡力的工作。俗話說：「將心比心」，你想要別人怎樣對待自己，那麼自己就要先那樣對待別人，只有先付出愛和真情，才能收到一呼百應的效果。

　　作為領導者，手中握有一定的實權，位高權大，一般說來，不需要下屬的幫忙，當然也不欠下屬的人情。

不懼怕他人威脅

　　作為領導者，你所指揮的是一個團體。在這個團體中有各種性格的人，其中就有性情暴烈之人。

　　性情暴烈的人，他並非因為你有過失才發火，有時為一句話，為一件芝麻粒大小的細枝末葉的事，他也會大發其火，暴跳如雷，你很難對他講道理，那麼對這種人，作為領導者不妨擺出高姿態，不與之爭長短，論曲直，

退避三舍，讓他一個人在那裡去發火，去暴跳，沒有了對手，他自然會偃旗息鼓，這樣「整」他幾次，就會挫其銳氣，將其降服，歸為己用。

徐某是某工商所的所長，他的手下有一個部屬叫雷鳴。可真是名如其人，性如其名。雷鳴火氣挺大，以致同事們都叫他「雷公」。但他也有優點，就是「雷鳴電閃」之後，從不往心裡記，但他的脾氣確實有點讓人受不了。一次，徐某讓雷鳴去收他所負責的那條商業街的工商管理費，雷鳴為收錢的事和一個體商戶大吵了一通，被人家打舉報電話告到了局裡，局裡負責同事要求徐所長了解情況做出處理。

徐某找到雷鳴，向他指出做工作應當耐心細心，做好說服教育工作，還未講完，雷鳴就忍不住了，就發火了：「好了，好了，我不會工作，我做不了，你去做，行不行？」

「我就是這個脾氣，我看那夥人是欠揍，下次要是這樣，我非摘了他的執照不可。」雷鳴怒氣衝衝，火冒三丈的向徐所長嚷嚷。

徐某靜聽不答，任他一個人在那沒完沒了的發火。

從此，徐所長每當和雷鳴為工作或其他事發生爭執，他就很少言語，退避三舍，平時雷鳴跟他請示問題，他也只是三言兩語，雷鳴和徐所長打招呼，或想說點什麼，他也只是笑而不語。這樣，雷鳴反倒不再多發火了，而是積極配合徐所長工作，成為徐所長的一名出色部屬。

徐所長以退讓之法收服了雷鳴這個愛發脾氣性情暴烈的「雷公」。

「江山易改，秉性難移。」對於性情暴烈的人，我們很難改變他們的性格，但作為領導者，又不得不與他們相處打交道，那麼。最好的方法就是對這號人「涼」起來，退避三舍。

某水泥廠廠長老任，把違反廠紀的工人郭某開除了。郭某不服，拿著寒光閃閃的利斧，殺氣騰騰的來找廠長算帳。他質問：「憑什麼開除我？」

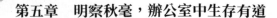

「憑你七個月不上班！」

「你開除了我，我的斧頭可不是吃素的！」郭某惡狠狠的說，邊說邊舉起斧頭晃了晃。老任毫無懼色，面帶威嚴，斬釘截鐵的說：「你要做什麼？告訴你，你的斧頭我見過，你想用它嚇倒我就想錯了。要是怕，我就不當這個廠長了！」

郭某被鎮住了，「噹」的一聲，斧頭砸在桌子上，轉身灰溜溜的離去。

這個工人因為手中無真理，看上去氣勢洶洶，實質上不堪一擊，老任因為真理在握，一身正氣，於是理直氣壯，制服了尋釁鬧事之徒。

漢高祖時期，漢高祖劉邦知道韓信已被呂后殺掉，又高興又憐惜，問呂后：「韓信臨刑時說過什麼話？」呂后說：「韓信說悔恨沒有採納蒯通的計策。」高祖說：「這個蒯通是齊地的辯士。」就下令齊王逮捕蒯通。蒯通被押到，高祖問他：「是你叫淮陰侯謀反嗎？」蒯通回答說：「是的，我一再的教導過他。那小子不用我的策略，所以導致自己在這裡遭到滅三族的大禍。假若那小子採納了我的計策，陛下怎麼能夠抓住他而且滅他的族呢？」高祖惱怒的說：「烹了他！」蒯通說：「唉，烹我冤枉啊！」高祖說：「你教韓信反叛我，有什麼冤枉的？」蒯通回答說：「秦朝的法紀失效，山東大亂，異姓諸侯一齊起事，英雄豪傑鳥雀般的彙集起來。秦國失掉了鹿（帝位），天下人一起捉它，這當下，才幹高，跑得快的獵手首先得手了。盜蹠的狗吠堯，堯並非不仁，狗照例要咬不是主子的人。那時節，我唯獨眼中有韓信，沒有陛下呀。再說那時天下擁有精兵銳卒想做事的人很多，他們沒有如願，只是因為力量不夠罷了。對這些人可以全都烹掉麼？」高祖說：「放了他。」於是免了蒯通的罪。

蒯通之所以能自救免死，就是因為他對責問直言不諱，不抵賴，直陳利害，理直氣壯。這些直話，也是實話，真話，因而也說得在理，有極強的說服力。

總之，作為一名領導者要想樹立形象，絕不能在強權面前低頭。

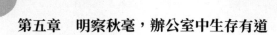

第五章　明察秋毫，辦公室中生存有道

第六章

管理者要有識人、
　　用人之術

用人特長的五個方法

　　揚長避短用人方略的運用，重點在於充分揚長。雖然揚長與避短是用人過程對立統一的兩個方面，但其中揚長是起決定性作用的主導方面。因為人的長處決定著一個人的價值，能夠支配構成人的價值的其他因素。揚長不僅可以避短、抑短、補短，而且更重要的是，透過揚長能夠強化人的才幹和能力，使人的才幹和能力朝著用人目的所需要的方向不斷的成長和發展。

按特長領域區別任用

　　主觀和客觀的局限性，決定了任何人只能了解、熟悉和精通某一領域的知識或技能，因此人在知識和技能方面的特長具有明顯的領域性特徵。一個人不管他在知識和技能上伸展得多麼突出，成長得多麼卓越，也只能在他所適應的領域具備特長，一旦離開他適應的領域來到不適應的領域，這些知識或技能上的特長就可能不會顯示出優勢，失去特長的意義。

　　用人必須根據人的特長領域性，堅持區別對待、因人而用的法則。用人時應該注意先要了解和弄清楚使用對象的特長是什麼，這種特長適用於哪個領域，按照人的特長派用場，使工作領域與人的特長對口。工作領域和人的特長二者中，應把考慮的重點放在人的特長這一方，要因人而用，不要用其所短，更不要削足適履，人為的強求人家改變或放棄自己的特長勉強去適應工作。

　　善於用人的領導者，總是針對人的領域特長，安排適宜的工作，分派適合的任務，以發揮人的特長優勢。

　　朱元璋打天下的時候，從浙東得到「四賢」，他根據他們各自術業而專攻，予以不同使用。劉基善謀，讓他留在身邊，參與軍國大事，宋鐮長於寫文章，便叫他搞文化，葉深和章溢有政治才幹，派他倆去治民撫鎮。

拿破崙也很注意按人的特長去用人，他所組成的政府，立法、財政、內政大臣都是學有專長的著名學者擔任。按照特長領域性去用人，常常會達到最佳的用人效果。

按特長的變化而用

人的特長雖然只適用一定的領域，但也不是一成不變的。人的特長還具有轉移，可以從這一領域向另一新的領域發展，發展的結果往往是新領域特長超過原領域特長。這種特長轉移的現象在人類的創造發明活動中可以找出許多的例子，如新聞記者休斯發明電磁爐，獸醫鄧洛普發明輪船，律師卡爾森發明影印機，畫家摩斯發明電報，軟木塞的經銷商人吉列特發明安全刮鬍刀，記帳員伊士曼發明新的照相技術等。

這些特長轉移的人，往往是難得的優秀人才。他們之所以發生特長轉移是因為創造性思維活躍，敢於衝破習慣的束縛。善於進行創新活動，具有一般人所不及的開拓精神和創造能力。

發現人的特長轉移之後，用人者要及時調整對人的使用，要盡可能的重新把他們安排到適合新特長發揮的工作領域，為保護新特長的發展，促進新特長的發揮創造良好的環境和條件。

把握最佳狀態，用當其時

人的特長隨著人的年齡變化、精力的變化有可能成長，也有可能衰退。這種特長的成長或衰退就是特長的衰變性。它的變化軌跡呈曲線，一般是開始向上成長，當成長到峰值期的時候，特長不再成長，保持一個階段之後，就向下衰退。

由於每個人的情況不同，各個人的特長衰變速度有快有慢，衰退期的到來有早有退，特長峰值期的持續時間有長有短。

　　了解了人的特長的衰變性，用人就要講究用得其時，要在人的特長上升成長階段和峰值期予以重用，以便充分讓他們的特長發揮作用，不要等進入衰退期了再用。到了那時，人的特長發展階段和高峰保持階段已過，再用就很難達到發揮的作用了。

善於開發、挖掘和培養人的特長

　　人的特長具有用進廢退的性質，特長越是用它，它越能發展，越能增進它的優勢。相反，如果不用它，廢置一邊，那它得不到增進發展的機會，久而久之，就會退化萎縮。

　　用人應懂得人的特長用進退的道理，要善於在使用中開發人的特長、挖掘人的特長，促進人的特長發展。透過使用，在實踐中培植人的特長，養育人的特長，開發人的特長。發現和看到人的特長而不使用，不僅是最大的人才浪費，而且也是對人才的一種可怕的壓抑。

強中更有強中手

　　一個人的長處是相對其他人來說的，是透過比較才被人承認的。說某人在某方面優異、能幹只是說相對的比他人表現得更好些，更突出些，並不能就此把某人的長處看做一方面最完美，某一領域最窮盡的事物。所謂「山外山樓外樓」，「強中自有強中手」就說明了特長相對性的道理。

學會駕馭能人

　　在公司中，經常會有一些成就欲很強的人，他們總是追求崇高，渴望成功，而且擁有成功的各種素養，聰明能幹，自信自強，具有超凡的創新意識和勇於創新的膽識。他們不論做什麼事，總能竭盡全力（當然首先要他們願

意），而且一般都能完成得較為出色。他們喜歡設定特殊的目標，同時也能圓滿完成這些目標。時間的緊迫，外界的干擾，個人的挫折或情緒的變化都不足以影響他們優異的表現。他們敢於接受挑戰，越是沒人能做、敢做的事，他們越是有做好的欲望。

擁有這類職員，無疑是公司的一大資產，但就像你擁有一件玉石，而要把它雕成一件玉器珍品，是一件困難的事一樣，要管理好這類人，並能最大限度的發揮他們的作用，是一件麻煩的事。

正因為他們是一個特殊群體，和他們特殊才能相對的是他們的特殊心理、特殊處世方式以及特殊的個性。他們自以為是，相當自負，不會輕易改變自己的觀點。他們很不喜歡受人操縱和受人支配。對主管，他們不喜歡那種指手劃腳的命令，雖然他們本身更注重內容，做事也講實質，但他們卻很注重自己的形象，也要求別人尊重他的形象。他們最在乎的是別人的認可，最希望得到的是主管的信任，而薪水有時並非是他們最渴望的。

對於這些有卓越成就欲者，管理者們容易犯一些錯誤，進入一些管理盲點。有些主管怕出亂子，不會輕易放手讓他們自由馳騁。還有些主管好嫉妒，總感覺這些人是對自己的一種威脅，他們的能幹就襯托出了自己的無能，所以想方設法的壓制他們，當然更不會給他們機會。還有些主管有著強烈的支配欲，想方設法要展現自己的地位，軟硬兼施的企圖控制他們。

顯然這些做法都不能使這類人充分發揮才能，結果很可能是他們棄你而去。其實要駕馭一個人，最有效的辦法就是設法讓他知道：我了解你，然後能滿足他最需要的，同時又毫不留情的指出他的不足，這時你就能處於一種積極主動的位置。

首先，我們可以給他們一些特定的指標。而且要盡量高一些的指標，這會讓他們感到一種信任和挑戰，然後規定一定的日期，這是壓力，以期充分

發揮他們的才能。同時能給他們一些特殊優惠、特殊的權力，這是一種特別的重視，這就更能激起他們的鬥志。在平時要讓他們發表自己的觀點，給他們表現的機會。但要記住，你也要經常冷靜的指出他們觀點中的不足，顯然他們的觀點中很大一部分是精闢的，但能指出一點不足還是容易的，也是必要的，這樣能很好的駕馭他們。當然在工作中，不要忘了對他們的出色表現給以及時的中肯的讚揚。但如果公司的報酬機制不合理的話，也是個麻煩，因為他們也希望得到相對的報酬，否則他們會感到這是一種不信任，似乎自己沒被認可。

要有成大事者的風範

如果簡單的對人進行劃分，你一定會同意這樣一種觀點，即世界由兩種人組成：一種是領導者，一種是被領導者。任何人只要生活在世界上，你就必須接受要麼成為領導者，要麼被人領導的現實。如果你想成就一番大事業，你就必須想方設法使自己成為一個領導者。

任何創業者無疑都會選擇成為一個領導人。因為絕大多數的創業者之所以選擇艱苦的創業之路，其根本原因就是他們志向高遠、不願意受他人的支配和制約，要出人頭地，自己掌握自己的命運。

如何才能成為一個領導人呢？

成為領導人的關鍵有兩個方面：其一是要有成為領導人的信念；其二是要有成為領導人的能力。總之，要想成為一個領導人，你就得全方位的打造自己，培養自己的領袖氣質，展示自己的領袖風範。

能否成為領導人，首先就得看你有沒有成為領導人的想法和信念。誰都知道這樣一個道理，即一個小的勝利或成功可以由一個人單槍匹馬的取得，

但大的勝利、大的成功則必須憑藉團隊的力量才能取得。世界上那些大富豪，都擁有數億、數百億甚至上千億的財富，取得這些財富絕非一個人的能力所為。世界著名的鋼鐵巨人卡內基就是一位出色的領導者。

卡內基原來是一個毫不出名，且對鋼鐵生產和經營知之甚少的工人。但當歷史將他推向鋼鐵事業之時，他毫不猶豫的接受了命運的挑戰。他雖然沒有鋼鐵知識，但他卻相信只要他把世界上那些專業知識比自己豐富得多的人物集中到自己的麾下，充分利用他們的鋼鐵生產和經營知識，他就一定能夠成為鋼鐵王國裡的巨無霸。正是因為有了領導者的信念，卡內基開始網羅天下英才，組成了一個有近五十名專家加盟的智囊團，並充分調動每一個專家的積極性。在他的創業過程中，正是經由眾多專家的出謀劃策，才解決了生產經營中的許多疑難問題；正是借助於他所領導的團隊所凝聚成的巨大力量，才產生了美國歷史上的第一個「財團」；也正是眾人的力量，才創造出了卡內基這樣一個世界鋼鐵王國裡的巨無霸。

卡內基的成功範例告訴我們，一個人能否成功，他所取得的成就的大小固然與個人有很大的關係，但成功並不完全取決於他擁有的力量和能力，更重要的是取決於他是否擁有成功的信念。如果你在某些方面知識能力有欠缺，那並不會妨礙你走向成功。你的知識能力有欠缺，但有人比你的知識能力強，只要你能夠成為一名出色的領袖，你就可以彙集眾人的智慧，會合眾人的力量把你的願望變成現實。可見，成功特別是那些巨大的成功。更需要你有成為領導人的信念，擁有了這種信念，你就能做成任何事情，你就能取得比你的想像大得多的成功。

有了成為領導人的想法和信念，你就會積極的建立你的創業團隊，而作為團隊的領導人，你就要對你所領導的團隊進行管理。以保證你領導的團隊在你的創業過程中能發揮應有的作用。那麼，你怎麼樣才能使你領導的團隊

正常運轉，並不斷的發展壯大呢？這就需要你有極強的領導能力和領導藝術，處處要顯示出你的領導風範。

關於領導能力和領導藝術方面，有許多人在認識上存在著偏頗。以為，所謂的領導能力和領導藝術歸根結柢就是制度，認為只要建立起組織制度，並嚴格按照制度去運作。團隊就能正常運轉。譬如說建立獎懲分明的賞罰制度，任人唯賢、唯才是舉的用人制度，令行禁止的行政制度等等。這些制度固然基本上能保證團隊的正常運轉，但制度並不是萬能的，制度並不是靈丹妙藥，制度也有派不上用場的時候。舉一個最簡單的例子：你是一個團隊領袖，你為你的團隊制訂了嚴格的制度，違者罰，違犯制度嚴重的開除，當團隊成員還不想離開團隊時，你的制度還能發揮一點作用；可是，當你的團隊的成員炒你的「魷魚」時，制度又有什麼用呢？這就是制度管理的尷尬。

何況，我們建立團隊的目的是為了獲取巨大的力量，團隊在什麼樣的情況下才能發揮出巨大的力量呢？只有一種狀況下團隊才能發揮最大的力量，那就是團隊的每一個成員都把自己的力量使足了的時候。可是力量使足沒使足很難衡量，只有團隊成員願意使足力量時他才能把全身的能量釋放出來，如果他不願意，你用強制的手段也不能使他使出全身的力量。而制度恰恰又是一種強制性的東西。因此，合理的制度或許還能使團隊成員發揮出七八分的力，如果制度稍有不合理之處，恐怕其成員連七八分的力量也很難使出來。

那麼，到底靠什麼東西才能把團隊成員的積極性調動起來，使團隊成員能夠把自己的全部力量都使出來呢？說到底還得靠團隊領導人的領導能力，憑團隊領導人的領導藝術。那麼，團隊領導人應具備哪些能力呢？具體來講，一個出色的團隊領導人必須具有以下能力。

1　一呼百應的感召力：所謂一呼百應的感召力，就是指團隊領導人的

號令如同軍令一樣，一旦下達，則團隊成員都會發自內心的積極回應，不計個人得失，以大局為重，不折不扣的執行指令。

2 強大的凝聚力：凝聚力就是團隊領導人在任何時候都是整個團隊的核心，整個團隊的運轉都始終圍繞著團隊領導人進行；團隊領導人始終都是團隊的權威，任何人任何其他組織都不能對團隊領導人的地位構成威脅。

3 磁石一樣的親和力：團隊領導人就如同一塊有巨大吸引力的磁石，它能把團隊成員緊緊的團結在一起。團隊成員在他的人格魅力的吸引下能夠主動的接近領導人，把自己的心完全交給領導人，把聽從領導人的指揮當成是一件很快樂的事情，並且會主動了解領導人的思想，積極的去實施領導人的計畫。

4 潛移默化的影響力：出色的領導人往往並不以說教或者制度去管理約束團隊成員，而會以其個人魅力去打動每一個團隊成員，使團隊成員從他的身上去感受、體會，從而把自己的命運緊緊的和團隊的命運聯繫在一起。

5 以身作則的帶動力：身教勝於言傳，榜樣的力量是無窮的。團隊領導人的一舉一動都會成為團隊成員效仿的對象。因此，團隊領導人要求成員做到的自己就必須做到，處處為團隊成員做示範。

總之，只有團隊領導人具備了這些能力之後，他才能在團隊中樹立起自己的威信和地位，而用威信去「征服」人這就是最高超的領導藝術。只有做到了這些，團隊領導人的形象才能高大起來，團隊領導人的風采才能展示出來，團隊領導人的地位才能鞏固起來，團隊也才能在一種和諧健康的關係中穩固的發展壯大起來。

不要把別人當墊腳石

瘋狂的社會帶動著大家不顧一切的爬向高位，於是許多把別人當成墊腳石時又成了另一些人的墊腳石，彼此利用，用完則棄，社會在這種暗鬥裡變得亂七八糟。

在緊張繁忙的生活中，最令人悲哀的一個現象就是，瘋狂的追逐金錢的人對友誼的赤裸裸絞殺。

在這個社會，彷彿緊張匆忙的生活節奏妨礙了真摯友誼的形成，因為人們沒有足夠的時間來孕育友誼之花。外界無窮的誘惑刺激著人們自私的天性，喚醒了人們身上野蠻粗俗的本能，每個人都以一種百米衝刺的速度追逐著物質上的滿足和事業上的成功。所以，除了那些有助於自己達到目標的人之外，人們根本擠不出時間來培養友誼。

結果就是，人們通常有許多令人愉快的熟人，能幫助自己的熟人，以及能夠在一起歡笑打鬧的熟人，但是，從嚴格意義上來說，人們所擁有的朋友卻是屈指可數、少得可憐。

問題的真相在於，物質上的極大豐裕不正常的導致了某些不良品性，並使得人們身上許多最悅人心意的特質慢慢的磨蝕蛻化，使得自己越來越目光狹隘，偏於一隅。

在現實生活中，也有這樣一種所謂的「友誼」，在飛黃騰達、一帆風順時能夠為你錦上添花，但到了你窮困潦倒、山窮水盡時，是不可能指望它雪中送炭的。

所以，永遠不要相信那些以友誼做交易，把友誼作為他們最重要的商業資本的人；他們之所以向你靠近，只是因為他們暫時有求於你，或者是認為你身上有利可圖。那些珍視朋友的人在和朋友進行生意往來時必須非常的小

心，尤其是從朋友那裡借錢這一點上更應該加倍慎重。在人性中有這樣一個顯著的特徵，那就是，一些人幾乎可以為你做任何事，你幾乎可以請求他們的任何幫助而不必擔心會傷害到彼此的信任或友誼，但是，唯獨向他們借貸除外。

有多少人為自己曾經向朋友要求借貸而後悔莫及，因為即便這種借貸是自願發生的，但在事後卻總是給彼此的友誼產生了某些影響。儘管人們認為真正的友誼不應該如此輕易的變質，但非常不幸，絕大多數人都有過這方面感傷的經歷。你或許的確如願以償的獲得了借貸或幫助，但是一種微妙的隔閡和疏遠卻因此埋在了雙方之間。

人們大腦中的金錢細胞越來越發達，與此同時，卻遺失了真正的無價之寶。人們把友誼商業化，把能力、精力、時間，以及所有的一切都統統商業化。任何東西都是以金錢來計算和衡量的，其結果就是，在金錢上極度富裕，但許多人除此之外一無所有。有成千上萬的富翁儘管在物質上顯赫一時，但一旦跨出自身狹小的商業圈子，他們就一無所長。他們在賺取金錢上是一流的人才，然而在其他方面卻只能是位居二流或三流。在他們眼裡，沒有什麼東西是不能用金錢來計算的，包括他們的友誼、影響力和生活本身任何東西都可以轉換成金錢。

在這個世界上，還有比擁有一大堆金錢卻沒有任何能說得上話的知己更令人感到心寒的事情嗎？如果在追求成功的過程中犧牲了友誼，喪失了生命中最珍貴的東西，那麼所謂的成功又有什麼意義呢？人們或許擁有一大批熟人故交，但熟人故交並不等於朋友。今天，在人們所生活的這個國度裡，又有多少富裕的人們幾乎沒有意識到真正友誼的可貴啊！

有的人在獲得真正的友誼這一點上能力極度匱乏；然而，由於他出於商業目的考慮，刻意培養友誼─他把這作為促進自身事業的一種有效手段，以

至於他在表面上看起來對任何人都友善熱誠，一個和他初次見面的陌生人通常會認為自己獲得了一個真正的朋友。然而，一旦看出對自己有利可圖，那麼這個人立刻就會變換一副臉孔，毫不猶豫的把他人踩在腳下，或者是以別人為墊腳石往上爬。

對於那些慣於戴一副自私的眼鏡看待任何事物的人來說，他們是不可能成為任何人的真正朋友的。

世上最卑鄙齷齪的事情之一，就是把其他人作為自己向期盼已久的位置攀登的階梯，而一旦心願實現之後，就毫不猶豫的過河拆橋，卸磨殺驢。

為了促進自己的事業、擴大自己的影響力、提高自己的名氣，為了獲得更多的客戶而刻意去培養友誼的習慣是危險的，因為它會很容易的絞殺我們身上孕育真正友誼的天分。

知人善用，各就其位

「知人善用」四個字看似簡單，實際上做起來並不容易。許多人力資源招聘類電視節目如火如荼的放映著，國外的像川普（DonaldTrump）的「飛黃騰達」（The Apprentice），不管員工是否投入工作，只要結果是低績效的就要面臨被炒的境地；維珍（Virgin）老闆布朗森招聘 CEO 繼任者的一系列冒險活動，從膽識、組織、控制、團隊等等各方面評估人才；這些考核無非都是讓企業家們在實戰中挑選綜合素養與任職資格最匹配的人才，因為只有對人才的認知越深，看得越透，你才能真正的用好他。運用之道，存乎一心。人性是最變幻莫測的東西，管理者如果能掌握其中的奧妙，所有管理問題都將迎刃而解。

國際管理大師湯姆‧彼得斯說：「公司或事業唯一真正的資源是人，管理

就是充分開發人力資源，以做好工作。」這指出了人力資源的重要性，它是最寶貴的策略性資源。事實上，在公司如海、競爭如潮的今天，一個公司能否成功，主要取決於它能不能進行有效的人力資源的開發，能否將公司全體員工的能量都釋放出來，實現公司利潤的幾何倍增。

完善有效的人力資源的開發，就是「讓合適的人在合適的位置上」。要想做到「讓合適的人在合適的位置上」。必須做好人力資源的規劃，這樣既可以保證人力資源管理活動與公司的策略方向和目標保持一致，促使人力資源管理各個環節、各個階段的相互協調、相互銜接，又可以為公司增加無形資產。而對人力資源進行管理，又主要分為兩個階段，那就是在人員來公司前和人員來公司後。想做好人力資源管理，必須在兩個不同階段都做好工作。

做好來公司之前的工作，主要是指做好招聘工作。要做好這個工作，主管人事的部門先就應該做好計畫，做到對要招聘人員的數量和品質都心中有數，使得一旦真的招人時，不致太過隨意。

在招聘人員的時候不能任人唯親、不能任人唯熟，這自是不待多言的，但這僅僅是最低要求。要想真的在合適的地方放上合適的人，這可是一個花錢花時間的過程。你需要對要什麼樣的人有充分設想，而且在現在的人擁有充分的求職經驗時，還必須透過他的應聘技巧，看到真實的他。當然你還必須花大量的錢登招聘廣告，吸引盡可能多的人來應聘。然後，花大量的時間，對盡可能多的人進行考察，這樣才可能找到真正合適的人。

美國西南航空公司的經驗值得借鑒。

西南航空公司有著二十八年的歷史，是該行業中唯一一家持續盈利的公司，公司連續獲得美國交通部頒發的最佳顧客服務獎、最佳準點航班和最佳行李搬運獎。一九九四年，西南航空公司的總經理，被《幸福》雜誌評為美國最佳總經理。那年有將近十二萬五千人向西南航空公司的三千個空缺職位

提出申請，這顯示了該公司的活力和吸引力。

　　該公司的總經理非常重視招聘工作他常常提醒公司的管理人員，哪怕只是一個分公司要招一個人，也要把它作為事關整個公司前途的重大事情來重視。他堅信：「我們要雇傭素養最好的人，教他們所需要的任何技能。」只有這樣，整個公司才能由最好的人組成，去做出最出色的成就。

　　當有人想對此事稍有放鬆時，他都會加以糾正。一次，公司要在一個叫阿馬利羅的小鎮上找一個客機代理商。人事部門的經理在面試完三十四個人卻還沒有找到合適的人選後著急了，他找到總經理，抱怨為這三十四個人的面試已經花了不少錢。他是想就此將就著挑一個人也就算了，可是總經理卻說，為找到合適的人選，面試一百八十四個人也不要緊。在他看來，人是公司一切發展的源頭，如果汙染了這一源頭，下游的一切都會逐漸被汙染，因此沒有必要在招聘問題上節約錢、時間或人力。

　　這種將招聘人才視作公司其他事情源頭的說法似乎有些聳人聽聞，不過想一想也是的，如果每次招來的人都是湊合著用的，那長此以往，公司的將來又在哪裡呢？

　　當然，僅僅是說重視招聘工作，而沒有從細節方面加以認真考察，那麼在思想上再重視也是沒有用的。面試時除了考察所需專業要求的具備條件外，還要注意細節問題。這些細節應包括應聘者待人接物的態度，是否具有嚴謹的態度、良好的習慣等（這從一大群應聘者中誰能將自己剛剛坐過的椅子還原之類的小事就可以看出來。）

　　另一重要之處就是要看看應聘者的性格，看看他是否具有本行業所要求的職業傾向，以及符合本公司的文化傳統。

　　比如說有一個公司，要求職員特別懂得謙遜和尊重他人，因此如果申請者要求接待員停下自己手中的事，先來接待自己時，那麼這種自命不凡的舉

動，將決定他「不被雇傭」。

有的公司卻強調要「雇傭有熱情、善應變、充滿活力的人。」——因為這是一個變化萬千的世界。為獲得有創新意識的人，有的公司甚至不惜走極端，雇傭一些怪人。英國的一個銷售服務公司的總裁卡瑞·韋澤斯，被稱作英國的沃爾特·迪士尼，他就是靠一些不同常理的事件吸引顧客，大發其財。他認為自己制勝的關鍵在於「和許多狂熱的分子打交道」，一有需要就雇傭他們，如果他們確實像他想像的那樣優秀，就立刻把他們提到很高的位置。事實上，正是這些人靠想像力為公司帶來了它不曾有過的發展。

有的公司希望雇傭有經驗的人，這樣他一到公司就可以立即投入工作，而不需進行培訓，有些招聘廣告上就常有「有相關工作經驗者優先」的字眼。

有的公司卻希望要些毫無經驗的年輕人，以充分保留和發揮他們的想像力。這在國外的一些公司比較常見。百事可樂公司之所以能保持年利潤兩百五十億美元，就在於他們常常雇傭一些二十幾歲的年輕人，讓他們擔起重任。《新共和國》雜誌的老闆任命一個二十七歲的人當總編，並使雜誌取得突破性發展。

當然，究竟要用一些具有什麼樣的特性的人，這是由不同的公司從事的不同行業，以及不同的具體情況決定的。

但是，不論公司需要哪一種類型的人，你都需要盡量了解申請者的真實性格特徵和能力傾向。做到這一點很難，但作為公司這一招聘方。則至少，要盡力做這方面的嘗試，比如說進行盡可能涉及範圍廣的談話。進行從個人興趣到國際大事，漫無邊際似的聊天等。此外，公司為了解申請者是否具有本公司要求的特質，還可以進行職業傾向測試，看一看他的性格、潛力等是否是本公司所需要的。

只有投以重視，注重細節，注重自己要求的特質，公司才能從申請者中

尋找和發現最合適的求職者，並放到最合適的職位上。

　　但一般說來，管理者並不太可能一步到位的把人才放到最合適的地方上，這就需要公司的管理者在完成招聘的任務後，繼續進行考察工作，待考核完成後，再作調整。

　　百事可樂公司就是這樣做的，用公司總裁卡洛威的話來說，公司管理者的任務就是「操縱人的方向盤」。卡洛威制定了各類人員的能力標準，每年他要不斷的在分公司中巡迴，與部下進行交流，主持大約六百次業績考核。

　　如果經過考核發現某個人不符合他的職位所需的要求，他就會提醒他進行改進，經過一段時間以後，再進行考核，如果已達到要求，第二年就會按慣例提高要求。

　　這樣的考核使得韋洛威得以將公司的管理人員分為四等：最優秀的（將得到提升）；合格的（可以晉升。但目前暫不安排）；基本合格的（仍在現職位工作或去接受專門培訓）；不合格的（將被淘汰）。

　　這樣，韋洛威得以操縱人的方向盤，將公司的航船駛向勝利。事實上，雖然可口可樂的銷售比百事可樂多，賺頭是百事可樂的兩倍。但百事可樂卻在飲料業之外，經營餐館業和速食業，這些利潤又是可口可樂沒有的。以至於百事可樂的淨利每五年翻新一番，這個成就是令人驚歎的。而韋洛威認為自己成功的祕訣就在於「人」字。

賞與罰分寸要掌握

　　「賞與罰」是把雙刃刀，做領導者要想駕馭自如，就得有賞有罰，號令嚴明。因此，領導者要牢牢掌握賞與罰的尺度，該賞的賞，該罰的罰，努力做到賞罰分明，千萬不可胡亂施捨。

在用人和管理方面，一向有兩個根本原則。一是有惡必罰，二是有功必賞。但如何做到兩者，確大有學問。」

首先，有惡如何罰？答案是以毒攻毒。以毒攻毒是一句中醫術語。意思是要治療那些毒性很大的病症，必須使用毒性也很大的藥物。以毒攻毒的方法，同樣也可以應用於社會生活之中，對那些冥頑不化、別有用心的人或者某些心地不善的人，其言聽視動、所作所為，很難用理說服，更難改變時，可採取以毒攻毒的辦法，必能收到比較明顯的效果。

古代時，李懷光祕密與朱泄勾結謀反，他們密謀的事；已經顯露出跡象。這時，與其一起帶兵的李晟多次上書朝廷，恐怕出現事變，被這二人火拼，又請求將軍隊移至東渭橋。皇帝希望李懷光能改邪歸正，使之為朝廷出力，所以李晨的奏文一直被壓下來了。李懷光想推遲交戰的日期，並想激怒眾卒，強化叛亂的群眾基礎。

李懷光對眾士卒說：「我們諸軍的糧食供應特別少，而神策軍（李晟）的糧食卻特別優厚，厚薄不均，難以打仗。」皇上正在為軍糧不足而憂慮，對李懷光的不滿，很覺為難。如果糧食供應各軍拉平，無力辦到；如果不拉平，李懷光的怨氣無法消除，眾軍的軍心也可能因此渙散。為此，派陸贄到李懷光的軍中慰問，還招來李晟共議軍糧的事。

李懷光想逼迫李晟自己提出減少軍糧的意見，使其在士卒中失去威信，為自己以後的叛變提供方便。於是說道：「兵士們一樣與敵人打仗，可軍糧供應卻不同，這怎麼能使將士們齊心協力的去打仗呢？」陸贄沒說話，多次轉頭看李晟。李晟卻靜靜的說：「你是元帥，可以發號施令；我率領的一個軍不過是指揮而已，至於增減糧食，應該由你決定。」李懷光默然不語。

李晟的成功就在於採取了以毒攻毒的心術。李懷光想把減少軍糧的罪名加在李晟的頭上，從而使李晟的將士對他不滿；李晟卻針鋒相對以牙還牙，

逼迫李懷光說出減少軍糧的話，將自己一軍將士的怒氣發洩到李懷光身上。就這樣，一個不受人歡迎的皮球，又被踢回去了。李晟成功了。

由此可見，賞與罰的分寸其實並不難掌握，只要你把心放正，處事公平，就能讓下屬心服口服。

施威不忘善後

領導人在工作中不免有生氣發怒的時候，而研發之怒足以顯示領導者的威嚴和權勢，對下屬構成一種令人敬畏的風度和形象。應該說，對那種「吃硬不吃軟」的下屬，適時發火施威，常常勝於苦口婆心和千言萬語。

上下級之間的感情交流不怕波浪起伏，最忌平淡無味。數天的陰雨連綿才能襯托出雨過天晴、大地如洗的美好。暑後乘涼，倍覺其爽；渴後得泉，方知其甘。此中包含著心理平衡的辯證哲理。

有經驗的領導人在這個問題上，既敢於發火震怒，又有善後的本領；既能狂風大作，又能和風細雨。當然，儘管發火施威有緣由，畢竟發火會傷人，甚至會壞事，領導者對此還是謹慎對待為好。

適度適時發火是需要的

特別是涉及原則問題或在公開場合碰了釘子時，或對有過錯人幫助教育無效時，必須以發火壓住對方。況且領導人確實為下屬著想，而下屬又固執不從時，領導者發多大火，下屬也會明白理解的。

但發火不宜把話說過頭，不能把事做絕，而要注意留下感情補償的餘地。領導人話語出口一言九鼎，在大庭廣眾之下，一言既出，駟馬難追，而一旦把話說過頭則事後會騎虎難下，難以收場。所以，發火不應當眾揭短，傷人之心，導致以後費許多口舌難以挽回。對當眾說服不了或不便當眾勸導

的人，不妨對他來一個大動肝火，這既能防止和制止其錯誤行為，也能顯示出領導人運用威懾的力量，設置了「防患於未然」的「第一道防線」。但對有些人則不宜真動肝火，而應以半開玩笑、半認真或半俏皮、半訓戒的方式去進行，這種虛中有實、情意雙關，使對方既不能翻臉又不敢輕視，內心往往有所顧忌，假如上司認真起來怎麼辦。

另外，領導者發火時要注意樹立一種被人理解的「熱心」形象，要大事認真，小事隨和，輕易不發火，發火就要人服氣，長此以往，領導者才能在下屬中樹立起令人敬畏的形象。日常觀察可見，令人服氣的發火總是和熱誠的關心幫助聯繫在一起，領導人應在下屬中形成「自己雖然脾氣不好但心腸熱」的形象，從而使發火得到人們的理解和贊同。

發火不忘善後

領導人的日常發火，不論怎樣高明總是要傷人，只是傷人有輕有重而已。因此，發火傷人之後需要做及時的善後處理，即進行感情補償，因為人與人之間，不論地位尊卑，人格是平等的，妥當的善後要選時機，看火候，太早了對方火氣正盛，效果不佳；太晚則對方積怨已久的感情不好解開。因而，宜選擇對方略為消氣、情緒開始回覆的時候為佳。

正確的善後，要視不同對象採用不同的方法，有人性格大喇喇，是個粗人，領導發火他也不會往心裡去，故善後工作只需三言兩語，象徵性的表示就能解決問題。有的人心細明理，領導發火他也能諒解，則不需下大功夫去善後。而有的人死要面子，對領導者向他發火會耿耿於懷，甚至刻骨銘心，則需要善後工作細緻而誠懇。對這種人要好言安撫，並在以後尋機透過表揚等方式予以彌補。還有的人量小氣盛，則不妨使善後拖延進行，以天長日久見人心的功夫去逐漸感化他。

　　藝術的善後還應展現出明暗相濟的特點，所謂「明」是領導人親自登門進行談心、解釋甚至「道歉」，對方有了面子，一般都會順勢和解。所謂「暗」是指對器量小者發火過了頭，單純面談也不易挽回時，便採用「拐彎抹角」或「借東風」法，例如在其他場合，故意對第三者講他的好話，並適當說些自責之言，使這種善後語言間接傳入他的耳中，這種背後好言很容易使他被打動、被感化。另外，也可以在他困難時暗中幫忙，這些不在當面的表示，待他明白真相後，會對領導者由衷的感激。

如何減少對立與抗拒

　　在現代社會中，如何與人合作是一件很困難的事，因為每個人都存在著對他人的戒心，如果彼此內心充滿抗拒，那麼合作是不可能的。

　　要促進合作，最起碼的一條就是要減少對方的抗拒心理。不知你否有此經驗：拜訪了朋友，談笑風生辭別以後，發覺到遺留一把傘什麼的，正想打個電話問問看時，「鈴 ── 」電話響了，他卻先打了個電話來：

　　「老兄，你那天忘了一把傘留在我這，你自己來拿也不太好，你看，是我送去呢？還是你下次來時順便拿回去呢？」

　　你本來是想，如果他肯送來當然最好，可是，在電話裡卻立刻說：「怎麼可以勞你駕送來，不必了，等兩天我自己來取。」

　　人的心理實在奧妙，因為搶先客氣，別人反應得會比你更客氣。兩個朋友在吃飯時間碰上了，好久不見面，便一起上了館子。因為誰也不是預訂的主人，酒足飯飽以後，誰最搶先付帳的人，反而沒有花一塊錢，原來是被其他一位爭先付掉了。

　　第二次世界大戰期間，日本嚴重的缺乏人手。百貨公司一方面盡量減少

送貨員，一方面利用了顧客的「搶先慷慨」的心理。在顧客買下了大批貨物時，店員便極有禮貌的問他說：「要不要我們為您送到府上去？還是您自己順便帶回去？」

其結果，百分之八十以上的顧客們都願意自己帶回去，那家百貨店的送貨員減少了百分之七十左右。

除掉少數所謂「歷盡滄桑」的老油條以外，一般人如果他那下意識的感到「自私」的願望，或要求，被對方主動予以如願以償的話，他會感到輕微的罪惡感，終致答應了對方的提示，否決了自己原來的意圖。

這種「以退為進」迫使對方作一百八十度的讓步，對方在不知不覺中，跟人「合作」的陷阱中。策反意圖心理之使用，這是最具體的例證，悄悄的禮貌性的拒絕了對方之要求。

由此可見，與人合作得成功與否，在於你對對方的尊敬和禮遇。一旦你使他們感覺到你是真心的為他著想，那麼合作的誠意就有了。正如人們所總結的那樣：要與人合作，那麼做每一件事情，都要符合人性的要求。

知人之道在於「平淡」

常吃山珍海味的人，往往到頭來覺得家常便飯最合胃口，這同樣適合於聰明才智，對於聰明才智，如果不能歸之於平淡，就會好名、好利、好漢、好色，即使可能轟動一時，都會由於易招怨端，最後往往不容易持久善終。

所以，劉邵在《人物志》中這樣探討人的「素養」：他認為對一個人來說，「中和」最為珍貴。而中和的特質，就在於「平淡無味」。最近也常會聽人這樣講，「平平淡淡才是真」這句話，的確有一定的道理，想要經歷輝煌，沒有平淡的心境是不能達到真正的輝煌，這似乎和一些暢銷的武俠書中所描述的

劍客的層次有一定相通之處，比較低層次的劍客能做到「舉重若輕」，稍高的達到「舉輕若重」的境界，而最高的層次則是「無劍勝有劍，劍不在氣在」的境界。

　　所以，對於一個人來說，如果能做真正意義上的返璞歸真，那才是一個真正具有大智大慧的人。因此，在這個意義上說，「中和」是最難能可貴的。

　　的確，人人都可以自認為「我是聰明的」，但卻往往被別人推入網中，趕進機關，誘人陷阱還不知，不懂避開。往往要等到事情失敗才大歎上當。人人都可以說「我是聰明的」，可是所有經過自己選擇的合理方式，卻也許連一個月的時間也堅持不住。很明顯的一個事實就是，那些自以為聰明，以知識自誇的人，未必是真正的有知識。這些自以為有知識的人，其實往往僅僅是偏於一端，他們以「專家」自居，卻忘了一個「專」字正表明了他或她的狹隘之處。

　　所以說，聰明的人，容易「各執一端而自炫」。古代的思想家莊子在天下篇中指出：「耳目鼻口，都有它的功能，卻不能互相通用」，這還告誡了一些「只知其一，不知其二」的所謂「專家」，應該自忖「雖有所長，但長兼備又不周全」。

　　這也正如一般技術人員，他們對自己專業範圍之內所知無所不詳，無所不盡，可是也正是這種對一方面的過於精深，限制了他們對事物全面的掌握，而他們往往竟毫不知曉這一點，總企圖自己的所謂「精神」擴展到任何方面，這樣的表現就常常是「自我感覺良好」類型的。

　　現代的大都屬於這類的「聰明人」，往往喜歡把自己的「一家之言」，「一察之明」大肆宣揚：過度膨脹，並常以文化「多元化」來掩護，於是一時之間會冒出很多「專家」，以致各說各話，最終的結果是很難獲得圓滿的溝通。

　　莊子當年就預見到了這種局面的尷尬，他如是感歎：「可悲啊！百家往而

不返，必定和道術不能相合！」後世的學者，不幸不能見到天地的純美，古人的全體，道術將要為天下所割裂。他這種驚人的預見力和精確的表述，令我們今天讀到之後，仍然不由得由衷欽佩，思之神往。

知人之道在於「平淡」，「平淡」就是要不偏不倚，不卑不亢，不左不右，不上不下，是為「中庸之道」，「中庸」者，即不偏執也。

孔子說過，世上好像有一些人，自己並沒有什麼知識，卻裝作什麼都知道；我沒有這種毛病。一個人能夠做到多聞，多見而且牢記在心裡，也就和有知識十分接近了。

《人物志》中也記載：「觀人察質，必先察其平淡，而後求其聰明。」如果一個人穿著非常樸素的衣服就已經十分漂亮了，那麼將來加以合適的裝扮，必然就更加出色，一個人只有懂得謙虛內斂，博學多問，才可以稱得上是真正的人才。

其實，真正美麗的女子，是不需要什麼裝扮的，「清水出芙蓉，天然去雕飾」。保留最近於天然的美麗而不加什麼多餘的裝飾，更能顯示出本身的美貌。現代衣服越華麗，人就越加不漂亮了。保持自然的純淨，於平淡之中顯神奇，此真正之才也。

所以說，平淡的人，並不是不聰明，他們在聰明之外，加上了「勁氣內斂」。所以顯得大智若愚。孔子主張「一個人不必憂慮別人不知道自己；只須當心自己不能知道別人。」現代人的毛病往往在於「急切的求為人知，卻不曾力於去知人。」

必須承認，世界上的偏才是比較多的，有所長也有所短。那些只知道自己的長處而不明白自己缺失的人，是極其危險的，往往就會由於這一點，許多事就喪失在這種偏執的人的手裡，而真正要做到平淡，又是談何容易。

猶如「上天之載，無聲無臭」，「中」的意思，就是平淡，就是中庸而不

偏執。我們也可以從「喜怒哀樂之未發，謂之中」這一句話，體會出它所代表的一種「未發」的狀態。人都有喜怒哀樂，常常大喜大怒顯示於外的人是做不到平淡中顯真味的。如果能發而中節，一切表現得合理合節，這就到了「庸」，也就是一種「和」的狀態。

　　平淡的人，平日說話時會力求謹慎小心，一旦有不周的地方，會馬上力求改善。他們說話多半會顧慮到能做到的事，而做事時也會顧及到曾經所說的話，努力的做到知行合一。所以說，這種人不但是聰明的，而且是相當可靠的，因為他們總會盡力實踐平常的德行，遠比那些自以為聰明而事實上卻不可靠的人穩當萬倍。

　　約翰‧渥夫甘‧馮‧歌德曾說過這樣一段話：「只有兩條路可以通往遠大的目標，得以完成偉大的事業：力量與堅忍。力量只屬於少數得天獨厚的人；但是苦修的堅忍，卻艱澀而持久，能為最微小的我們所用，且很少不能達到它的目標，因為它那沉默的力量，隨時間而日益成長的不可抗拒的強大力量。」

　　其實，這裡所說的堅忍又何嘗不是一種「平淡」的作風呢？千萬不要總期望自己是那種得天獨厚的人，真正得天獨厚的人是極其少的，而許多的成功人士事實上都是很普遍的人。相信這樣一句話吧：「堅忍是成功的一大因素，只要在門上敲得夠久，夠大聲，終必會把人喚醒的。」

　　英國物理學家法拉第，出身貧寒，十三歲上街賣報，十四歲在一個釘書店當學徒，只有晚上和假日學習。後來他進了英國皇家學院，在物理學家大衛身邊做實驗員，工作之苦，如同僕役，受盡欺侮。西元一八三一年，大衛去世了，他接替了大衛的全部工作。這時，法拉第才真正開始從事物理學的研究，但他已是四十歲的人了。過去的二十五歲，僅僅是為此做準備。

　　法拉第上任的第一天，助手們紛紛來祝賀，他卻謙遜的擋住說「我不是

大衛那樣的人，他是個發明家，年紀不老就離開了人世，只活了五十一歲。他的精力消耗得太快了。我們可能比他活得長久些，因為我們都很珍惜自己。我們所研究的並不是什麼新東西，而是將大衛已經做過的事情加以驗證和觀察罷了。」

他還說：「大衛是個天才，也許是他有比較大的幹勁。然而只有天才進行創造，我只不過把天才所創造的事進行到底。」西元一八三一年，法拉第發現了電磁感應。這項發現是他十年來科學研究的頂峰。在那些日子裡各種誘人的建議紛紛而來；多達原來十二倍的薪資在誘惑著他；各種不同的職務在等著他；英國貴族院授予他貴族封號；皇家學會聘請他為學會主席。所有這些，法拉第都一一予以謝絕。

法拉第對妻子說：「上帝把驕矜賜給誰，那就是上帝要誰死。我父親是個鐵匠的助手。兄弟是個手藝人，曾幾何時，為了學會讀書，我當了書店的學徒。我的名字叫麥可·法拉第，將來刻在墓碑上的唯有這一句話而已！」法拉第就是這樣的謙虛。這樣的平淡。

甘於平淡，並不是甘於平庸，平淡的人是一種蓄勢待發的人。一個良好的射手，總是把弓拉滿了再射出去，如此才能射中的。管理者如能用到這樣的人，是很幸運的。

我們常常聽到這樣的一句話：「什麼樣的管理者，用什麼樣的部下。什麼樣的部下，跟什麼樣的管理者。」管理者和部下似乎一卵雙生，不可分離。也有一個這樣的比喻，「養惡犬咬人的主人，也一定是一個惡人。」歷史上其實真正的所謂「暴君」並不多，往往倒是凶惡的爪牙，到處作惡多端，才使主人不明不白的蒙上暴君的惡名。所以說管理者希望幹部有怎麼樣的表現，要著手設立用人標準來加以控制，這種標準並非是千篇一律的，而是要不同的管理者針對不同的用人狀況來加以確定。

　　管理者的用人哲學，則表現在他（她）所採用的標準。我們只要看看他（她）所用的人，就可以推知他（她）的用人哲學。

　　那麼，什麼樣的用人標準才是比較合適的呢？當然這樣的標準是不一而足的，仁者見仁，智者見智。但是有一個普遍要注意的問題是：先求其平淡，再求其聰明。平淡的人多半是聰明的人，這種聰明是一種大智慧，有著無限的蘊藏能量。而聰明的人卻未必平淡，所以這種聰明也至多只能稱其為小聰明。作為管理者，當然更傾向於雇用聰明的人，這樣做事才比較有把握。

　　但是，並非所有聰明的人都能甘於平淡，若是聰明人不能平淡，就很容易偏執一端，並且只要稍有不滿，便興風作浪，弄得管理者苦惱萬分。

　　管理者一定要避免這樣的人。一般說來，心胸寬廣的人，不會妒忌別人的出色才能，相反會十分欣賞和贊同別人的長處。對於表現良好的人，也能非常樂於向他（她）學習，並且誠心誠意的接納他（她）。若非平淡中和，恐怕很難達到這種地步。

　　戰國時齊國的賢相藺相如以寬廣的胸懷對待老將廉頗的故意刁難，二人終於成為刎頸之交，這將相和的故事遂被傳為千古美談。這和藺相如平淡的心境是分不開的。

　　心胸寬廣的人，才會謙虛。因為這份謙虛，他（她）才會多問，多學，多看，多聽，透過如此的過程，才能真正做到知微也知顯，知柔也知剛，知外也知內，知己也知人，從而成為真正的全才，徹底擺脫偏執一端，眼光狹隘，見木不見林的弊病。

　　如果說稍有點聰明的人被稱作「英雄」的話，那麼平淡的人就應該被稱作「君子」。求才若渴的管理者，一開始也會很重視各路「英雄」，但是精明的管理者，則更傾向於「君子」。因為管理者要知道「平淡」的重要性，就會明白「君子」比「英雄」更具持久性和耐力，英雄好比是個短跑運動員，而

君子則是長跑的最佳人選。管理者要具備看重「君子」之道而捨棄「英雄」主義是非常難能可貴的。具備這種原則，然後從平淡中見聰明，從平凡中見偉大，從實際判斷中增進自己的能力，久而久之，管理者就獨具慧眼，便可以判明真偽。

有一點是可以肯定的，凡是聰明而外露的人，多半不是真正的聰明，至少缺乏平淡的素養，這種人也許會辦成一些小事，但是卻成不了真正的大事業。

所以說，管理者的用人標準在於中庸，中庸即平淡，平淡者是真味，尤其不要被形形色色的專家所迷惑，真正的中庸之道，在於博而又能專，而非專而不博，此就是「全才」的道理。

善用不同性格的人

一個人能耐的大小以及性格的變化基本上取決於他的稟性，稟性惡的人不能指望他為善，稟性懶的人不能指望他做事勤快，野貓身上不長老虎尾巴，狗嘴口裡長不出象牙。注重道德和品行修養的人不會做凶惡陰險的事，追求公平正直，心無偏私的人不會傷害朋友。什麼樣的人，就有什麼樣的表現，以下十二類性格不同的人，其行為必然各異。

雄悍之人

這種人有勇力，但暴躁，認定「兩個拳頭就是天下」，恃強魯莽，為人很講義氣，敢為朋友兩肋插刀，屬性情中人。他們的優點是為人單純，沒有多少迴腸彎曲的心機，敢說敢作敢當，有臨危不懼的勇氣，對自己衷心折服的人言聽計從，忠心耿耿，赤膽忠誠，絕不出賣朋友。缺點是對人不對事，服人不服法，任憑性情做事，只要是自己的朋友，於已有恩，不管他犯了什麼

251

錯誤，都盲目的給予幫助。因其魯莽，往往會突如其來的壞事。

隨著社會的進步和文明化的成長，這類人的性情正在變化，理智的成分增強了，演變成敢拼敢闖的開拓型人才。又由於義氣成分的減少，個人意識的增強，加上社會提供給個人創業條件的豐富，現在忠心耿耿、死心塌地的人正在減少，為朋友兩肋插刀的表現也有許多在發生變化。

強毅之人

這種人性情硬朗，意志堅定，剛決果斷。勇猛頑強，敢於冒險，善於在抗爭性的工作中頑強拚搏，阻力越大，個人力量和智慧越能得到淋漓盡致的發揮，屬於梟雄豪傑一類的人才。缺點是易於冒進，驕傲於個人的能力，服人不服法。權欲重，有野心，喜歡爭功而不能忍。他們有獨當一面的才能，也能靈活機動的完成使命，是難得的將才。但要注意掌握他們的思想和情緒變化，這可能是他們有所變化的信號。

宏闊之人

這種人交遊廣闊，待人熱情，出手闊綽大方，處世圓滑周到，能獲各方面朋友的好感和信任。他們善於揣摩人的心思而投其所好，長於與各方面的人打交道，混跡於各種場合而左右逢源。適合於做業務工作和公關，能打通各方面的關節。但因所交之人龍蛇混雜，又有點講義氣，往往原則性不強，受朋友牽連而身不由己的做錯事，很難站在公正的立場上論事情的是非曲直，不適宜矯正社會風氣。

好動之人

這種人性格開朗外向，作風光明磊落，志向遠大，卓爾不群，富有開創精神，凡事都想爭前頭，不甘落在人後，往往從中產生出莫大的勇氣和靈

感，不輕言失敗，成功欲望強烈，永遠希望自己走在成功者的前列。缺點是好大喜功，急於求成，輕率冒進，如果在勇敢磊落的基礎上能深思熟慮、冷靜應對，則能取得重大成就。又因為妒忌心強，如果不注重自身修養，會為嫉妒而犯錯誤。如果將嫉妒心深藏不露，得不到宣洩，可能偏失到畸形的程度。

柔順之人

這種人性情溫和，慈忍善良，親切和藹，不擺架子，處事平和穩重，能夠照顧到各個方面，待人仁厚忠恕，有寬容之德。

如柔順太過，則會逆來順受，隨波逐流，缺乏主見，猶豫觀望，不能果決，也不能斷大事，常因優柔寡斷而痛失良機。

因與人為善又可能喪失原則，包容袒護不該縱容的人，許多情況下連正確的意見也不能堅持，對上司有隨意順從的可能。

如果果斷一些，正確的能極力堅持或爭取，大事上掌握住方向和原則，以仁為主又不失策略機變，則能團結天下人才共成大事。這就是曾國藩所說的「謙卑含容是貴相」。否則，只是幕僚參謀的人選。

固執之人

這種人立場堅定，直言敢說，也有智謀，可以信賴，行得端，走得正，為人非常正統，不論在思想、道德、飲食、衣著上都落後於社會潮流，有保守的傾向，也比較謹慎，該冒險時不敢，過於固執，死抱住自己認為正確的東西，不肯向對方低頭，不擅長權變之術。

這種人是絕對的內當家，是敢於死諫的忠直大臣。

樸露之人

這種人胸懷坦蕩，性情忠厚淳樸，沒有心機，不善機巧，有質樸無私的優點。但為人過於坦白真誠，心中藏不住事，大口沒遮攔，有什麼說什麼，太顯山露水，城府不夠，甚至可能被大家當傻瓜看，作為取笑的對象。

與這種人合作，盡可以放心。但因缺乏心眼，做事草率，有時又一味蠻幹，不聽勸阻；該說的說，不該說的也說。雖說坦誠不二是為人處世的不二法門，但少了迂迴起伏，也未必是好事。

如果能多一份沉穩，多一點耐心，正確運用其誠懇與進退謀略，成就也不小。傻子的聰明之處正在於知道如何運用他的「傻」。

拘謹之人

這種人做事精細，小心謹慎很謙虛，但疑心重顧慮多，往往多謀少成，不敢承擔責任，心胸不夠寬廣。他們駕輕就熟，在力所能及的範圍內很圓滿的完成任務。

一旦局面混亂複雜，就可能頭昏腦脹而做不出果斷、正確的抉擇，難以在競爭嚴酷的環境中生存。他們生活比較有規律，習慣於井井有條而不願隨便打亂安靜平穩的節奏。適合於做辦公室和後勤等按部就班、突變性少的工作。

沉靜之人

這種人性格文靜，做事不聲作響，作風細緻入微，認真執著，有鍥而不捨的鑽研精神，因此往往成為某一個領域的專家和能手。缺點是過於沉靜而顯得行動不夠敏捷，凡事三思而後行，抓不住生活中擦肩而過的機會。興趣不夠廣泛，除興趣所在之外，不大關心周邊的事物。

儘管平常不大愛講話，但看問題又遠又深，只因不願講出來，有可能被別人忽略。其實仔細聽聽他們的意見是有啟發的。

雄辯之人

這種人勤於獨立思考，所知甚博，腦子轉得快，主意多，是出謀劃策的對手。但因博而不精，專一性不夠，很難在某一方面做出驚人的成就。

不願循著前人的路子，因此多有標新立異的見解。口辯才能往往也很好，加上懂得多，交談演講時往往旁徵博引，讓一般人大開眼界：如能再深鑽一些，有望成為百科全書式的人物。為人一般比較豁達，因此也能得到上下之士尊敬。

清正之人

這種人清廉端正，潔身自愛，從本性上講不願貪小民之財，負有同情心和正義感，因此看不慣各種腐敗而不願為官，即使為官也是兩袖清風，不阿諛奉承，偏激的人就此辭官不做，去過心清神靜的神仙日子。

由於他們原則性極強，一善一惡界限分明，有可能導致拘謹保守，又因耿直而遭奸人嫉恨陷害，難以在政治上取得卓越成就。

有狂傲不羈個性的反而在文學藝術上會有驚人的成就，在那個天地中可以盡情自由的實現他的理想和抱負。

韜譎之人

這種人機智多謀又深藏不露，心中城府深如丘壑，善於權變，反應也快。

如果立場不堅定，易成為大奸之人，往往見風使舵，察言觀色確定自己的行動路線，詭智多變。如果忠正有餘，則會成為張良一類的奇才。

做事能採取比較得體的方法，表面謙虛，實際上不會吃啞巴虧，暗藏著報復心。

用人講求亂世用奇，治世用正。這種人不論在亂世還是治世，都能謀得自己的一席之地，是懂得變通的善於保全自己的一類人。

因詭智多變，可能氣節不夠，不宜選派這種人掌管財務、後勤供應等事。

讀心術的目的不僅在於知人，更重要的是在了解其人之後採取相對的措施去用人。以上十二種性格之人，由於特性不同，因而在識別之後，使用也應該不一樣。

英國的蒙哥馬利元帥有這樣的一段話：「我們把軍官分成四類，聰明的、愚蠢的、勤快的、懶惰的。每個軍官至少具備上述兩種特質。那麼，聰明而又勤快的人適宜擔任高級參謀；愚蠢而又懶惰的人可以被支配著使用；聰明而又懶惰的人適合擔任最高指揮；至於愚蠢而又勤快的人，那就危險了，應立即予以開除。」

磨練精確的判斷力

一個人先知、先覺固然重要，然而是否擁有精準的判斷力更為重要，因為只靠先知、先覺是遠遠不夠的，判斷力決定你是否去做，怎樣做，做的後果等等，因此只有用有精準的判斷力才能最終「先做」。從而在激烈的社會競爭中占據先機。

優秀的推銷員應具備敏銳的判斷能力。雖然，人的先天智力水準確實有高低之分，但起決定作用的還是後天的勤奮和努力，是否有持之以恆的吃苦精神。有的推銷員相貌平常，學歷也很低，又在農村長大，如果論起先天條

件，幾乎要算得上是個傻小子，但後來的結果卻令人驚異。

敏感和判斷力也是一樣，有的人天分較高，一開始便能有所收穫，有的人卻要經歷無數次的失敗和挫折，才能有所進步。

對於大多數人來說，敏感和判斷是可以緩慢累積的，但推銷員的職業要求這個過程越短越好，這就需要當事者有超於常人的奉獻、刻苦和勤奮才行。

判斷最初是從點滴資訊開始的。一位成功的推銷員說，他幾乎沒有讓自己的思維休息過。即便走在馬路上，也會有意觀察迎面而來的陌生人，試著判斷他們的職業、愛好，所處境況的好壞。在公共場合，如電車上、餐館裡或者商店裡，他會留意人們說話的語氣，行事的態度以及所關心的話題，進而找到一個特別值得關注的對象。

判斷的磨練要從簡單的、直接的小事入手，隨時為自己出題，又隨時考察判斷的準確性。如對陌生人職業的判斷，同行人去向的判斷等，所花費的時間不多，很快便會有結果。當然，還有以大多數人的行為趨勢判斷商場、車站，大型購物中心或者醫院的大致方位等。

對於推銷員來說，最重要的判斷是對陌生人社會地位、經濟狀況的判斷，因為只有經濟狀況、家庭狀況各方面比較好的人，才有可能成為潛在客戶。推銷員對客戶家庭有一種敏銳的感應能力，他把這叫作「家庭的味道」。

如客戶門庭是否整潔，陳設是否合理，是否有審美品味；庭院裡傳出的聲響是否和諧；門庭的鞋子是否擺放有序；家中是否有病人；家庭的組織結構是否合理；家庭裡發揮主導作用的是男主人還是女主人或是長輩等等。

有些判斷有充足的思考餘地。比如在拜訪準客戶之前，判斷今日會談的可能進展及客戶的心境；有些判斷則必須立刻做出，並做出相應正確的反應。判斷錯誤或者反應遲鈍，都會把原本有希望的事情弄糟。當你站在準客戶的

門前，舉起你的手敲門時，你的判斷應該是最準確的。

習性也識人

做事時要善以習性見人，這樣你就不會陷於盲目中。主要有兩點：

從前兆看人

俗話說，一葉可知秋，任何事情在局勢明朗之前，肯定都會有其前兆。達爾文在劍橋神學院讀書時，是個平庸者，植物學教授漢羅斯卻看出達爾文有著特殊的才能，並力保他隨貝格爾艦進行環球科學考察，從而使一個「平庸」者，成為舉世矚目的科學家。可見具有慧眼的人會根據這些細微之處，正確判斷出事態的發展而採取相對的行動。要想獲得成功就必須把自己培養成形勢判斷的高手，從而把行動的主動權牢牢掌握在自己手中。

唐代宗時，劉晏在揚州設立造船廠，凡造船一艘就付給很豐厚的報酬。有人提出造船的實際費用不到所付工錢的一半，所以應該減少。劉晏說：「不，計畫大事業不能計較小的花費，凡事必須考慮到長久的利益。現在造船廠剛剛建立，管事的人很多，應當讓他們在私人花費上不太窘迫，這樣公家的財物才不會受損失。如果斤斤計較，不是長久之計啊。」劉晏說得很對，大事業不能計較小花費，以俸養廉才是長久之策。

從習慣看人

明代周忱巡撫江南時，他每天用日記本記錄所做的事，即便是很小的事情也不遺漏。比如每天的陰、晴、風、雨等都詳記下來。開始人們都不明白他的用意。有一天，一個人來報告，說運糧的船在江上被吹走了，找不到了。周忱就問那個人遺失糧船是哪一天，是午前還是午後，當時刮什麼風。

結果報告的人回答得顛三倒四，周忱翻開日記本和他對證，那人大吃一驚，只好招出了自己私扣糧船的罪過。可見細心縝密能防患啊！

如何對付高傲虛偽的人

好虛榮的人總是追求片刻的榮耀，而沒有其他渴求。自己高傲自大、擺架子，也無非是將「自我」提高起來。那麼，只要我們顧全他那可憐的虛榮心，即使他得到的是失敗，他也不會認為是件多麼了不起的事。如果這種愛虛榮的觀念一旦在他的腦海裡根深蒂固，他那種渴求人家頌揚的心理簡直是迫不及待；只要有人對他頌揚與諂媚，對他來講簡直是不能抵抗的。

這種人因過度的注重、珍視虛榮，養成了一種十分幼稚的習慣。內心既然有過度的虛榮，外部就難免誇誇其談，其結果必定很糟。因為他在誇耀自己的同時，必然表露出他的種種特殊的弱點。

有些時候，認為自己有些不如人的地方，本來可以很巧妙的隱藏起來，並逐步改正。但是如果既無真才實學，又講虛榮，這種思想根深蒂固了，那麼，這種人不論處在何種負責的職位，終歸是個無用之徒。

有一位尋找職業的店員，來到赫金斯公司辦事處主任斯希維勃面前求職。這個店員唯一的不足之處是他經常變換職業，可是，他也總有一大堆的理由去袒護自己，為自己辯解，並且他還曾做過背主求榮的勾當。

斯希維勃知道這位青年的情況，在他的辦公室以冷酷不客氣的態度接待了他。斯希維勃問道：「既然你來求職，那麼你能做什麼？你想對赫金斯公司做些什麼呢？」這位求職者被問住了，回答得相當軟弱無力。於是談話即刻終止。

像這位青年一樣，有些人雖能說出袒護自己的話，有時候也會引起別人

的讚許，然而，他們一遇到真正的困難，馬上就不堪一擊了。

有的時候，這種人也常常獲得別人的信任，因為他們講起話來，往往聳人聽聞，給別人以較深刻的印象，安閒無事的時候頗能博取別人的敬仰和頌揚，尤其是不熟悉他們的人最容易聽信。不過，這類人是經不住稍長一點的實際檢驗的。

汽車製造商高桑斯曾告訴人們一個慘痛的教訓，他說：「我平生最大的一次失敗是碰到一個年長的人，這位年長者善於辭令，巧舌如簧。我不知怎麼搞的，一下子把我歷來的主張全忘掉了，竟請他做我的雇員和二等助手。可是，一段時間以後我發現這個人一點能力都沒有。原來他那流利的口才，全是為求職而練就的，而真的委他以重任，他卻無技可施。」

所以，我們無論對任何人，應將他各方面的表現綜合起來，加以品評、判斷，以明瞭他的真實情況。這樣做很有益處。一方面可以避免我們的失望，另一方面也省得他人的不良動機得逞，妨礙我們的事業。

這種類型的人有些是很有發展前途的，只是由於種種原因使他們自覺不如人，相反的表現出一種驕傲的心理思維與活動。對待這類人，補救的法子是什麼呢？那就是相信他，對他表示信賴，並在適當的場合給他一點獲勝的機會，讓他把自己的自信心建立起來。並養成一個好的習慣，以代替那種為滿足自己虛榮心而表現出來的盛氣凌人的傲慢態度。

大凡高傲自負的人，一般都有一顆纖細的心。因此，他們需要補償，對待這類人，絕不能簡單粗暴，要給他表現自己真實才華。要會讚頌他、鼓勵他、肯定他。

此外，還有一種自負的人，那就是傲慢驕縱。他無論到什麼地方，總是以為「人不如我」。

對待這種人，美國耶魯大學著名的體育指導麥菲可算經驗十足的了。他

多次的運用一種辦法去操縱這類人，最典型的成功例子是他使他們獲得了某次運動會競賽冠軍。

那次競賽十分激烈，耶魯大學隊若想獲勝，該校的一名運動員必須加入兩百二十碼的賽跑。就在剛剛結束的一場比賽中他獲得了第二，並且與第一名的成績相差無幾。

而這位短跑健將卻不顧競賽的激烈，自負不凡的走出場外，他說他接著參加兩百二十碼的比賽，他有足夠的能力擊敗對手。

賽後另一位體育指導回憶說：「麥菲用眼緊緊的盯著他，使他嚇得臉色發白，然後用很嚴厲的言語諷罵他。當時我真不明白麥菲為什麼發那麼大的火，那些難聽的字眼，以前我從未曾聽說過。麥菲罵完後將他安排在最後一組的比賽裡，賽前這位自命不凡的健將有一肚子道不出的怨氣，賽跑時將它全部發洩在自己的腳下，終於獲得了良好的成績，為耶魯大學贏得第一立下了汗馬功勞。」

麥菲的方法，可算得上一個很好的例子了。對這種青年人就應該採用這樣的方法。他自以為自己是宇宙的主人翁，而我們必須把他送回到地球上來、送回到現實中來。

其實，從另一個方面講，自以為其他人都不如自己的人，都將他的驕氣潛藏在虛偽的謙和之中。那麼，怎樣對付這樣的人呢？有位名家說得好：「有許多人，讚美他不免是件危險的事，因他自命不凡，一經抬高，他就要跌得粉碎。狠狠的批他一頓，也許是良策益方。」

管理下屬也要投其所好

美國鋼鐵公司總經理卡里，有一次請來美國著名的房地產經紀人約瑟

夫‧戴爾，對他說：「老約瑟夫，我們鋼鐵公司的房子是租別人的，我想還是自己有棟房子才行。」此時，從卡里的辦公室窗戶望出去，只見江中船來船往，碼頭密集，這是多麼繁華熱鬧的景致呀！卡里接著又說：「我想買的房子，也必須能看到這樣的景色，或是能夠眺望港灣的，請你去替我物色吧。」

約瑟夫‧戴爾費了好幾個星期的時間來研究符合的房子。他又是畫圖紙，又是寫預算，但事實上這些東西竟一點也派不上用場。不料有一次，他僅憑著兩句話和五分鐘的沉默，就賣了一棟房子給卡里。

自然，在許多「相當的」房子中間，第一所便是卡里及其鋼鐵公司隔鄰的那幢樓房，因為卡里所喜愛的景色，除了這棟房子以外，再沒有別的地方能更好的眺望江景了。卡里似乎很想買其隔鄰那棟更時尚的房子，並且據他說，有些同事也竭力想買那棟房子。

當卡里第二次請約瑟夫去商討買房之事時，他卻勸他買下鋼鐵公司本來住著的那棟舊房，同時還指出，隔鄰那座房子中所能眺望到的景色，不久便要被一個計畫中的新建築遮蔽了，而這棟舊房還可以保全多年對江面景色的眺望。

卡里立刻對此建議表示反對，並竭力加以辯解，表示他對這棟舊房子絕對無意。但約瑟夫‧戴爾並不申辯，他只是認真的傾聽著，腦子中飛快的在思考著，究竟卡里的意思是想要怎樣呢？卡里始終堅決的反對買那棟舊房子，這正如一個律師在論證自己的辯護，然而他對那棟房子的木料、建築結構所下的評語，以及他反對的理由，都是些瑣碎的地方，顯然可以看出，這並不是出於卡里的意見，而是出自那些主張買隔鄰那棟新房子的職員的意見。約瑟夫聽著聽著，心裡也明白了八九分，知道卡里說的並不是其真心話，他心裡真正想買的，卻是他嘴裡竭力反對的那棟舊房子。

由於約瑟夫一言不發的靜靜坐在那裡聽，沒有反駁他對買這棟房子的反對，過了一會，卡里也就停下來不講了。於是，他們倆都沉默的坐著，向窗外望去，看著卡里所非常喜歡的景色。

約瑟夫講述他運用的策略：「這時候，我連眼皮都不眨一下，非常沉靜的說：『先生，您初來紐約的時候，你的辦公室在哪裡？』他沉默了一會才說：『什麼意思？就在這棟房子裡。』我等了一會，又問：『鋼鐵公司在哪裡成立的？』他又沉默了一會才答道：『也在這裡，就在我們此刻所坐的辦公室裡誕生的。』他說得很慢，我也不再說什麼。就這樣過了五分鐘，簡直像過了十五分鐘的樣子。我們都默默的坐著，大家眺望著窗外。終於，他以半帶興奮的腔調對我說：『我的職員們差不多都主張搬出這棟房子，然而這是我們的發祥地啊。我們差不多可以說都是在這裡誕生的、成長的。這裡實在是我們應該永遠長住下去的地方呀！』於是，在半小時之內，這件事就完全辦妥了。」

並沒有利用欺騙或華而不實的推銷術，也沒有炫耀許多精美的圖表，這位經紀人居然就這樣完成了他的工作。

原來約瑟夫·戴爾經過集中全部精神考察卡里心中的想法，並根據考察的結果，很巧妙的刺激了卡里的隱情，使其內心的想法完全透露出來。他就像一個燃火引柴的人，以微小的星火，觸發熊熊的烈焰。

約瑟夫·戴爾的成功，完全是因為他從兩次與卡里的交談中，研究出他心中的真正想法。他感覺到在卡里心中，潛伏著一種他自己並不十分清晰的、尚未覺察的情緒：一種矛盾的心理。那就是，卡里一方面受其職員的影響，想搬出這棟老房子；而另一方面，他又非常依戀這棟房子，仍舊想在這裡住下去。

卡里想在這棟舊房子裡住下去的理由，雖然他自己並不很清楚，但在局

外人看來，卻看得出，這棟有著他所熟悉喜愛的景色的老房子，已經成為他生活的一部分，它能使他回憶起早年的創業和成功。因而充滿「成就」，這就是在他潛意識中對這棟老房子依戀的所在。

卡里想搬出這棟房子的理由，也同樣是很明顯的，至少可以說，在我們看來是很明白的：他感覺到他不能將他的本心告訴給他的職員，使之成為部下的笑談，因此，他實在是害怕他的職員們的反對。

約瑟夫・戴爾之所以能做成這樁生意，就在於他能研究出卡里的意思，並使他能用一個新的方法，來解決這個矛盾。

總之，要使別人與我們在任何事情上合作，第一，必須使他們自己情願。而我們要達到讓他們情願這個目的，就只好去迎合他的興趣，投其所好，唯有這樣，我們才有從任何方式去影響、打動他的希望，使進行中的事情達到我們的期望。

好朋友之間也要考慮隱私

現代人的生活方式、思想觀念大都較為前衛，但有些人特別注意捍衛自己的隱私權，所以你可別輕易侵入對方的這個「領地」，除非對方自己主動向你說起。

再好的朋友，在某些方面還是要保持必要的距離。

有不少人認為過度關心別人隱私是無聊、沒有修養的低素養行為。

這就意味著你與這類同事、朋友在一起時，得掌握來往的尺度。

工作或是資訊上的交流、生活上的互助，或是一起遊玩，都會讓雙方感到高興，可是千萬別介入他們的隱私，不然對方會討厭你、鄙視你，把你看作是無聊的人。

同事是：工作夥伴，不可能要求他們像父母兄弟姐妹一樣包容和體諒你。

很多時候，同事之間最好保持一種平等、禮貌的夥伴關係。

你應該知道，在上班時有些話不能說，有些事情不能讓別人知道。

為了自己的隱私不讓人知道，你應該首先弄清楚的問題是：

· 你的家庭背景是否會對你的工作產生影響？

· 你與某些親人或者朋友的關係是否不宜別人知道？

· 你的歷史記錄是否會影響別人對你道德素養的評價？

· 你的一些與眾不同的思想是不是會觸動一些敏感的神經？

· 你的生活方式是否有些與傳統相悖？

· 你與老闆的私交是否可以成為公開的「祕密」？

· 你與公司上層的某些私人淵源一旦曝光，會給你帶來障礙還是好處？

隱私本身也是一個相對而言的概念，同一件事情在一個環境中是無傷大雅的小事，換一個環境則有可能非常敏感，以上列舉的，可都屬於你的隱私範疇。

接著你要注意的問題是：不要在公司範圍內談論私生活，無論是辦公室、洗手間還是走廊；不要在同事面前表現出和上司超越一般上下級的關係，尤其不要炫耀你和上司及其家人有私交。

即使是私下裡，也不要隨便對同事談論自己的過去和隱祕思想。除非你已經離開了這家公司，你才可以和從前的同事做交心的朋友。

如果同事已經成了好朋友，不要常在大家面前和他（她）親密接觸。

尤其是涉及到工作問題，要公正，有獨立的見解，不拉幫結派。

對付特別喜歡打聽別人隱私的同事要「有禮有節」，不想說的堅決不說。

隱私很多時候由敏感問題引起，先無意把對方的隱私傳出去，可是雙方

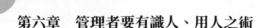

一敏感，嫉妒心產生了，就會以傳播對方的隱私來獲得心理的平衡。

女性之間的妒忌多半因容貌而起，女人愛妒忌，妒忌可以說是女人明顯特徵之一。

而女人又往往因為容貌姿色才處於「優勢地位」。

所以，女人對容貌、衣著以及風度氣質所帶來的愛情生活、夫妻關係等相當敏感，很容易產生妒忌。

比如：一個女孩因有一張漂亮的臉蛋而被不少男性包圍著，那些容貌平平的沒有人追求的女孩，自然會對她產生嫉妒。

這時，你身為男性，千萬不要在女性之間當面誇讚其中某一女孩：「某某真漂亮！」「某某的穿著打扮真時髦！」「某某的氣質太迷人了！」

「某某的男朋友我見過，特帥，特有魅力！」這不僅會引起其他女性的妒忌，而且會對你產生一種莫名的敵意。

男性之間的妒忌大多因名譽、地位、功業所致。男人對社會活動能力、工作業績、創造手段等最為關注，也最易導致相互妒忌。

比如：某人晉升後贏得了不少漂亮女孩的追求，某人因才華出眾、能說會道而顯身揚名等等，都會受到身邊其他男人的妒忌。因此，在男性之間，作為女人，不宜當眾評頭論足，說什麼「某某真能幹！」

「某某女朋友真標緻！」「某某和你一塊來的吧？現在已經是廠長了！」如此，就是再敦厚的人也會產生對他人的嫉妒之心來，繼而把對方的隱私傳出去。

讓批評成為動力

生活中充滿著是是非非，必要時要與是非保持距離。有些問題沒有絕對

的對與錯，或者此時為「是」，而彼時卻變成了「非」。所以在與人相處時，不能是就是，非就是非，要冷靜分析，客觀評價。尤其對於是非問題，不能上升到道德的層面來抨擊人。所以，批評對方的時候。反而要靠近對方，使批評變成動力，這才是有價值的。

把批評的原則和目的搞清楚

做任何事情都需要原則和目的，批評也不例外。很多人把批評僅僅簡單的理解為工作以外的事情，而不是當作完整的一件事，這往往造成混亂和迷失，引起批評無效或不良後果。

如果僅僅是不滿情緒的發洩，那可以免了。因為你不能透過批評得到什麼，反而會不利於將來工作的開展。

在批評手下的時候，一定要明白，下屬本來就不如你。他們可能在某些方面比你出色，但從整體來說，還是比不上你，比如社會資源缺乏和經驗不足等。要分析批評的目的是什麼，你要清楚批評對將來造成什麼樣的影響。

批評也得按步驟進行

在批評中，首先要肯定他所做的事情中的好的部分。你要把它看作他以後工作的積極因素和動力源。銳氣磨掉只能讓他不敢承擔責任，不敢挑戰自我主動突破。

其次，明確、直接和客觀的指出他的不足或錯誤。並說明這種不足和錯誤對組織和他個人都將承受什麼。但是也要說明，不足是可以彌補，錯誤是能夠改正的。給他指出方向，但僅僅是方向，不要具體告訴他應該怎麼做。這樣，他會依賴性強，不敢自己思考，或僅僅是你的思想的操作工具。

然後，要注重對人的培養。成長性是個人在組織中追求的一個目標。教他並且讓他成長，是對他的最大激勵，往往能夠消除他受到批評以後的不良

267

情緒，反而讓他動力更足。

點到為止

評論也是一門藝術。許多人之所以沒有好的人緣關係，並非他本人沒有能力，而是不善於運用批評這種技巧。你在批評人的時候，盡可能做到點到為止。

部下免不了犯各種大大小小的錯誤。因此，作為領導者，對他們提出批評是常有的事。但是，一提起批評這個詞，許多人會不寒而慄，因為他們接受的都是粗暴的訓斥，自己被貶得一錢不值，以至為人處世總是謹小慎微，不敢承擔責任。這種習慣會讓人喪失積極主動的創造精神。這樣的批評無助於改進，反而適得其反。要知道，批評的最終目的不是要把對方壓垮，而是為了幫助他成長；不是去傷害他的感情，而是要幫助他把事情做得更好。

對事不對人

這種批評有助於使對方認識到你不是在攻擊他的自尊，不是批評他這個人，而是批評某項工作或某件事情做得不好。把你的批評指向他的活動，就無損於他的整個自我形象，這樣就使批評建立在友好的氣氛中，使對方感到無拘無束，欣然接受批評。用這種方法，你在指出他人錯誤的同時實際上誇獎了他，使他得以重新樹立自我形象，因為你的意思給他的感覺是「領導者的話說明我這個人還是不錯的。」這樣，你就讓他知道，你是信任他的，並期望他做得更好，這本身對於他不辜負你的信任和期望就是一種強有力的激勵。

先讚揚對方的優點

如果對方需要忠告批評，要從讚揚其優點開始。這種方式就好像外科

醫生手術前用麻醉藥一樣，病人雖然有不舒服的感覺，但麻醉藥卻能消除疼痛。

批評老闆和上司是最不明智的做法，一定要盡量避免。這是因為，假如你曾經批評他，那麼當他不愉快的時候，就會想起你、憎惡你；在加薪的時候，由於你曾批評過他，讓他有了不良印象，所以你就會被排除在加薪者的行列，即使迫不得已給你加了薪，加薪幅度也不會高到哪裡去，至於升遷機會，就更加渺茫了。

亮出自己的真誠

有個人說過：「我對所有的人都很真誠。只是，真誠待人的人能夠感受到我的真誠；而有的人不能感受到我的真誠。所以，久而久之，有的人越走越近，逐漸成為好友；而有的人漸漸疏遠，最終成為點頭之交。」

處世交友，真誠才能得到對方的信任與認可。真誠是一種激勵，讓對方感到自己也是個真誠的人。這種心理是很微妙的。每個人身上都存在被激勵的因數，只是有沒有機會而已。與同事相處，天天見面，真誠是保持友好關係的基礎。

1　你是為自己，也是為別人工作。整合每個人的力量，達到彼此心心相印。你付出努力，同時得到回饋。這些回饋可以是獎勵，也可以是認同，更可以是成就感。

2　如果為別人考慮比處處為自己考慮得到更多的成功的機會，你就會願意改變自己，與別人建立友好的關係。

3　有效溝通的關鍵在認同。如果事情與切身有關，就會增加重要性。當你開始找尋自我價值時，正面的溝通就會開始。僅僅了解自己的

269

誠意並不夠，還要找到說服對方的理由。

4　如果你是個領導者，要員工好好工作，就得從關心員工開始。領導者真心關照員工的生活，而不是敷衍了事。如果你願意花時間聽員工說話，你會聽到意想不到的故事，包括他們生活的問題與擔憂。

5　經營人際關係的祕方就是營造相互真誠的氛圍。如果你不滿意自己的社交群體，至少說明你的人際關係中的真誠狀況很差。

6　你不能改變別人，只能改變自己，多把自己的真誠亮出來，幫助別人，接受別人，認可別人。你不能遇到困難就退縮，但也不能遇到利益就往前跑。

7　你與他人相互認知資訊要對稱。我們習慣依照所理解的資訊做事，但是理解的資訊並不等於聽到的部分。

有一天，我對他人的行為進行評斷後感到震驚。那一天同事小馬遲到了，他一推門進來，我看了他一眼，雖然他不是我的下屬，我們是平行的同事關係，可是我心裡卻指責道：「沒有一點紀律性！」我為什麼這樣指責他？不久前的一天，我也遲到了，我當時尋找耽誤上班時間的理由，想得到所有人的理解。所以，依據自己的動機來評斷別人，依據他人的行為評斷他人，也就是說，如果我們做了不被別人接受的行為時，通常我們會傾向為自己找藉口，這是破壞人際關係的毒藥，非常有害。

這天下班，上司對小馬說：「你把兩份報告次序弄顛倒了，今天老闆罵了我。」當時我聽了一怔，報告是我交給小桂處理的，跟小馬無關。我準備承擔責任，小馬卻搶著承認是自己的過錯。上司離開後，我很感激而慚愧的對小馬說：「謝謝你為我承擔責任。」小馬說：「小事，沒什麼大不了的，要是大事，我就不做好人了。」小馬非常真誠，他感動了我。與這樣的同事在一起，是一種幸福。

同事相處，在工作過程，很可能會出現這樣的情況，某件事情明明是別人或領導耽誤了或處理不當造成，可在追究責任時，上司卻指責你沒及時彙報，或彙報不準確。但是，在上司把某些責任推到你身上時，你必須忍耐，但你得讓為他承擔責任的人知道你的「犧牲的偉大」。

通常，上司籠絡下屬的手段，不外乎官職、錢財兩種，但有時上級對下屬不必付出實質性的東西，而只要透過某種表示、某種態度，便能給下屬最大的滿足，甚至會使他們產生受寵若驚的感覺，因而感恩戴德，更加忠心耿耿的為其效勞。其次，收攏人心，最重要的是要針對對方的心理，給地位卑賤者以真誠，給貧窮者以財物，給落難者以援力，給求職者以機會等等，這才是收攏人心最有效的方式。

為官者不僅要對部下示以寵信，積極認可對方，同時還要向他們顯示自己的大度，盡可能原諒下屬的過失。對那些無關大局之事，不可同部下錙銖必較，當退讓則退讓。要知道，對部下寬容大度，也是把自己推銷出去、讓別人接受你的一種方法。

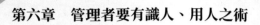

第六章　管理者要有識人、用人之術

第七章

洞察世事，贏在商場

送禮有學問

　　不要認為你送禮物給對方，對方就一定會高興，因為有的人非常討厭別人干涉他的私生活，有不少人一提及他家庭的有關問題時就皺起眉頭或沉默不語。因此，哪怕你們之間的交往很深，若猜不透對方的心思。或不敢肯定對方對禮物一定高興時，千萬別隨便送禮，這是一條必須遵守的原則。

　　價錢昂貴的賀禮僅限於送給大客戶時才用，至於那些新客戶，為了打開局面，也要在這一方面多下點本錢。

祝賀生日

　　在平時閒談聊天時，只要留神去問，很容易聽到哪一天是對方的生日。作為生日禮物，即使價錢不是很貴，對方也會感到非常高興，效果也非常好。但是，一般來講，對方妻子的生日可千萬不要送禮物去祝賀，因為對方會吃醋的。

祝賀結婚紀念日

　　不少人恐怕本身就早已將結婚紀念日給忘了，所以能想到這一點的人並不多。也正因為如此，如果你能打聽到哪一天是對方的結婚紀念日，並在這一天手提禮品登門祝賀的話，對方一定會非常高興的。

　　如果你能設法知道對方夫人的體型和衣著尺寸，給他們夫婦雙方送上一套顏色一樣的衣服時，那就再好也不過了。他們可以穿上你送給他們的衣服逛街，雙雙回憶起當年結婚時的甜蜜日子，看！這有多棒！另外，還可送些他太太喜歡用的東西。

　　為了與同行競爭，你要多多考慮做些競爭對手所沒有做過的事情。

祝賀小孩入學

祝賀對方的孩子入學升學可說是一份又特殊又討喜的好禮。因為做父母的大都望子成龍，並熱切的希望孩子在校成績能出類拔萃。

但這一點往往被別人所忽視，如果你能做到這一點，其效果特別突出。

當然，你要注意的是這也有例外，並不是所有的客人都喜歡這一套。

若能直截了當的從對方的嘴裡問出他孩子入學、升學的情況當然沒有問題，如果不是這樣而是透過第三者了解的話，對方就會很反感，弄不好的話你送去的禮物會被對方毫不客氣的退回來，特別是當對方的孩子沒有考入所希望考進的學校或進了三流的學校時，對方的心裡已經很難受了，而且生怕別人知道。

在這種情況下，如果你還去祝賀，效果正好相反。因此，只有充分的了解對方孩子入學升學的有關情況之後，才可酌情決定是否應去祝賀，切不可冒昧行事。

祝賀遷新居或房屋大修

遷進新居或房屋大修之後，更新一些家具或是用品是人之常情，這時家裡需要很多東西。

對於那些比較親近熟悉的客戶，為了避免重複（別人已經送給他足夠用的物品，你就沒有必要再送了），可直截了當的問他希望送些什麼才好，如果對方比較客氣不願直接說，就不妨告訴他，按照慣例可送禮物的預算是多少，請對方「幫忙」拿個主意再決定買什麼東西。

送牆上裝飾品、繪畫、陳列品等時，不可買太便宜的，因為那就太失禮了。

如果想送兩件禮品，選好了其中一件之後剩下的錢不夠再買一件像樣的

東西時，湊這些錢買點別的東西呢，還是將剩下的這點錢，用個小紅紙包起來連同那件像樣禮品一起送去好呢？

一般來說後者為好，因為這樣可以讓對方自由且靈活的支配。

要記住，在贈送裝飾用品時不要單憑自己的愛好去挑選，人各有所好，你喜歡的對方不一定喜歡。要多聽聽對方的意見，盡量送一些對方夫婦雙方都喜歡的東西。

看人交往有禁忌

不要厚此薄彼

儘管人們在社交中需要分清主次，有輕有重，不可能平均。但聰明的人在保證「重點」的時候，絕不忽略「一般」。比如：迎面來了三個人，好久未見了，其中一位正是自己急於尋找求助的人，你怎麼對待呢？是只顧一人，不管其他人；還是逐個關照，熱情寒暄一番，然後和其他人說明情況，保證重點？這就是一個技巧。

人和人的關係，往往不是簡單的我和你的關係，常常是我和他，三角四角，甚至五六角的關係。

有句古語，叫做「一人向隅，舉座不歡」。當客人懷著歡欣的心情坐到你的家宴席上來的時候，他們倒不是為了吃點喝點什麼，而是為了透過這種社交形式互訴衷腸、互訴友情。只要主人能以平等的態度對待每一個客人，那麼，家宴桌上的「皆大歡喜」是不難做到的。而如果「熱」此「冷」彼，被「冷」者當然不高興，而被「熱」者心中也不會好受，因為實際上那少數的「熱」者，有意無意的被人推向了「冷」者的對立面，心裡也會「為之不歡」。據說，圓桌的發明，正是為了使用者無尊卑之分，其中本身就隱含著「平等」

二字。坐在象徵平等的圓桌邊進餐，而偏要人為的造出種種不平等的舉動來，豈不可笑？

那麼，要處理好多角關係，做到不偏不倚、一視同仁，應該注意哪些方面呢？

勿以尊卑定冷熱

無論職務高低，那些大人物與一般平民在人格上都是平等的，在日常生活的交往中也是平等的。在一般的家宴桌上，只要不是什麼特殊需要，盡可以隨意一點，那樣有好處，甚至可以調節「官」、「民」關係。而如果把「官」和「民」的關係延伸到宴會桌上來，那不僅不會使上司提高威信，讓上司臉上有光，結果只會適得其反。

勿以親疏定冷熱

在家宴席上，來的客人之中，會有與主人關係比較親密的，也有與主人關係一般的人，在這種場合，特別要注意不能親親疏疏、冷冷熱熱。

在與人交往時，要既不諂媚討好位尊者，也不歧視冷落位卑者，端莊而不過於矜持，謙遜而不矯飾造作，充分顯示出你的誠摯內心。

我們常常會聽到周圍有這樣的評價：某某人做事真周到。這樣的話，肯定就是對那些在日常應酬中做得圓滿者的讚賞，同時也說明了被讚賞者是日常應酬的成功者。

在應酬場合中，如果有三個人，那麼其中一個人可能會是本次應酬的「次要者」。如果在應酬過程中，這位「次要者」遭到了冷落，在心裡產生不被重視的感覺，那他的心裡將會是非常尷尬的，而且以後他便會找出各式各樣的理由，拒絕出現在這樣的場合。這樣，你就有可能因此而失去一個可以在某個方面向你提供幫助的夥伴。

　　讓每一個人都感到你在重視他的存在，你的事業便成功了一半。

　　適當的讓「次要者」參與到你們的談話中，不僅可以打消「次要者」的尷尬，同時還可以為你贏得朋友的心。

　　讓「次要者」感到他的存在，可以有以下四種形式：

　　常常向「次要者」微笑；

　　不時的向「次要者」詢問一些平常的問題；

　　常常示意「次要者」喝茶或吃點心；

　　讓「次要者」參與到你們的談話之中。

看臉色，知情緒

　　俗話說：「出門觀天色，進門看臉色。」觀天色，可推知陰晴雨雪，攜帶雨具，以不受日晒雨淋。看臉色，便可知其情緒。學會察言觀色，實在是不可忽視的為人處世之道。知情緒便能善相處；善相處，便能心相通；心相通，便能達到一致。

　　有位記者曾去採訪同一支著名籃球隊剛交過鋒的某隊球員們。一進門，發現休息間氣氛沉悶，一位球員鐵青著臉，圓睜著眼，他趕緊退了出來，取消了這次採訪。後來，這位記者才知道，這支球隊吃了敗仗，正在嘔氣。倘若當時不看臉色，硬要不知趣的採訪吃敗仗的隊伍，非挨罵不可。

　　這位記者就很有經驗，懂得採訪的氣氛。常言道：人好水也甜，花好月也圓。人在高興時，心情舒暢，看見高樓大廈，會想到「凝固的音樂」；看見車水馬龍，會想到「滾動的音樂」。情緒好，容易體諒人，禮讓、關心和幫助他人，也樂意與人攀談，接受別人的邀請，甚至看見小狗也可能熱情的打個招呼。正所謂「人逢喜事精神爽」。而人在煩惱時，心情憂鬱，欣賞音樂也會

覺得是噪音。

因此，要學會察言觀色，留意對方的表情，互諒互讓。該進則進，該躲則躲，當止即止，就可避免許多不必要的糾紛，求得和睦相處，琴瑟和鳴。

如果你能用心的察言觀色，及時的改變先前的決定，及時的退或進，及時的把自己的言行組合或分解，及時的控制自己的喜怒哀樂，那麼，人際社交一定會更加和諧。此外，在心理上，你要首先認識到，察言觀色不是瞄準後準確的射擊，而是與他人站在同一水平面上，旋轉或是飛躍。察言觀色不是為了自己的安全，而是為了與他人一起乘舟出航，共同前進。

願意合作的夥伴都是樂意付出的人

懂得付出才能得到，如果只要對方付出，而自己沒有動靜，這樣的友情是不會長久的。

在現實生活中，有的人與他人交往，目的是在於對方有什麼利用價值，天天盤算著與人交往會帶來什麼好處。

當對方能滿足自己的要求，為自己提供便利時，便心裡樂哈哈，與他形影不離，彷彿情深義重，可是一旦對方沒有了利用價值，或者遇到麻煩，便推諉責任，退避三舍，甚至落井下石。

這實在是一種自以為聰明的愚蠢表現。

這樣做的結果，無疑向別人表明：自己是多麼的無情無義，又是多麼的無恥。以後當別人與他交往時，必然會小心提防，以免被其利用。

有一個人利用一位姓畢的人手中的權力為自己做事，當對方在位的時候，他對他恭維不已，把「真誠合作」幾個字掛在嘴上。

後來，他聽說老畢將退居二線，他的合作的姿態馬上就變了，甚至在一

次宴請上，竟邀請了老畢公司的一個副手而沒有邀請他。這件事正好被老畢知道了。

不久，退居二線的人名單下來了，老畢不在其中。

那個人後悔不已，自己往後的工作很難做了。

在人際社交中，很多事情都彼此聯繫，互相依存。

人與人之間不免有些明爭暗奪，有些磨擦，這一切都來源於是吃虧還是占便宜的心理，一切又都結束於吃虧與占便宜的行為。

吃虧怎麼樣？占便宜又怎麼樣？吃虧了，既獲得心靈的平靜，又可以獲得道義上的支援。一旦對方醒悟過來，你的我的自然一清二楚。

相反，占便宜的人，心理上永無寧日，讓天下人恥笑，別人的錢財你占有，是何滋味？明白其中道理，吃虧、占便宜也就分得清楚了。

愛因斯坦說：「世間最美的東西，莫過於有幾個頭腦和心地都很正直且嚴正的朋友。」

真正的朋友把友誼之情永恆為知心的傾訴，敞開心扉，樂於為對方付出，然後是愉快的享受彼此的勞動成果。

生活實在需要太多太多的友情，需要真誠的付出，而不是索取與占用。

我們給予朋友的，必須是友愛。

我們對給予的結果必須負起責任，同時又要尊重對方的付出，不要對對方的付出不屑一顧。

付出是沒有條件的，有條件的付出就會變得醜態百出。

就說笑容吧，你討好別人的笑，也能表達你的親切，但因為缺乏真誠，而變得生硬、勉強，令人厭惡，同樣的，心中有所要求，才給予對方好處，對於真正的友誼沒有實質性的益處。

因為它可能帶來更大的欲望，變成一個人對另一個人貪婪的操縱。

　　朋友之間，或者合作夥伴之間，無論你給予與付出的是什麼，都應該是發自內心的。

　　有一則寓言故事，蘊含著深刻的處世哲理。

　　趙秀才與錢商人死後一起來到地獄，閻王翻看「功德簿」後，對他們說：「你們二人前生沒有做什麼壞事，我特別准許你們來生投胎為人，但現在只有兩種做人的方式讓你們選擇，一個人需要過付出給予的人生，一個人需要過索取、接受的人生。」

　　閻王說完，便讓趙秀才和錢商人慎重考慮後再做選擇。

　　趙秀才心想，前生我的日子過得並不富裕，有時還填不飽肚子，現在准許來生過索取、接受的生活，那樣真是太舒服了。

　　他說：「我要做索取的人。」

　　錢商人看到趙秀才『選擇了來生過索取、接受的生活，自己只有付出這條人生之路可供選擇了，他想自己經商賺了一點錢，來生就把它施捨出去吧，於是他心甘情願的接受了付出的來生。

　　閻王看他們選擇完了，當下判定二人來生的命運：「趙秀才甘願過索取的人生，下輩子做乞丐；錢商人甘願付出的人生，下輩子做富豪，去幫助別人。」

　　一個人在選擇人生時，其實在選擇態度。與人相處，或者與人合作，付出是獲得友誼與利益的最佳方式。

拜訪應遵循的要點

突然拜訪是失禮行為

　　拜訪別人之前，先以電話聯絡約定時間，這已是普通常識，而在繁忙的

商圈裡，尤其注重這一點。

　　現在的生意人對於時間的安排，已經到了分秒必爭的地步。區區五分鐘、十分鐘，對你來說也許不算什麼，卻可能造成對方的嚴重困擾。例如：工作中斷，或在那之後的行程無法連貫。總之，任何人都不會欣賞這樣的做法。

　　至於時間的安排方面，應盡量配合對方的情況。原則上，如果對方的地位很高，而且工作忙碌，應提早聯絡約定拜訪的時間。不過相對的說，約得越早，變卦的可能性越大，因此，要把握恰當的時間。

提早五分鐘到達拜訪地點

　　當你前往別的公司拜訪時，你所代表的並不只是自己，而是代表整個公司的形象。因此，你的言行舉止必須要得體，否則就會損及公司形象。

　　首先是在拜訪之前，必須先以電話與對方取得聯繫，這是基本的原則。此外，事先和對方約好的時間、地點一定要嚴格遵守。

　　嚴守時間是與人會面的必要條件。如果對方是重要的人物，其行程表多半排得很緊湊，即使只遲到五分鐘或十分鐘，亦足以在對方心目中留下不好的印象。

　　出發前應將交通阻塞或其他意外在因素素考慮在內，比約定時間至少提早五分鐘，最好是提早十分鐘抵達。抵達後不妨順便把預備和對方討論的內容複習一遍，而以從容不迫的姿態出現。

　　萬一中途發生意想不到的事情時，預料將會延遲抵達或必須取消會面，應儘早與對方取得聯繫，重新約定面談時間。

商務拜訪不宜久留

　　當談話結束之後，不必急著立刻起身告辭。有的時候對方正好很空閒，

很希望你留下來陪他聊聊天兒。這時候對方會製造話題，你只要附和對方的話題就可以了。

你不必太過於顧慮對方，因為生怕起身告辭是件失禮的事，而嘮嘮叨叨說些不相關的話，這樣反而讓對方為難。是你去拜訪對方，你不主動起身告辭，對方也不能請你告辭。只是，告辭必須要有技巧，最好不要自己說：「今天就到此為止吧！」你可以表示：「如果沒有問題的話……」對方就會說：「沒事了，那麼今天就這樣了。」然後你再起身告辭，這也是一種禮貌。

有的時候對方會送你到大門口，或是為你拉開大門說：「請！」這個時候你可不必禮讓，就大大方方的走出去好了。有時候，對方只是意思的送你一下，所以在電梯門口或走廊上，你就可以向對方表示：「你請留步！」如果對方接受，他就會說：「那您慢走。」如果對方想要送你到大門口，他就會表示：「沒有關係，我送您出去。」這時你也不必堅持，就讓對方送你到大門口，再向對方致謝也無妨。

如果對方的談話延長，眼看很可能會超出預定的拜訪時間，應如何處置呢？

首先是考慮接下來預定的事情重不重要或緊急與否，若必須按時處理，只好以委婉的語氣告訴此刻的拜訪對象，說明自己幾點鐘另有要事，非趕回去處理不可。言談之間要顧及對方的立場，別讓人誤以為你厚此薄彼。

如果此時所討論的事項尚未解決，而有必要繼續加以研討，則不妨順便約定下次的會面時間和地點。

假使接下來的預定行程不如眼前的事情重要，則必須打電話聯絡預定拜訪對象，說明自己目前的狀況。

用心理戰術化敵為友

人與人之間的關係非常奇妙，有些經久不衰，有些緣盡而散。有些友誼的褪色主要由於志趣各異或關山阻隔；但有些關係的逆轉則是由於誤會、分歧沒有處理好，鬧了一兩次矛盾便彼此不再往來，甚至相互成為宿敵。良好的人際關係並不意味著你要喜歡所有的人，也不意味著你要和所有相識的人都成為知心朋友。如果你認為某些人是有價值的朋友，那就應當細心照料這種友情。

每個人建立起來的人際關係，就好比一座大穀倉。這樣一座相當大的建築物本來是堅固的，但如果長年累月無人照料整理，那麼風雨的侵襲，裂縫的擴大，就會造成隱患和危機。一旦哪天刮大風、下暴雨，它就會突然坍塌，變成一堆廢墟。當你撿起舊椽木察看，你會發現，就某一根木頭來看可能還很結實，但連結榫頭的木釘腐爛了，就無法把巨梁連接起來。

總之，要重視和善於交際，也包括重視和善於重修舊好和化敵為友。做到這些當然需要抓住時機，掌握方法技巧，但最重要的是要自由主動，運用心理策略。發揮自己的能動性，才能掌握時機和技巧。

對於鬧了彆扭的朋友，甚至是「心腹之患」的宿敵，如果你想和解。重建友情，應該怎麼做呢？在自由主動的前提下。要注意這樣三點：

對於無關緊要的敵意，寬容大度，不予理睬，可以裝聾作啞，或是轉移話題，讓對方無趣而止，絕不可斤斤計較，發生無謂的衝突。

對於有辱人格、有傷大體的譏諷攻擊，應當予以還擊，但這種還擊不是爭吵，而要採取婉言、暗示、幽默等等巧妙的方式，做到有理有利有節。這種還擊僅僅是為了自衛，維護自己的尊嚴或整體的利益，而不是為了出氣。

發現並抓住時機，向對方表示關懷體貼，給予幫助，促成和解，從而加深友情。

投其所好的心理攻勢

心理學研究表明：情感引導行動。積極的情感，比如喜歡、愉悅、興奮，往往產生理解、接納、合作的行為效果；而消極的情感，如討厭、憎惡、氣憤等，則會帶來排斥和拒絕，所以，若是你想要人們相信你是對的，並按照你的意見行事，那就首先需要人們喜歡你，否則，你的嘗試就會失敗。

在商業經營中，如何打動客戶，是一門藝術。打動人心的最佳方式，是跟他談論他最感興趣的、最珍愛的事物，即投其所好。如若這樣做了，成功就會離你越來越近。「說別人喜歡聽的話，雙方都會有收穫」，這正是經營者的成功法則之一。

投其所好，是一種藝術、一種智慧，實際上是一種溝通。它是尋求不同職位、不同行業、不同經歷的買賣雙方的利益共同點，就像將兩匹馳騁在曠野上的駿馬拉人同一條跑道中一樣，投其所好，是調動你的知識、才能的優勢，向客戶發起的心理攻勢，直至達到「俘獲」對方的目的。

投其所好實際上就是一個引導和激發的過程。這種過程的表達方式是多種多樣的，常見的主要有以下兩點。

發現對方的「特質」

發現對方的「特質」，就要善於讚揚別人，善於從理解的角度真誠的讚美別人。而且要富於洞察力，善於發現對方美好的一面。

有一位美國的老婦人向史蒂夫‧哈威推銷保險。她以一個深入人心的微笑和溫暖的握手解除了哈威的「武裝」，使他成為一個「心甘情願的受害者」。

這位推銷人員帶來了一份全年的哈威主編的雜誌《希爾的黃金定律》，滔滔不絕的向他談她讀雜誌的感受，讚譽他「所從事的，是今天世界上任何人都比不上的最美好的工作」。她的迷人的談話將主編迷惑了四十五分鐘，直到訪問的最後三分鐘，才巧妙的介紹自己所推銷的保險的長處。就這樣，老婦人順利成交了預定購買的保險金額五倍的保險業務。

對於生意場上的感情投資，你既要知彼，又要知己，同時再加上巧妙的周旋和藝術的交談、推銷，你就能順利的讓客戶們心甘情願的解囊。這一著會讓你在生意場上所向披靡，百戰不殆。

尋找對方的「興趣點」

在與別人交談時，往往會遇到這種情況：對方不是在聽你說，而是在做或在想別的事情；或者是嘴裡應付著，眼睛卻注意著別處；或者是轉移話題，跟你瞎扯……遇到這種情況，你就應該盡快放棄你的話題，尋找他的「興趣點」。

在建立良好關係的過程中，實現雙方興趣上的一致是很重要的。只要雙方喜歡同樣的事情，彼此的感情就容易融洽，這是合乎邏輯的，推而廣之，對其他許多事情，也就願意合作了。

每一個人都有某個方面的興趣。興趣可分為兩種：一種是對有關係的事物的興趣，一種是對無關係的事物的興趣。所謂有關係的事物，是指你和別人共同發生興趣的事物。利用這種興趣，常常可以在彼此之間建立良好的關係。

可是有許多人對他們業務以外的某種事情更有興趣。通常一個人所做的工作，不是出於自願，而是為了謀生。但在業餘時間他所關心的事情，則是他自己所選擇的。換句話說，他最感興趣的事情是辦公室之外的事情。

因此，從業務之外的事物上與某人接近，比在業務上與他聯繫更容易，更有效果。

　　一般人都希望與自己相處的人有許多共同的興趣，有的他特別喜歡，有的會比較冷淡。如果可能的話，你應盡量找出他們最感興趣的事，然後再從這方面去接近他。倘若沒有機會，或者這種機會不容易得到，那麼也該盡可能的去選擇他最大的興趣供你利用，主要的目的是要使他對你發生興趣。

　　欲與別人的特殊興趣建立一種特殊關係，必須把你的真實的興趣表現出來。單單說一句很感興趣的話是不夠的；在對方的詢問下，你不能掩飾你真正的興趣，免得弄巧成拙。

　　問題在於你怎麼能使他人了解你對某件事情的確和他有同樣的興趣。因此，你必須對這題目具有相當的知識，足以證明你是有過研究的。越是值得接近的人，你就越應該努力對他所感興趣的事情，作進一步的了解，使你能夠應付他，使他樂意提供你所想知道的事情。

　　比如：你知道某人去過美國，如果你向他問及美國的事情，他一定會非常高興或滔滔不絕的講到美國的許多事情，即使你的目的只不過想問問有關美國入境的手續，而他會連帶告訴你紐約帝國大廈的電梯快到什麼程度。

　　專家們給出實現和他人興趣一致的三個步驟：

　　找出別人感興趣的事物；

　　對他感興趣的題目應該先獲得若干知識；

　　對他表示你對那些事物確實感興趣。

完美結束你與他人的談話

　　每個人都有過與他人說話的經歷，不管是正式的交談，還是非正式的聊

天，都必須有個結束的時間。交談的氣氛、過程和內容很重要。交談的內容要有意義，過程要愉快。但是交談的結束也很重要。不歡而散是你所不願看到的。

　　最好的結束時間就是該結束的時間。但是，還是有許多該結束而沒有結束的時候，你或者會覺得兩人談話已沒有意義，或者是你有更重要的事要去做，你需要結束這次談話。

　　不好的結束會傷害他人對你的感覺或印象。那麼，你要如何結束這次談話呢？

　　你可以時不時的看手錶，並做出有急事的樣子。和你說話的朋友知道你有事情要做，他會知趣的離開。

　　你可以做出疲倦的樣子。你的客戶也許不想使你太辛苦，太累。

　　你可以這樣說：「你好，這是我的名片，歡迎你隨時打電話過來或是寫信過來。」

　　「現在是下午三點，你下午還有事嗎？」

　　「現在是上午十一點，要不要留下來一起吃飯？」

　　「你的電話和地址我都有了，在我需要的時候，我會打電話給你。」

　　如果你正在完成一筆交易，你的結束語就更重要了。據統計，一個冠軍銷售員的銷售量百分之五十來自於處理客戶反對意見的談話結束法，百分之四十來自於克服拖延的能力，百分之十來自於你坦率說「不」的能力。一次好的結束可以鞏固你的交易。

　　「我們可以保證在六月十五日交貨，您現在可以在這裡簽下這份同意書了。」

　　「謝謝您，希望您能了解我內心的感激，我會盡全力提供您最佳的服務，來證明您的抉擇是明智的。」

「恭喜您作了明智的抉擇，您選擇了一件非常好的產品。」

「我一向要求自己精益求精，所以在您走之前我想聽聽您的意見，您覺得我在哪些方面可以做得更好。」

「我確認一下，您要的產品一共是三件，總金額是 ×× 元，明天送貨。」

「對不起，時間不早了，我還有個客戶等著用這個產品，我得馬上走，謝謝。」

適當透露隱私可增加親近感

人的心理通常是隱惡揚善的，所以他們會想盡辦法掩飾自己的缺點，宣揚自己的優點。因此，一旦有人明白的指出自己的缺點，反而會讓人感到他很誠實而對他產生信賴感。

在談生意時，你稍稍透露自己的隱私或缺點，對方會感到你這個人很誠實，感到你容易親近。這一點，是特別重要的。

那些高明的生意人，即使與對方並不熟悉，也會創造一種親切的氣氛，必要時暴露一些隱私，這樣，就是反對他的人也會對他產生親近感，並樂意為他所用。

有位心理學家在紐約市的廣播節目中介紹了三位候選人後，要求聽眾從三個人中選出一個人來。關於這三個候選人的情況，首先介紹了第一位，他具有政治家的資歷、學歷和人品。然後介紹了第二個人的政治經歷及實際工作成績。關於第三位候選人，只介紹了他的私生活，例如他非常疼愛孩子、每天帶著狗去散步等等。

投票的結果是第三位候選人獲得了壓倒性的勝利。儘管選民們不知道他作為政治家的能力如何。這大概是因為這位候選人讓選民們感到他最容易親

近的緣故吧。這個實驗表明，選民們投票時的判斷基準，比起政治來他們更重視候選人是否讓他們感到親切。這個心理實驗還告訴我們，要讓一個人對你感到親切，就應該與對方進行具有人情味的交流。

陳某去拜訪一位知名企業家，目的是對因對方產品出現品質問題而造成的損失提出賠償。然而，還來不及寒暄，這位企業家就對想質問的陳某說：「時間還長得很，我們可以慢慢談。」陳某對企業家這種從容不迫的態度大感意外。

不多時，祕書將咖啡端上來，這位企業家端起咖啡喝了一口，立即大嚷道：「哦！好燙！」咖啡杯隨之滾落在地。等祕書收拾好後，企業家又把香菸倒著插入嘴中，從過濾嘴處點火。這時陳某趕忙提醒：「先生，你將香菸拿倒了。」企業家聽到這話之後，慌忙將香菸拿正，不料卻將菸灰缸碰翻在地。

平時趾高氣揚的企業家出了一連串的洋相使陳某大感意外，不知不覺中，原來的那種挑戰情緒消失了，甚至產生對方非常容易親近的感覺。

整個過程，其實是企業家一手安排的。當人們發現傑出的權威人物也有許多弱點時，過去對他抱有的成見或恐懼感就會消失，而且由於受同情心的驅使，還會讓對方產生某種程度的親密感。

每當新學期開始時，學生都會對新老師和新教法覺得恐懼，所以有些老師故意在上第一堂課時暴露自己的弱點，比如他會說：

「我的字寫得一點也不好看，我的書法更差，在上小學時，我的書法都一直很差，因此我不喜歡在黑板上書寫。」

那些學生聽了會在心中暗想：「原來老師也有弱點，我跟他並沒有什麼不同嘛。」

如此一來，學生的心情便會放鬆下來，並且在心理上產生某種程度的優越感。

每個人都有弱點，故意表現一些自己的弱點，在某種情形之下，將能成為強有力的武器。

自此可見，在談生意時，要使別人對你放鬆警惕，產生親近之感，使對方成為自己的朋友，並為自己做事，只要你很巧妙的、不露痕跡的在他人面前暴露某些無關痛癢的弱點，出點小洋相，表明自己並不是一十高高在上、十全十美的人物，這樣就會使人在與你交往時鬆一口氣。

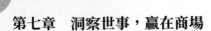

第七章　洞察世事，贏在商場

第八章

男女間，
要透過性格看清對方

夫妻不是同林鳥，性格不合各自飛

　　夫妻，兩個人，一個是男人一個是女人，相互愛著，依靠生活，夫妻本是兩個人因為愛，因為感情，因為互相依靠而結合一起生活，並透過合法的途徑結合為夫妻。人們常用這些詞彙來形容夫妻，如「夫妻本是同林鳥」、「千年修得共枕眠」，「一日夫妻百日恩」等等。

　　平常我們所說的性格合得來或合不來，主要指性格是否能夠互補，如果一個是針尖，一個是麥芒，在性格上看起來很相似，其實卻很難相容相合。

　　「志同道合」常常被認為是最理想的夫妻搭配。但在性格方面，往往彼此相異才是最佳的組合。比如一個是急性子，一個是慢性子；一個倔強，一個溫婉；一個外向，一個內向等，這類組合即是性格互補。平常我們所說的性格合得來或合不來，兩人天天是針鋒相對，你刺激了我，我便一定要刺激你，彼此互不相讓，到頭來只能鸞飛鳳泊，分道揚鑣。所以一對夫妻表面上看來是雙宿雙飛，其實卻未必是真正的同林鳥。

　　依紫出身於公務員家庭，受父母的影響，也夢想著將來與青年菁英結婚。不久，她在擇偶聚會上認識了一位青年菁英，那人完全符合「容貌清秀」、「高學歷」、「高收入」這三大條件，同他結婚是件再好不過的事情了。可是剛一結婚，等待依紫的就是地獄般的生活。

　　原因之一是雙方的性格不合。由於兩人脾氣都很急躁，所以經常為一些瑣事吵個沒完。此外，兩人的興趣完全不同。依紫從小練習鋼琴，喜歡聽古典音樂，而她的丈夫卻對古典音樂一點都不感興趣，整天聽那些刺激的重金屬搖滾樂。因此，一到休息日，夫妻倆就開始鬥嘴：

　　「你煩不煩呢，一大早就聽這種俗氣的音樂，真讓人受不了。」

　　「你自己聽的音樂才叫無聊呢！一聽到那些煩人的曲子，我心裡就不

痛快。」

後來，她丈夫失去了工作，夫妻關係從此出現了裂痕。依紫的丈夫在一家大建築公司工作，令人難以置信的是，那家公司最終陷入了破產的境地。就在兩人結婚之後，為了顯示丈夫的高收入，他們在都是市內最好的地段買了一套兩房一廳的公寓。現在，他們已經無力維持這種高消費的生活，於是依紫不得不去附近的超市當臨時工。可是她在那裡卻如坐針氈。原來，一起打工的人對她說：「你家先生好像每天都去撞球場，不好意思問一下，難道他沒有工作嗎？」

以此為導火線，夫妻之間的關係越來越惡化，不到兩年就離了婚。

有些女人，你娶她時要三思

男人選擇什麼樣的女人作伴侶，不僅對家庭有很大影響，而且可以說對男人的一生都有很大影響。畢竟結婚不是扮家家酒，所以一定要慎重考慮。

娶學問比你高很多的女人要慎重

談戀愛時，找個有一定教育水準的女人是必要的。但要是對方的教育水準比你高很多，就有些不妙了，因為女性的教育程度太高了，她的自尊心就往往達到了使男人無法忍受的地步。不但這樣，假定你有什麼建議，提出來研究，她準會擺起一副博士的架子，向你哼一聲，甚至說你的一切建議完全沒有理論基礎。

你必須牢記這一點，凡是口裡還經常掛著「理論基礎」而自命不凡的小姐，切勿和她談情說愛，要是這位小姐還有什麼值得自豪的學歷，你就更加要敬而遠之。

娶過分漂亮迷人的女人要慎重

一個男人一生辛勞，其目的大概是一為名利，二為美人。一個男人若能娶得美人歸，會在心中大感興奮。但過度漂亮迷人，到處惹男人視線的太太至少會給他帶來兩種災難：

1　消磨自身。妻子太美，男人就容易滿足，安心現狀，因而不圖進取，故往往一生沒有什麼成就。弄不好，連妻子到最後都不會留在他身邊，那就全完了。其次，男人自然對嬌妻疼惜有加，百依百順，最後就沒了男人氣概，喪失了主見，成了任由嬌妻擺布的傀儡。再次，整天想念著嬌妻，戀著那份溫柔，很難專心工作。而且還時時存在不安感，潛意識裡恐怕嬌妻跑了，或別人會來勾引她。弄不好，惶惶然不可終日，恨不得每分每秒都陪在嬌妻身邊才好，失去了很多本屬男人的東西，很多事也就做不成了。

2　惹來嫉妒。娶嬌妻會惹來他人嫉妒，這是很自然的事。有句俗語：「子女是自己的好，老公老婆是人家的好。」明擺著一個美人兒，那就更惹同事、鄰居、親友眼紅。人的心理有時很怪，明裡說不出口。暗裡就會對你加以排斥。你自己固然弄不明白自己在什麼地方得罪了同事、上司，而排斥你的人也未必能清楚陳述，就只是一種心理在作怪 —— 嫉妒。你上司的妻子要是個醜八怪，他說不定還刁難你；其實你自己並沒得罪他，惹他不舒服的就是你嬌妻太漂亮了。因而你要知道，美妻可能會給你引來一批敵人。

娶洋娃娃型的女人要慎重

這類女人一臉孩子氣，外表已屆成熟，內心卻極幼稚。天真快活，無憂無慮，有人愛她更是得意非凡，卻不是個管理家務事的好對象。男人娶了

她，你得準備親自操持家務事，家中才可能井井有條。因為這類女人的孩子脾氣一直會保持到中年以後。當然，如果你娶妻只是想找個溫柔的小女人回來疼愛，那這類女人挺合適。

娶情緒化型的女人要慎重

這類女人十分情緒化，一會滔滔不絕，一會沉默寡言；一會神采飛揚，一會黯然神傷；一會對什麼都感興趣，一會又會對什麼都興味索然。感情非常易變，而且來得驟然激烈，讓人無法捉摸。如果你沒有相當的寬容大度、男子氣概和震懾力量，就最好別與她結為夫妻。

娶女強人型的女人要慎重

一般形容女性的軟弱依附為「小鳥依人」，西方的說法為「永遠攀附著葡萄架」。女強人與這類人品性正好相反，已趨向於明顯的男性化：醉心於事業，且有指揮他人包括男人的欲望。如果你沒有令她佩服的素養、智慧和能耐，那蜜月過後，你會慢慢發現自己竟成了她的附屬品，而這種感覺往往令男人難以忍受。

娶拜金型的女人要慎重

這類女人往往是靠出賣色相甚至肉體來換取金錢。這類女人表面上與男人「正正經經」的談情說愛，但她卻想法拼命花男人的錢。男友的錢在她身上花得越多，她就越有征服感，而征服欲也就越大。待男友實在金援不了，她就會離他而去，再找另一個男人。可見這類女人拜金，而金錢卻未必能買到她的愛。她願意做你的太太，十有八九是因為你財大氣粗；待她碰到個比你更財大氣粗的人，或待你變得財少氣細時，她說不定又要飛向別的枝頭做鳳凰了。

娶太過精明的女人要慎重

本來做事精打細算是一種美德，然而，過度的精明，就變成吹毛求疵了。這類女人在戀愛期間，也許竭力掩飾自己的品性，一旦結婚之後，那種精明過度的性格，就表現無遺。當你想和她談情說愛之際，她正在擺起一副主婦架子，挑剔僕人，吹毛求疵，你想想看，這樣是否大煞風景。

總之，過度精明的女人，在腦海中什麼也沒有，除了一個算盤。這種太太永遠不知道安慰枕邊的人，除非你是一個事業家，打算要一位兼做助手的妻子，才會對這種女人有興趣。

娶富婆要慎重

你必須懂得這一句話：「錢越多，腦子的活動能力就越加薄弱。」如果你自己有錢任意揮霍就算腦袋笨拙到像一頭豬，也不成問題；然而，萬一你的太太有錢，你卻是窮光蛋一個，碰上了她的小姐脾氣發作，那就受不了。根據常理而論，凡是富家小姐，多數是終日研究馭夫術的女人。除非你立德，準備受女人氣，不然的話，還是不要和太過富有的小姐結婚吧。

娶自我感覺太好的女人要慎重

「自我陶醉型」的女人不可擇為對象。

這一類型的女人，總是不時面對明鏡，為打扮自己而心無雜念。為了化妝而花費個數小時，是習以為常的事。不但為這大耗時間，也大耗金錢。

這些人大都對自己的姿色有著很強的自負。有的是對整個狀態、容貌雖然沒有信心，至少對某一部分有信心。就算沒有足以驕傲的容姿，她也肯花一大把金錢，做人工的補救，設法使自己更美麗。於是，昨天去燙頭髮，今天到美容院做美容術、美容體操，明天嘛，打算到女裝店試裝、或去醫美

整形……

她最喜歡成為眾人注目的對象。如果男士們對她太獻殷勤，或巴結、奉承，她就眉開眼笑。

因此，具有自戀傾向的太太，對丈夫的朋友、四鄰的先生、英俊的推銷員，常常露出嬌態，或大送秋波，或眨眼示意……

丈夫的呵護、疼愛。她喜歡。但是，要她對丈夫獻出所有的愛心那就要看她先生的造化了。

她有一個希望：不只是丈夫，如果能夠迷倒天下所有的男性，該有多好。

她不可能對丈夫盡內助之功，更不用說安慰丈夫、激勵丈夫了。非但如此，內心還藏著如下想法：「唉，以我擁有的魅力來說，照理可以找到更理想的男人。真是的……我降格嫁給他，他當然心有感念，即使視我如寶，善加呵護，也是應該的。」

這種女人做了太太，毛病太多。虛榮心強，為所欲為。

判斷花心男人的方法

對男人來說，即使身邊守著一位年輕貌美的嬌妻，有時候還是情不自禁的想接觸其他女性，男人的這種與生俱來的強烈性衝動，常因女方的外貌所左右。

很多時候對男人來說最關鍵的往往是新鮮感，男人為這種對新鮮感的渴望所驅使，有時雖然新結識的女性遠遠不及自己的妻子，但僅僅因為她有未知性，所以極大的吸引了他們的注意力。雖然最終不見得發展到肉體關係，但是以此為想像的題材，做一些白日夢，這對於在現實生活中的好男人來說也是常有的事。所以不難理解，與同自己廝守在一起的妻子相比，賣淫女郎

的肉體更富有新鮮感，容易讓男人得到滿足。既然男人的本性就是渴求未知的女性，那麼同樣是女人，倒不如找賣淫女郎之類的女性一樂來得更為便捷。總之，對男人來說，性和愛是兩碼事。

男人在愛情產生之前，早已有性的衝動，渴望同陌生的女性有性的交流。然而如果因此打算與普通女性進行交往，首先要雙方認識，其次是邀請對方一起吃飯，接下來是一次次的約會，在經歷了這麼多手續後，對方也不見得會輕易的以身相許。因此還必須進一步想方設法博取對方的歡心，做一些使她高興的事，即使這樣，她也不一定會答應共赴陽臺。一句話，這的確是件勞神費心、事倍功半的作業。不過，在女人看來，男人們屈服於自身的本能而去花錢買歡，正是意志軟弱的表現。但在另一方面，如果男人們硬性壓抑自身的性慾，那麼或許表面上會成為一個舉止得體、溫文爾雅的男子，但與此同時，他作為雄性動物所特有的色彩也將逐漸消失。

那麼如何更好的判斷男人花心呢？

注意男人的情書

在智慧型手機十分普及的今天，靠寫情書來傳達感情的男人，或許是由於他把情書看得很重要。不論他在信上寫什麼內容，他都想傳遞「愛情」的資訊。

許多情況下，喜歡寫情書的男人，與其說他很熱情，還不如說他是一位感情細膩、做事很慎重的男性，因此才把語言不好表達的意思寫成文字來表達。可是，如果是情書太頻繁了，你就要注意防範了。把頻頻寫情書的男性看成是充滿熱情的理想男人，等到談婚論嫁的時候才發現他的言行不一，結果興趣全無，感情破裂。

男人有錢是否變壞

女人往往希望男人要具備英俊、聰明、善良、有錢以及專情。其實，世界上哪有這種男人？結果，女人們只能降格以求，想嫁給一位有錢人。但是，她們忽略了一點，有錢並不是幸福，有錢的男人往往很風流，經常拈花惹草。而女人最不能容忍男人有外遇了，她們相夫教子，為的就是能擁有一個安全、溫暖的家。到頭來卻人財兩空，這是女人所不能容忍的。

浪子型的男人情緒像風

浪子型的男人，的確有風度，談吐也很風趣，知道應付場面的禮儀，學識淵博，而且還擅長捕捉女人的心理。你不喜歡熱鬧的時候他能帶著你去海邊散步，你討厭看電影的時候，他帶你去聽音樂會等等。結果，使你不自覺的從心底裡喜歡他。可是，這種男人在愛情上卻有一個致命的弱點，就是他的喜新厭舊心理。他喜歡新刺激，不然的話，他就會感到窒息。所以，這種男人很容易傷害女人，不值得女人去刻意追求。

正視男人的心有旁騖

你們高興的在一起約會時，每當有其他漂亮的女人擦肩而過的時候，你的男友是否會把視線移向她呢？很多女人會認為這種男人要多加提防，覺得他們肯定屬於感情不專一的人。事實上，從男人在社會中扮演的角色與立場來看，男人在社會上生存需要靠自己的實力，必須耳聽八方、眼觀四面才能避免危險，所以養成了對周圍環境的關注。

其實，往往是那些目光不敢轉移的男性，發生外遇的可能性才更大，他的做法是因為他太注意其他女性而採取矯枉過正的結果。

不能上不修邊幅的男人的當

就算是再懶散的男人，在約會的時候也會梳梳頭，穿一件乾淨的衣服，

希望給女友留下一個好印象。但是仍然有一些男人，約會的時候還不修邊幅。結果，使某些女人認為他「好可憐」，產生了惻隱之心而嫁給他。

結婚以後，這種男人在妻子「調教」下，形象大為改觀。但是，你不要認為他不善於修飾自己，缺少吸引女性的外觀，所以不會輕易出現外遇，妻子容易對這種男人不予防備。這種男人沒有外遇則已，一旦有了外遇，往往會十分認真，陷得很深，使妻子大吃一驚，驚惶失措。

精力充沛容易「花心」

男性往往對於未知或者全新的事物，好奇心很強，而且在面對這些新事物的時候，不像女性那樣容易不安。反之，他們常常會去積極的探索，想了解到真實的內容。

對新事物有著濃厚興趣的男人，在嗜好方面比普通男人更廣泛。遇到這種男人，女人往往容易心動，所以這種男人將來有外遇的可能性更大。

好男人壞起來會更「壞」

有人認為，吃喝嫖賭是男人的天性。但是，也有的男人絕對不會涉足。可是，他們卻有一個相同之處，就是有一項強烈的嗜好，可以讓他投入全部身心。但是，這些工作認真、不識遊戲滋味的男人，到了中年以後，如果嘗到了遊戲的滋味，往往會走火入魔，不能自拔。因為他們在年輕的時候，沒有過過怎樣去控制玩的欲望，因此容易對遊戲的世界抱著神祕的期望，特別是賭博和女人，更會使他執迷不悟。

從十個方面觀察與你交往的男人

你怎樣才能知道這個男人是否可以繼續相處？下面給你提供幾條妙計，不妨一試。

看他的生活用品

他的家裡擺滿書還是擺滿球賽優勝獎狀？是不是擺著與家人的合影？沒消毒你敢用他的廁所嗎？家裡是不是凌亂不堪？這或許是他一時沒空收拾房間，但如果他就是不愛整潔，那他將很難改變惡習。你必須做出決定：你能與這樣的男人生活在一起嗎？你有把握改變這種髒亂的環境嗎？

看他交的朋友

你不可能喜歡他所有的朋友，但如果你不喜歡他的大多數朋友，這就是提醒你，他不適合你。男人結交一些女友也不是壞事，這有助於他理解女性的特點，也表明他能與異性交流。如果他只有女朋友而沒有男朋友你就要當心了。這樣的男人會時常感到其他男性的威脅，他需要在異性面前堅定自己的自信心。

看他如何對小孩

如果他嫌小孩麻煩，拒絕對小孩親近，那他永遠不會成為一個好父親。如果他非但不討厭小孩，還樂於與小孩交談，甚至蹲低身子聽孩子說話，趴在地板上與小孩一起遊戲，這個男人無疑將成為一個好父親，你值得與他發展關係。

看他是否守時

與他八點約會，而他九點才到，說明他沒把你放在心上。他覺得自己的時間比你的時間更重要，這實際上是他缺乏對你的尊重。

聽他愛說什麼

如果他在女友面前充滿溫情的談起自己的家庭，這種男人最能打動女

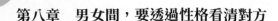

人。如果他希望你與他共用歡樂或分擔痛苦，這人比較自私。還有一類男人喜歡對別人品頭論足，看不起任何人，聽信傳言，甚至對別人的遭遇幸災樂禍，這種男人趁早離他遠點。

看他對前女友的評價

講女友壞話的男人靠不住。既然曾經相愛，為什麼要詆毀其名譽？尊重自己以前的女友，才是大度的男人。但如果他總是在你面前說前女友的好話，這說明他仍想念她，舊情難忘。

看他對母親的態度

對母親不好的男人，你別去親近他。男人對母親的態度就能說明他對女性的態度。尊重母親的男人，他同樣懂得愛自己的妻子。但是，要注意，如果男人過度依戀母親，言聽計從，很可能缺乏獨立性，這樣的男人很少有男子漢的氣概。

看他如何看待金錢

有的男人總是搶著付帳，這並不能證明他大方，反而表明他想控制女友；而吝惜、小氣的男人在情感方面，也註定斤斤計較。至於揮霍無度，經常透支，甚至負債累累的男人，你千萬不可與他交往。

看他對工作的態度

從某種意義上講，男人對工作的態度就是對生活的態度。凡是在工作上稍不順心就跳槽的男人，幾乎可以預料有朝一日，夫妻關係出現一點點挫折，他也會一走了之。

看他的心理是否健康

愛諷刺別人的男人，其實是借貶低別人抬高自己。這類男人心理不健

康。還有些男人無緣無故發火，有時衝著電視節目喊叫，還可能對餐廳服務員無禮。他可能在精神方面潛藏著隱患，有發展成憂鬱症的危險。

氣度的正面和反面

常言道，人不可貌相，海水不可斗量。雖然一般來講，人的外表與內在是和諧統一的，但也頗多恰恰相反的例證：有人學富五車、才高八斗，表面看去卻顯得愚拙木訥，有人胸無點墨、不學無術，卻道貌岸然，趾高氣揚。所以，觀察和評價一個人僅憑表面現象便輕下結論，就容易犯下糊塗的錯誤。

清朝末年，國庫空虛，於是鬻官賣爵，設立捐班，定下價格，捐多少錢，便可做多大的官，以資斂取。

當時有一個發了橫財的船夫，捐了一大筆錢，得了一個七品頂戴，也在禮部學了禮，大概用苦功學了一段時間，在場面上也能擺出一副官架子來了。

可是有一次，和一些同一階層的官員們在一起吃飯，這位捐班出身的大人，在拿起筷子夾菜之時，仍不改他在船上吃飯時的習慣，右手拿的筷子往左掌心一戳，把兩根筷子，弄得齊平。

他的這個小動作，被同席的人看見了，一猜就知道他是捐班出身。而且以前可能還是作船夫的，這還是小事。飯後大家坐下喝茶聊天，其中有一位進士出身的清廉縣知事，穿的一雙靴子破了，但他仍毫無愧色的伸在前面擺開了八字腳。

這位捐班的船夫看見了，於是說，某大人！你的靴子破了。這位縣知事聽了不但沒有難為情，反而舉起腳來說：「我這靴子的面子雖然破了，可是底

子好得很。」

這是一句雙關語，意思是說：我這縣官的底子，是憑學問考來的，不像你老哥這個官兒是用鈔票買來的。所以羞紅了臉垂下頭去的，反而是這位笑別人破靴子的船夫。這就是氣質的不同了。

可是看人的氣度，有時也是不簡單的。像這位船夫大人在手心裡齊筷子，是很明顯的所謂職業的習慣性動作，但有時一些似是而非的外表，那可就要別具慧眼來辨別了。像《呂氏春秋》說的：「相玉者，患石似玉。相劍者，患劍似吳干將。賢主患辨者似通人，亡國之君似智，亡國之臣似忠。」

識人如辨物，那一種似是而非的贋品，最會把人難倒，玉和石，是很容易分辨得出來的。但是遇到一塊很像玉的石頭，那麼珠寶店的專家，也感到頭痛了。

至於評斷寶劍也是一樣，普通的生鐵所鑄，鋒刃不利的，一望而知。但是樣子很像什麼干將、莫邪的古代名劍，也會令古董商人頭痛。

物固如此，對人的認識就更難。因為人是活著的，是動的，會自我巧飾，所以一個很賢能的君主，也怕遇到那種耍嘴皮子能說善道的辯士，弄得不好就誤認他是真才實學的通人，予以重用而終於誤國。歷史上更有許多亡國之君，看來非常聰明；一些亡國之臣，看來非常忠心的。

鑒識人，見其器度固難，即使是從言默舉止有了認識，也是不夠的，還必須要更深入的了解他的個性。在荀悅的《申鑒》中，有一段討論到氣度的反面個性說：

「人之性，有山峙淵渟者，患在不通。」一個穩如山嶽，太持重的人，做起事來，往往不能通達權宜。嚴剛貶絕者，患在傷士。」

處世太嚴謹剛烈，除惡務盡的人，往往會因小的漏失而毀了人才。「廣大闊蕩者，患在無檢。」過度寬大的人，遇事又往往不知檢點，流於怠惰簡

慢，馬馬虎虎。「和順恭慎者，患在少斷。」

對人客客氣氣，內心又特別小心謹慎的人，在緊急狀況下，重要關鍵處，則沒有當機立斷的魄力。「端愨清潔者，患在狹隘。」做人方方正正，絲毫不苟取的人，又有畏畏縮縮，施展不開的缺點。

「辯通有辭者，患在多言。」那種有口才的人，則常犯話多的毛病，言多必失，多言是要不得的。「安舒沉重者，患在後世。」安於現實的人，一定不會亂來，但他往往是跟不上時代的落伍者。

「好古守經者，患在不變。」尊重傳統，守禮守常的，又往往食古而不化，死守著古老的教條，於是就難有進步。「勇毅果敢者，患在險害。」現代語所謂有衝勁，有幹勁的人，在相反的一面，又容易造成危險的禍害。

所以認識了一個人的氣度，同時還要看他這一種氣度在反面有什麼缺陷，才能達到知人善任的目的。

男人要學會接受潑辣的女人

提及潑辣，有些人像碰上了母老虎一樣，十分恐懼，好像潑辣與蠻不講理、刁鑽乖戾劃上等號。其實，潑辣與溫柔並非水火不容，事實上，潑辣的女性對親人、對朋友、對戀人、對丈夫往往柔情似水，謙和恭敬。

天真純樸的灑脫情致，粗獷熾烈的浪漫氣質，無拘無束的敢拼敢闖的個性，百折不撓的頑強毅力，使潑辣顯得那麼可愛，那麼富有魅力。有人說，潑辣不是女性的特質，會有損似水柔情的女性形象。這是偏見，古今中外，潑辣女性竟成大業，有口皆碑。她們所取得的成就，不僅為潑辣女性編織花環，更為理性美增添了新的魅力。

現在，是我們端正認識，正確看待潑辣女性的時候了。那麼，性情潑辣

307

的女性到底具有哪些優點呢？

天資聰穎，思想敏銳。潑辣的女性一般智商較高，頭腦清醒，反應敏捷。因此，不論在學習還是工作中，都能成為佼佼者，博得人們的讚美和欽佩。

吃苦耐勞，不怕困難。潑辣女性之所以潑辣，在基本上是她們能做實事，說到做到。拿得起，放得下，手腳勤快，有不習慣的東西馬上就動手改，她們在學習或工作上勇於做出犧牲。

勇於競爭，上進心強。潑辣的女性往往自恃天分較高，有一種敢於競爭，敢於進取的拚搏精神。她們對自己的能力信心十足，因此，不論在物質生活方面還是在精神生活方面，執著追求，人有我亦有，總是不甘落後。

愛潔如癖，乾淨俐落。潑辣的女性大都有講究衛生、愛乾淨清洗的嗜好。她們居則要求整潔、明快；穿則要求入時、漂亮，令人賞心悅目。她們絕無那種讓人討嫌的窩囊、邋遢的不良作風和習慣。

開朗大方，善於交際。潑辣女性以性格開朗、豪放著稱。因此，她們在待人接物方面落落大方、不俗氣，極少有那種小家子氣的猥猥瑣瑣，表現出較強的適應能力。

精打細算，持家有術。潑辣的女性大都稱得上是過日子的能手，她們在家庭建設、計畫開支、生活安排諸方面，善於動腦，巧於心計，目光長遠。她們會把家庭生活安排得井井有條，能博得人們的喜歡。

做事果斷，自主性強。潑辣的女性一般自幼就得到了較多的肯定和鼓勵。因此，她們自主自立意識較強，很少有依賴感，做事較有主見，有膽識，乾脆俐落，大有巾幗氣概。

心直口快，質樸無華。潑辣的女性一般都會追求完美的個性，她們對不盡如人意的事物，往往是有啥說啥，快人快語，甚至得理不饒人，這不正反

映了她們質樸無華的性格嗎？

　　溫柔有似水之美，潑辣有野性之美，都是女性的迷人魅力。願人們能正確看待女性的潑辣，願潑辣女人能珍惜自己的美。切記，潑辣也是女性的一種魅力。

十二種不受歡迎的女性

態度傲慢的女性

　　這種女性多數為出身於富有的家庭，或者本身有一種超人的技能，但無論如何，她總會令那些稍有自尊心的男性離她而去，甚至不願和她接近。

金錢主義的女性

　　這種女性，眼中只有金錢，對男人只講金錢，不講感情，她的心目中的男人只不過是長期飯票而已。

喜歡惹人注目的女性

　　這種女性的特徵是喜歡招搖過市，容易和陌生的異性打交道，自然她也容易引起別人對她的注意，但這種女人是沒有一個男人會喜歡的。

刁蠻的女性

　　這種女性，大都是被家庭嬌生寵慣了的，可謂不知天高地厚，一時高興，什麼話都可以脫口而出。一般男人，都被她那張厲害的嘴巴嚇得走掉了。

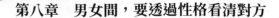

浪漫型的女性

這種女孩子，感情相當豐富，但卻喜歡沉醉於幻想中，她可以同時愛上幾個男子，而引以為榮。

冷若冰霜的女性

這是典型的美人。可是卻缺乏了對男人應有的感情，使人感到無法和她親近，而寧願把她當作一件禮物來欣賞。

酸醋罐型的女性

這種女孩子的占有欲很強，隨時注意著男友的行動，連男友望一下街上的女人都不可以，這種酸醋味太重的女性，也不受男人的歡迎。

不受羈絆的女性

這種女孩子滿身是男子氣，好動不好靜，一刻也不肯停下來，作為她男友的人，簡直就是她在遊玩時的伴侶，她也不會成為未來的好太太。

容易得來的女性

這種少女的特徵是，常常做著結婚夢，只要有人介紹一個男友給她，她便把人家當作結婚的對象了。

花枝招展、濃妝豔抹的女性

有些國小國中的少女都會畫眉、塗口紅了，雖然愛美是女人的天性，但是過度的人工化妝，所得結果反為不美，不要以為你自己喜歡花枝招展、濃妝豔抹，男人也會喜歡，事實上這對大部分的男人是適得其反的。

珠光寶氣，首飾奴隸的女性

萬綠叢中一點紅，這句話值得讚美的地方，就是好在一個紅字，因為，只有一點紅才不會俗氣，才矜貴，才清雅，佩戴首飾的道理正與此同。有些女人喜歡將自己當作一個首飾櫥窗，應有盡有，全數展覽出來，好男人不會喜歡這俗不可耐的女人。除非他對你另有企圖。

過分整齊，吹毛求疵的女性

這一類女子半生光陰花在追求整齊上面，凡事吹毛求疵，一絲不苟，約會遲到一分鐘便是天大事，暴風驟雨，怨目爭眉。凡經她整理、布置、陳設過的任何一物，如果給人弄翻了，她的血壓突然高漲一倍，除了患被管束狂症的男人外，很少有人敢喜歡這類女人。

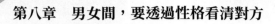

第八章　男女間，要透過性格看清對方

第九章

看人別走眼——
如何避免看人盲點

好人和壞人，沒這麼簡單

南懷瑾先生曾經說：世界上任何一個人，在心理行為上，即使一個最壞的人，都有善意，但並不一定表達在同一件事情上。有時候在另一些事上，這種善意會自然的流露出來。

俗話說：「虎毒不食子。」動物如此，人類亦然。只是一般人，因為現實生活的物質需要，而產生了欲望，經常把一點善念蒙蔽了，遮蓋起來了。再加上人的秉性，也就是人的脾氣，我們常常稱之為「牛脾氣」，人的脾氣一來，理智往往不能戰勝情緒。

正是由於以上原因，所以我們不能簡單的把人分為「好人」和「壞人」。其實，「好人」也可能有惡念、辦壞事；「壞人」有時也會發善心，做好事。

所謂「好人」和「壞人」並不是絕對的，而只是在相對的意義上加以劃分的。下面這個故事，更能夠說明這個道理：有一位商人和一位心理學教授聊天，商人對教授說：「假如有人願意出十萬美元買你的心臟，你賣不賣？」

教授毫不猶豫的回答：「不賣！」

商人又問：「如果有人出一百萬美元呢？」

教授仍然說：「不賣。」「要是一千萬美元你賣不賣？」商人再問。

這時候，教授猶豫了一下，說：「也許我可以考慮一下。」商人笑著說：「沒有了心臟，你要一千萬美元還有什麼用處呢？」教授認真的說：「我的太太和子女有了這筆錢，就可以從此過上比較優裕的生活了。」

「可是，你的太太和子女即使得到了一千萬美元卻失去了你，他們會快樂嗎？」商人說。

教授笑了笑說，只有回去問問才能答覆這個問題。

第二天，二人再次相遇。教授十分不快的說：「無論誰願意出多少錢，我

也不賣心臟了！」商人肯定的說：「一定是因為你的太太和子女都反對，所以你就不願意賣了。」

不料，教授的回答卻是：「我回家跟他們一說這件事，他們還以為是真的，並問我打算怎樣分配那一大筆錢。我想，要是我真的賣了心臟，他們是不會太傷心的。所以，我決定多少錢也不賣了！」

在這個故事中，錢是人生的一個重要參數，它可以改變人的心態。使「好人」和「壞人」發生轉化。即使很有學識和修養的心理學教授，在十萬、一百萬美元面前可以不動心，但在一千萬美元面前卻轉變了心態。當然，此時他仍然是一個「好人」，心裡想的是這樣做可以使太太和子女過上比較優裕的生活。

教授的太太和子女平時一定很愛他，否則他也不會想到賣心臟來使他們過上好生活。可是，在鉅款面前他們卻喪失了理智，變成了以親人性命換錢的「壞人」。而當教授了解到太太和子女把錢看得比他還要重要時，就又改變了主意，不願意做無私奉獻的「好人」了，並決定多少錢也不賣了。

在貪心和欲望的作用下，人往往發生轉化或迷失了自己。如貪財的人往往多求，不惜損人利己，甚至作奸犯科，觸犯法律。有的人在一定環境下，行為比較正直，但當環境變化以後，經不起金錢等物欲的誘惑而走向墮落。這樣的例子，在現實生活中還可以舉出很多。

把人簡單的劃分為「好人」和「壞人」，就等於束縛了自己的心靈，蒙蔽了自己的眼睛，因而便容易犯錯誤。這樣做的危害主要有兩方面：

1　人為的限制了自己的交際範圍，無法擴大社交圈。

2　不懂得人性的變化之道，就不知道使「壞人」轉化為對自己有利的「好人」，反而常常遭受「好人」變壞之後的陷害。

明白「好人」與「壞人」相互轉化的道理，不僅能提升自我修養，而

且能挖掘、擴充、利用他人身上的善意，同時提防、遏制、消除他人身上的惡意。

透過假面具看清男人

男人們往往屈服於某種社會的束縛，這種束縛有的時候是社會以及你對他的希望與要求。例如：那些男人的神話、男子漢氣概等等。有些男人擺脫了這個束縛，有些男人卻永遠被禁錮住，而許多男人在社會要求他們應該有的感覺以及他們的自我感覺之間徘徊。

一個男人降臨人世，必須經歷一個社會化過程。社會化過程教導他如何壓抑感情的欲望，讓他知道生活的種種禁忌。不過，這些禁忌有許多是必不可少的。例如：「不准用叉子刺你的小弟弟」，而有些卻是武斷的 —— 「男人絕不能哭鼻子」。

社會已經教會了男人應該做什麼以及不應該做什麼，然後，他們自己再向前走一步，明白了他們不能做的事情和必須做的事情。

男人到底在想些什麼呢？事實上，他腦子裡想的與你想的一樣：自由、愛情、婚姻、事業……就是說，他什麼都想。

一個自由自在的表達自己情感的男子，往往會被認為沒有足夠的男子氣概。如果哪位男子在大庭廣眾之下吐露他的情感，放聲痛哭，或者暴跳如雷，或者因為恐懼而渾身發抖，或者縱聲大笑，都會使別人感覺不舒服。

假如一位男性政客暴露了他的內心情感，那麼他的形象就會立刻大減，他的威信無疑也隨著降低了。政客的感情外露，會給他們的政治生命帶來許多陰影。

儘管許多男子意識到自己的種種需要，可是他們不願或者不敢反抗社會

的戒律，所以戴上了冠冕堂皇的面具。這個面具有的時候很難被戳破。可是，只要你留意它，到時你就能發現面具後面那個男人的真實臉孔，原來並非超人，而是一個有缺陷的、有血有肉的人。

許多男人把自己看作是男人，而並不是普通人。所以，他們無法跳出男性神話的禁錮，被男子漢氣概的觀念壓得透不過氣來。因為觀念脫離了他們的本質，所以他們的特徵和寶貴的東西被禁錮得非常深，甚至那些不可缺少的體貼人的感情也失去了。

這種壓抑開始於幼年時期，一位小男孩很快學會了舉起男子漢的大旗。他們往往竭力給你一種感覺：剛強。好像他們身上有取之不盡、不但可以忍受痛苦還能經得住任何感情打擊的能力。

可是，人在感情上是十分脆弱的，男人同樣是人，因此，男人同樣也是脆弱的。男性的神話往往是不符合邏輯的。

假面具之一

一個男人假如想變成別人和自己心目中的男人，就必須做到以下各條：

· 不能哭鼻子。

· 不能表現出脆弱來。

· 不能要求得到愛撫與溫情。

· 必須給別人以安慰，而絕不願意獲得安慰。

· 只能別人需要他，而不能是他需要別人。

· 只能撫摸別人，絕不能被別人撫摸。

· 寧可做一塊鋼，不做一塊肉。

· 絕不能叫男子氣概受到任何褻瀆。

可見，任何想遵守這些戒律的男子都需要付出重大的代價。

不論別人如何評價他，不論他持什麼信念，絕不能完全壓抑住他內在的自我。他能夠把它藏起來，也能喬裝粉飾，還能貶低它的重要性，可是他絕對不能讓他的自我永遠消失。他的內心要求在進行不斷的抗爭，結果他的感情變成了一座活火山，很難平靜下來，經常需要猛烈爆發，時而一陣莫名其妙的痛哭，有時會對妻子吐露內心世界，這些都是他的戒律中所不可擗免的裂痕。

假面具之二

當你在小學讀書的時候，男孩向你的書桌抽屜裡放蟲子，或者在操場上取笑你，以此來向你表示好感；當你的年齡稍大一些的時候，他們就四五個人騎著車，跟在你或者你的女朋友的後邊，吹著口哨；當你變成了大女孩時，他們在大街上跟著你，或者講述甜蜜的挑逗的話，讓你聽起來臉紅。

可見，許多男人把女人看成是只存在於幻想中的、神祕的、可望而不可即的。

在大庭廣眾之下，男人對女人的反應等於他們關門在家的時候對女人的看法。假如陌生男人在大街上議論你的時候粗魯無禮，那主要是因為他們從小就知道，粗聲粗氣的和陌生的女子打招呼是他的特權。

其實，這種男子漢氣概不過是故作姿態罷了。

假面具之三

男人在生活中學會了高明的偽裝。他們學會了在沒有任何把握的時候裝得信心百倍，在煩惱的時候裝得非常快樂，在不清楚下一步該如何做的時候裝得無所不知，在對某件事沒有任何興趣的時候裝得興致勃勃，在感覺到痛苦的時候，裝得十分歡樂。

這種欺騙是相互循環的一個騙局。一個男人雖然對生活不滿意，可是仍

然不願意把苦惱告訴其他男人，而這些男人也更不願意和人分享煩惱，很容易你騙我，我騙你，結果，全都認為別的男人比他過得快樂。

大多數男人都私下裡認為自己在性方面缺乏才幹，而且認為別的男人具有一技之長。他們往往不惜一切代價掩蓋自己的缺陷，不叫別的男人知道，以免受到嘲笑。

男人更不願意向女人吐露在性方面的缺陷，甚至是微不足道的缺陷，他也會不惜任何代價將自己偽裝起來，使女人看不清他的真面目。

不要被第一印象所蒙蔽

所謂第一印象效應，也就是日常生活中所說的「先入為主」，它是指人們初次交往接觸時，各自對交往對象的直覺觀察和歸因判斷。在現實生活中，初始效應所形成的第一印象常常影響著人們對他人以後的認知。對某人第一印象好，就樂意與之接近，並能較快的相互溝通，甚至「一見鍾情」。反之，第一印象差，便會產生反感，即使以後由於各種原因難以避免與之接觸，但也會很冷淡，甚至「告吹」。第一印象一旦形成，對後來觀察和感知到的內容則往往不大注意或被忽視，即使後來的印象與最初的印象有差距，也會服從最初印象。毫無疑問，良好的第一印象會為以後的人際社交和工作條件帶來諸多便利。所以，與人接觸時一定準備好第一印象。

但是，就是這偏執的第一印象，若真的在頭腦中被「定格」，也往往把人際社交關係引人盲點，陷入「表層」的認識之中，而忽略其交往對象的真正的本質內涵，甚至被人故意偽裝的假象所迷惑而上當受騙，從而影響到人際關係的正常發展。

子羽曾是孔子的學生，第一次拜見孔子時，孔子見他其貌不揚，印象不

好，覺得長相這麼醜的人怎麼會有才氣呢？所以對子羽態度很冷淡，不願盡心教他。子羽感到沒趣，只好退而自學。以後他刻苦自勵，終有所成。孔子知道後深為後悔的發出了「以貌取人，失之子羽」的感歎。應該說，作為卓越的教育家，孔子對於怎樣知人是有一套較為深刻的見解的，可遇到具體問題，有時也會忘了知人應取的客觀標準。這說明，知人、識人應當力戒「以貌取人」。

有個成語叫「紙上談兵」，講的是趙國名將趙奢之子趙括的故事。趙括其人，誇誇其談，本是缺乏實際作戰經驗之輩。聽了秦國反間計的趙成孝王，不聽趙奢對趙括評價，向一個只會饒舌的人委以重任。結果，四十萬大軍全部覆滅，趙括也中箭身亡。這個典故說明知人、識人應當力戒「以言取人」。

《涅槃經》中有一則「盲人摸象」的故事，說的是幾個瞎子以各自摸到的象牙、耳朵、腿和尾巴為依據，說大象的形狀像蘿蔔、扇子、柱子和繩子等，他們各個自以為是，爭個不休。它使人們在忍俊不禁的同時得到啟示：識物、知人，應當力戒「以偏概全」。

以上三則小故事是知人、識人的三戒，它同時告訴人們知人不是一件容易的事，蘇東坡就曾感慨的嘆惜道：「人之難知也，江海不足以喻其深，山谷不足以配其險，浮雲不足以比其變！」但是，人們不可如此悲觀，人的內心雖然看不到，卻並非不可捉摸。白居易在《放宮》中詩云：「贈君一法決狐疑，不用鑽龜與祝蓍。試玉要燒三日滿，辨材須待七年期。」還有「知人知面不知心」，「路遙知馬力，日久見人心」，「聽其言，觀其行」等許多前人總結的識人經驗值得借鑒。

一般來說，知人應當全面感知，深入了解他人的人品和學識，既要了解其氣質、性格、能力，還要了解其興趣、信念、理想及世界觀，著重了解性格特徵和品行修養。識人的正確途徑是經過較長時間的觀察。客觀觀察，不

能大而化之，要細心，關於察微知著，從細小的外在表現發現內心的甜蜜；不能從主觀臆想出發，以己之心度其之腹，要實事求是，貴準、貴實，不道聽塗說，不被假象所迷惑。

知人，選擇朋友，只有在其工作和學習的過程中，在他不是刻意表現自己的時候去觀察他，不僅要聽其音，更要觀其行；不僅要看他對自己是否體貼入微，還要看他對其他人和事態度如何；不僅直接觀察他本人，還可以觀察所接觸交往的其他人。這樣，就能較深入的了解一個人，看到人的本來面目，只有這樣，才能走出第一印象所造成的盲點。

留心「光說不練」的人，，靠的全是嘴皮子上的功夫。有些人說光說不做也是人的通病。領導者一定要注意這樣的下屬，如果處理不好會說不做的員工，會助長他們懶散的行為，企業有什麼效益可談？

你經常會遇到這樣一些人，他們誇誇其談，也能經常引經據典，妙語如珠，他們總氣勢逼人，讓你感覺到一種懾人心魄的壓力；他們交友無數，時常會在各種場合認出自己的新識故交，而後寒暄良久；他們也能在大庭廣眾之下大聲說笑議論，好像別人都已經不存在，雖然有許多人正在目不轉睛的注視著他們；對於別人交給他們去做的事情，他們會信誓旦旦，又拍胸脯，又下保證，但轉眼他們就會把剛才的保證忘得一乾二淨；他們極其關心社會公益事業，對不合理的現象也義正詞嚴，但他們並不去想法制止，而是爭取一切有利時機來表現自己；在你的眼中，他們是那麼的偉大，而自己又是非常的微不足道，你甚至已經開始對他們頂禮膜拜；他們無所不能，無能不精，無所不在，但實際上卻又無所事事。

作為一個部門的領導者，你的下屬中肯定有這樣的人物：他們能夠調動起他們周圍的族群的興趣指向，而後演說得唾沫亂飛，天花亂墜，大家甚至熱烈鼓掌，齊聲為他們叫好，你甚至也有點蠢蠢欲動。但當你靜下心來仔細

第九章　看人別走眼—如何避免看人盲點

思考的時候，卻又發現即使你費盡力氣窮搜記憶，你也找不出一件他們做成過的、值得人誇獎的工作，你甚至覺得，他們除了嘴皮上有點功夫之外，再不能給你留下任何好感。

但是，有時你仍然很羨慕他們，他們甚至擁有著比你更高的聚焦能力。你十分不齒於自己笨拙的口才，想從他們那裡得到一點有利的東西，藉以提高自己的口才。但實際上，他們一無是處。

如果你的下屬中有這樣一個善於誇誇其談的人，那麼你還算幸運。因為你還有能力維持團體的原狀；如果數量變為兩個，那麼你就要多費點神了，他們會趁著你稍微鬆懈的機會把整個辦公室搞得一團糟。你得承認他們強勁的破壞能力。

也許這種人的存在使你和下屬的工作環境變得輕鬆怡人起來。他們的言語常常會讓大家體會到語言的極大感染力。敬佩他詞彙上的豐富和語音組織上的敏捷。但是，如果你想務實，如果你想領導下屬靠成績來證明團體的力量，那麼你就要宣導起一種務實的工作作風。而他們這種類似於浮誇的虛假行為則正好阻礙務實作風的建立。權衡其中的利弊，我想你還是很容易做出明智的選擇的。不要以為你們的工作環境離開他們就會變得沉悶無聊而缺乏情趣，如果你覺得離不開這些其實很虛假、很虛無的語言及風采，那麼你永遠也不能體會到由真正的生活經歷撞擊出來的人生的幽默，你也無法去體會真正豐富多彩的人生。

這些說起來很容易，但真正能夠做到卻要頗費一番周折。費仲、尤渾之於商王紂，高俅、蔡京之於宋徽宗，秦檜之於宋高宗，魏中賢之於明熹宗，前者都是以奉承討好、溜須獻媚而換得榮耀，他們嘴皮上的功夫自不必說；後者則恰恰都是被前者的花言巧語閉塞視聽。遠離事實和民意，弄得自己的天下一塌糊塗。因為這種情況而殃民亡國的君王不計其數。也有無數的君王

曾在登基之初信誓旦旦的決心要以國事為重，吸納視聽，從諫如流，做出一番彪炳青史的事業，但到後來多數都成了專逞口舌之人的攀附物。唐太宗是個很開明的皇帝，但也差一點斬了魏徵。

雖然你經營打理的不是一個國家（當然也不排除你因為拚搏努力成為國家領導人的可能性），但一樣有可能被這樣的人的外在表現所迷惑，進而使你的事業停滯不前。

現在，請你仔細的回想一下，你是不是存在這樣的一個失誤：你有無數個下屬，你的注意力被一些平時有說有笑、善於表達自己的人所吸引，而那些平素沉默寡言、不喜歡外露的人則被你所忽略，而且在這個過程中，你似乎忘記了將更多的注意力投注在這兩種人的實際成績上！

如果你真的犯了這樣的錯誤，那麼你必須趕緊加以改正，工作成績才是你和你所領導的下屬團體存在的真正意義。

不要以為去辨別一個能夠求實的和一個只知表現伶牙俐齒的人是一件很困難的事情，把工作交給那些你想辨別的人，仔細考察最終的工作成績，你會很簡單的得出結論。而且，為你提一個建議，如果你和你的下屬都是勤於工作求成績而又訥於表達的人，那麼不妨在這方面多加練習，畢竟你們還要說服不信任你們的其他人。

空間語言與人際關係

從心理學的角度講，一個人對空間需求的欲望是有限的。當一個人的個人空間大於他所需要的空間時，他就會感到孤獨和寂寞；當一個人的空間小於他所需要的空間時。或當他的空間範圍受到侵犯時，他就會感到煩躁不安。人際社交中，雙方之間距離發生的動態變化，就是很值得注意的一種語

言。因為空間語言表示出入際交往的關係變化，傳達出某種資訊。從空間語言影響人際關係這方面來說，兩個素不相識的人在荒郊野外相遇和他們在大都市擁擠的公共汽車裡相遇，其結果會截然不同。

　　兩個人在野外相遇，相互致意後，幾分鐘裡就會談得火熱，甚至交上朋友；而兩人在擁擠的車上相遇，即使他們坐在或站在一起，也大都是「表情空白」，緘默不語，互不理睬。因此，有人在室內發生爭吵，別人往往會將雙方或其中一方叫到室外，或漫步到花園、樹林裡助他息怒散心。對熱戀的情侶和相約一起遊玩的朋友來說，郊外、公園、海灘、山野往往是可去的好地方，因為置身在很大的空間裡，可以增進彼此之間的感情。正由於這個原因，都市的擁擠、住房的密集。對人們的身心健康和相互關係有很不利的影響。當人滿為患，個人空間總是被侵占時，人們就會時常感到煩躁不安，所以在擁擠的車上和極度密集的棚戶區、經常會發生爭吵對罵，甚至大打出手的不良現象。

　　另一方面，人際關係的親疏也影響雙方距離的遠近，或者說距離的不同會表示出關係的不同。如一位老師對三個學生的態度不同，其距離也就不同。對受表揚的學生距離最近，對表現一般的學生距離中等，對受批評的學生離得較遠。再如總經理與來訪者之間的空間變化，可以表明他們各自的地位和之間的關係不同。來訪者進門後，不再往前走，站在門口問候、試探，或說明來意。這表明此人地位較低，或與總經理的關係疏遠。來訪者進門後，如果朝總經理走幾步，中途停下來說話。表明他地位中等，與總經理大體可以平起平坐，或關係較近。

　　假如來訪者進門後，徑直走到辦公桌前，正對著總經理說話。那麼這就表明他的地位較高，或與總經理關係密切。總之，來訪者深入總經理的領土的遠近，深入速度的快慢，也就是說，他向總經理的個人空間如何發起挑

戰，這就表明了他的地位高低以及他與總經理的關係怎麼樣。

假如你是一位經理，在你的辦公室裡經常要和員工談心，與客戶談生意，那麼由於對方的身分和與你的關係不同，對方坐的位置也就是你和對方的距離與角度應當有所不同。如果對方和你的關係親近、友好、平等，那就請對方坐在你的辦公桌的左側或右前方的近處，員工與朋友適合這兩個位置。如果來的人是競爭與談判的對手，那就請對方在你辦公桌的正對面較近處就座，這樣顯得正規，並帶有一定的防範性。而門口的位置便是距離較遠的公共位置，站在那裡就顯出一種互不相關的關係。

總之，空間的變化可以傳達出各種資訊，尤其和人際關係的遠近與特點密切相關，所以我們要充分認識和利用空間語言，透過空間語言進行識人，同時使其與自己的有聲語言和體態語言相配合，相協調。這不僅是交際禮儀的需要，也是取得良好的交際效應的需要。

勤於考察才能看透他人

要知人，知人者勤於考察，還要善於見微知著。比如當加州大學對來應聘的校長候選人挑選到還剩四人時，特發出邀請，把四位候選人連同他們的夫人一起接到學校住了幾天，再通過實際生活加以觀察。原來他們認為：假如校長的夫人品格不高，校長的工作實際上將會受很大影響。結果果真又淘汰了一名。日本住友銀行在招考幹部時，其總裁曾出過這樣一個試題：「當本行與國家利益發生了衝突，你認為應如何處理？」許多人答「應為住友的利益著想」，總裁認為「不能錄用」；另一些人答「應以國家利益為重」，總裁認為「僅僅及格，不足錄用」；有一個人這樣回答說：「對於國家利益和住友利益不能雙方兼顧的事住友絕不染指」，總裁的評語是：「卓有見識，加以錄用」。這

件事對我們應如何知人有很大啟發作用。

早在一千八百年前，我國的諸葛亮就十分強調領導者要善於知人。他認為：人「美惡既殊，情貌不一；有溫良而為詐者，有外恭而內欺者，有外勇而內怯者，有盡力而不忠者……；就是說，人的真善美與假惡醜，並不都是表現在情緒和臉譜上的，也不能從一般的表現上都能看得出來。有的看來溫良而實際狡詐，有的外表謙恭而內心虛假，有的給人的印象勇不可當實則臨事而懼、怯懦得很，有的人在處境順利時可以盡力，到處於逆境、環境變化時就不能忠於事業和信仰了。因此他提出領導者應該親自考察自己直屬的下級，以知其意志、應變、知識、勇敢、性格、廉德、信用，而決不可憑感情和印象用人。諸葛亮的「知人」方法對於領導者在用人上是有很大幫助的。其方法為：

「問之以是非，而觀其志」

就是要親自與下級討論對各類事物是非對錯的看法，來觀察他的立場、觀點、信仰、志向是否明確堅定。

「窮之以辭辯，而觀其變」

就是要求領導者就工作中某些現實問題的處理意見同下級不斷的進行辯論，提出質疑，以此來考察他的智慧與應變能力。

「諮之以計謀，而觀其識」

就是不斷的向下級提出諮詢，請他們對一些重大問題提出謀略和決策方案，以考察他是否有能力和見識。

「告之以禍難，而觀其勇」

即告訴下級可能面臨的災禍和困難，來識別他是否能臨難而出，勇往爭先，義無反顧，救國救民。

「醉之以酒，而觀其性」

就是領導者在與下級同宴時可以勸他飲酒，以觀察他是否貪杯、酒後能否自制以及表露出來的本來性格如何、是否表裡如一等等。

「臨之以利，而觀其廉」

就是把下級放在有利可圖或者可以得到非分利益的工作職位上，看他是否廉潔奉公、以人民利益為重，還是貪圖私利或者只顧小集團的利益，見利忘義。

「期之以事，而觀其信」

就是委託下級獨立自主的去完成某種工作，看他是否恪盡職責、克服困難，想辦法去把事情辦好，還是欺上瞞下、應付了事，來考察下級是否忠於職守、恪守信用。

今天，我們已經逐漸建立起一整套有效的對領導幹部進行日常考核、定期測評和群眾評議的制度和方法。即使如此，前人和外人的有益經驗仍然是我們應該吸取的寶貴營養。這些勤於考察而又能見微知著的做法，更是值得我們借鑒的。

透過吃飯習慣看人

吃飯是人類日常生活中不可或缺的一項重要內容，人只有吃飯，才能夠

維持生命的存在。但有的人吃飯是為了活著，還有的人活著只是為吃飯，這是兩種截然不同的生活習慣。

習慣站著吃飯的人，並不是特別的講究吃，他們會盡力講求簡單、方便，既省時又省力，只要能填飽肚子就可以了。他們在生活中，並沒有太大的抱負和野心，很容易滿足，他們的性格很溫和，懂得體貼別人，為人也很慷慨和大方。

習慣邊做邊吃的人，其生活節奏是很快的，因為有許多事情要做，他們顯得比較繁忙，但他們並不以此當作是自己的煩惱，他們甚至還覺得很高興。

習慣邊看書邊吃飯的人，是明顯的屬於為了活著才吃飯的人，他們吃飯只是為了維持身體的需要，如果不吃飯也仍舊可以活著，那麼相信他們會放棄這一件既耽誤時間又浪費精力的事情。邊看書邊吃飯的人，他們的時間表總是安排得滿滿的，為了能夠做更多的事情，他們不得不想方設法的擠出時間。這類人有野心，並且也有具體的計畫可以使自己的夢想變成現實。他們擁有積極向上的樂觀精神，會把想法付諸於實踐。

習慣邊走邊吃東西的人，雖然給人的感覺是來也匆匆去也匆匆，像是時間很緊張的樣子。但實際則不一定如此，緊張很有可能是由於他們自己缺少組織性和紀律性而造成的。這樣的人多比較易衝動，會經常意氣用事，結果把事情搞到不可收拾的地步。

經常有飯局的人，多屬於外向型的人，而且人際關係處理得也比較好。這樣的人，如果不是有某一方面較突出的才能，具有一定的權力和地位，就是為人比較親切、和藹，並深諳人情世故，比較圓滑和老練。

習慣一邊看電視一邊吃飯的人，多是比較孤獨的，電視或許是他們消除內心孤獨的最好方式之一。

吃飯速度比較快的人，做任何事情都重視效率，而且也追求速度他們總是希望在最短的時間內將事情做完做好。結果與過程對他們而言，前者相對的要更重要一些。吃飯喜歡細嚼慢嚥的人，與吃飯速度很快的人恰恰相反，他們是屬於那種慢性子的人，凡事都能以緩慢而又悠然的方式來做，這從一個側面也說明了他們是懂得享受的人。

習慣於自己帶便當來解決吃飯問題的人，是相對較傳統、節儉的人，他們會遵從於自己的某些想法和做法，而不受外界的干擾就輕易而改變。

習慣在外面吃飯把剩餘的飯菜帶回家，說明這是一個非常節儉的人，不會輕易的浪費任何東西。同時他們也是缺乏安全感的人，總覺得自己在不斷的受人剝削，但實際情況並不是如此。

喜歡在餐廳裡吃飯的人，多是比較求取方便或者可能懶惰而又好享受的。畢竟在餐廳裡有人侍候，而不用自己動手，但這樣一個前提則是在經濟條件允許的情況下。如果經濟條件不允許還這樣做，就顯得十分不恰當了。這樣的人不善於照顧自己，但他們希望他人能夠體會到自己的這種心情，然後來關心和照顧自己。他們不太輕易的付出，往往會在他人付出以後自己才行動。

經常在家裡吃飯的人，基本上表明他們對家庭是相當重視的，具有一定的責任心。他們不太熱衷於被人照顧和侍候，這樣有時反倒會讓他們感覺不自在，他們更傾向於自己動手。

吃飯時定時定量，說明這是一個生活十分有規律的人，而這些規律如果沒有特別意外的事情發生，是不會輕易改變的。他們的生活雖然很有規律，但並不意味著為人處世呆板教條，相反卻可能很靈活。只是無論在什麼時候，都具有一定的原則性。總是要求別人給自己東西吃，這樣的人依賴性一般來說是很強的，他們總是不能很好的安排自己的一切，但又有些貪圖享

受，而且還希望這種欲望得到滿足。他們情願別人永遠把自己當成一個孩子一樣的寵著，他們的責任心並不是很強。

　　沒有吃早餐習慣的人，一般可以分兩種情況來講：一種是生活時間表安排得太滿了，忙得沒有時間吃早餐，這樣的人多是有很強的事業心和責任心，能夠為了更有意義的事情而放棄一些在他們看來並不是十分重要的事情。還有一種就是早餐的時間已經到了，可是他們還沒有從床上爬起來，這又分兩種情況，一種是前夜工作得太晚太累了，另外一種是整天無所事事，企圖在床上來消耗時間。

　　整天吃東西的人，多是無所事事、閒著無聊的人。其實他們並不餓，只是靠不斷的吃東西來使自己活動起來，消除內心的煩躁和焦慮。

　　吃飯形成的規律既是日積月累促成的，也是性格和習慣的外露。為了你的健康，為了你的形象，一定要養成良好的吃飯習慣。

自認為絕頂聰明者往往自負

　　做人之道，當以明白自己該怎麼做為第一大要，否則就會糊塗行事，不但辦不成事，而且還會增添更多的麻煩。按照成功學的原理，為人處世必須牢記「明白」兩字，才能明察秋毫，判斷是非，否則眼前就會被「迷霧」籠罩。

　　首先介紹一段因為誇耀自己有先見之明而導致失敗的故事。

　　魏王的異母兄弟信陵君，在當時名列「四公子」之一，知名度極高，因仰慕信陵君之名而前往的門客，達三千人之多。

　　有一天，信陵君正和魏王在宮中下棋消遣，忽然接到報告，說是北方國境升起了狼煙，可能是敵人來襲的信號。魏王一聽到這個消息，立刻放下

棋子，打算召集群臣共商應敵事宜。坐在一旁的信陵君，不慌不忙的阻止魏王，說道：「先別著急，或許是鄰國君主行圍獵，我們的邊境哨兵一時看錯，誤以為敵人來襲，所以升起煙火，以示警戒。」

過了一會，又有報告說，剛才升起狼煙報告敵人來襲，是錯誤的，事實上是鄰國君主在打獵。

於是魏王很驚訝的問信陵君：「你怎麼知道這件事情？」信陵君很得意回答：「我在鄰國布有眼線，所以早就知道鄰國君王今天會去打獵。」

從此，魏王對信陵君逐漸的疏遠了。後來，信陵君受到別人的誣陷，失去了魏王的信賴，晚年沉溺於酒色，終致病死。

任何人知道了別人不曉得的事，難免會產生一種優越感，對於這種旁人不及的優點，我們必須隱藏起來，以免招禍，像信陵君這樣知名的大政治家，因一時不知收斂而導致終生遺憾，豈不可惜？

下面再說一段和信陵君情形剛好相反的故事。

齊國一位名叫隰斯彌的官員，住宅正巧和齊國權貴田常的官邸相鄰。田常為人深具野心，後來欺君叛國，挾持君王，自任宰相執掌大權。隰斯彌雖然懷疑田常居心叵測，不過依然保持常態，絲毫不露聲色。

一天，隰斯彌前往田常府第進行禮貌性的拜訪，以表示敬意。田常依照常禮接待他之後，破例帶他到邸中的高樓上觀賞風光。隰斯彌站在高樓上向四面期望，東、西、北三面的景致都能夠一覽無遺，唯獨南面視線被隰斯彌院中的大樹所阻礙，於是隰斯彌明白了田常帶他上高樓的用意。

隰斯彌回到家中，立刻命人砍掉那棵阻礙視線的大樹。

正當工人開始砍伐大樹的時候，隰斯彌突又命令工人立刻停止砍樹。家人感覺奇怪，於是請問究竟。隰斯彌問答道：

「俗話說『知淵中魚者不祥』，意思就是能看透別人的祕密，並不是好

事。現在田常正在圖謀大事，就怕別人看穿他的意圖，如果我按照田常的暗示，砍掉那棵樹，只會讓田常感覺我機智過人，對我自身的安危有害而無益。不砍樹的話，他頂多對我有些埋怨，嫌我不能善解人意，但還不致招來殺身大禍，所以，我還是裝著不明不白，以求保全性命。」

這一段故事告訴我們，知道得太多會惹禍，這也是古代聰明人的一種明哲保身之策。

現代的人心透視術也正要注意此點，不要讓對方發覺你已經知道了他的祕密，否則完全失去了透視人心的意義。不過，如果故意要使對方知道你能看穿他心意的話，當然就不在此限之內。

辛苦得到的透視人心武器，究竟應該如何運用？這要視各人的立場來決定。例如：對方自以為得意的事情，我們要盡量加以讚揚；對方有可恥事情的時候，要忘掉不提。

當對方因為怕被別人議論為自私而不敢放手去做的時候，應該給他冠上一個大義名分，使他具有信心放手去做。

對於自信心十足，甚至有些自負的人，不要直接談到他的計畫，可以提供類似的例子，從暗中提醒他。

而阻止對方進行危及大眾的事情時，需以影響名聲為理由來勸阻，並且暗示他這樣做對他本身的利益也有害。

想要稱讚對方時，要以別人為例子，間接稱讚他；要想勸諫時，也應以類似的方法，間接進行勸阻。

對方如果是頗有自信的人，就不要對他的能力加以批評；對於自認有果斷力的人，不要指責他所做的錯誤判斷，以免造成對方惱羞成怒；對於自誇計謀巧妙的人，不要點破他的破綻，以免對方痛苦難過。

說話時考慮對方的立場，在避免刺激對方的情況下表現個人的學識和辯

才，對方就會比較高興的接受你的意見。

不用多說大家也會知道，以上的進諫方法，適合於下級對上級，也可以適用於一般的人際關係。如果能夠站在對方的立場，替他考慮分析的話，那麼你就可以真正取得對方的信任。

「站在對方立場來考慮」的人心透視法，同時也能適用於透視對方之後的下一步對策。

這種方法說得更明白一點，就是在不使對方洞察你的意圖的情況下，讓其在不知不覺中自己去體會、認識。這其間的技巧，就在於從旁策動，使對方以為自己原來就打算這樣做，絲毫也沒有發覺自己正為他人所左右著！

總而言之，當自己看穿對方心意之後，千萬不要露出破綻，讓一切計畫進行得很自然，這樣才能使你的策略實行得圓滿順利。

當一個人看透對方心意後，要決定採取何種行動，是相當困難的。其困難的程度或許更甚於透視對方心意。尤其是當事情和自己有密切關聯的時候，要保持心情的穩定，更不容易。所以，在打算試探對方之前，必須在心理上先做準備，否則一旦事情發展到對自己相當不利時，就會先發生動搖，計畫進行難免受到或多或少的阻礙。

舉個例子，當你發現對方暗中有背信行為時，就怒氣衝天，不能冷靜的考慮對策，自然就無法正中要害，給他致命的一擊。因此，遇到這種情況，必須冷靜應付，否則前功盡棄，枉費心機！

如果你能順利的看透對方的本意，事情是不是就算完了呢？不。雙方的鬥智這時才真正開始。能透視對方的內心，只不過使你得到一種有利武器罷了，更重要的，你要如何使用握在手中的這把利器？如果不懂得使用的方法，只知道手拿利器亂揮亂舞，不但不能擊中別人，相反的很有可能傷害到自己，因此切勿亂用這把容易傷人的利器。

要看出深層次的東西

一切事物都有它的另一面，單憑表面所見遂下結論，常會產生很大的錯誤。平常隨時都可能有意料不到的事情發生，像是公司內、朋友間莫名其妙的口角磨擦，以及平日的乖乖牌意外的變成問題的中心人物。

仔細觀察這些事情發生的原因，可以發現其實是我們忽略了多方了解觀察，而單純的以為某人就是什麼樣的人，等到出現問題時，才吃驚不已。

在今後，每個人的價值觀念都應多元化，要採取什麼態度來接受事物才是正確的，會越來越難以判斷了。

比方說在公司裡，傳出有關某重要人物的謠言。像這種場合，這個惡意中傷的另一面是否有什麼用意呢？傳播謠言的人居心何在呢？誰會因此受益？誰會因此受損？這些問題都必須深入分析，不可單純的相信謠言。

不僅限於這些派系之爭，看到任何一個現象時，不能不經思考就全盤接收，還必須考慮到其中的原因或是背景。

假使不做深一層的考慮，只見到事情簡單的表面就相信的話，必會引起很大的失誤。

對上司所說的話和前輩的行為，也都要有一種觀念，那就是他們也有表裡兩面。有了這種觀念的話，無論他們說什麼，都要探究他們的內心。先考慮事情的另一面，遇到狀況時便不會驚慌失措，而可以想出很好的解決方法。

世上的事都是乍看單純其實很複雜，對別人所說的話如果全盤相信，那是很危險的，必須探究反面，而確定他真正的用意。

這裡的意思並不是要你做一個懷疑心重而不信賴別人的人。信賴別人是必要的，但是不能用直線式的單純想法去接受，而是要先探究事情的另一面

之後，對於該信任的便信任。

這也就是說，看到人的表面就相信他，或是看到事情的表面就驟下結論，這些都是太過單純、頭腦簡單的人所為。你應該及早脫離這種直線式的思考，懂得如何看透現象的裡層，如此才能應付往後這種國際化的、動盪的時代，更何況你是一個要裁決事物的主管人物呢！

看清他人的「深淺」

識別一個人往往需要很長的時間，這是因為經生死變化，才知道交情的厚薄；經貧富的變化，才知道交情如何；經貴賤的變化，才知道交情的有無。由此說明識別一個人不容易。汲黯和鄭莊盛時，眾人趨附，賓客十倍，乃其衰，門可羅雀。太史公有感於此，引翟公言以說明人情勢利，世態炎涼。

人的所謂「深」，有兩種情形。一是深沉。其表現為少言語而守本分，能容人忍事，內外分明，待人處事渾厚而不逞強，不炫耀才華。二是奸深。其表現為緘口不言而心藏殺機，陰作深藏，行為詭祕，雙目斜視，說話陰陽怪氣。前者是最有道德的賢才，後者是極為險惡的奸人。所以切切不可將二者混淆，等同齊觀。

識別人的難處，不在於識別賢和不肖，而在識別虛偽和誠實。這是因為人們內心的差異，和他們的面貌一樣，存在千差萬別。人的內心比險峻的高山和深邃的江河還危險，內心思想比天還難以捉摸。人們不常這樣說嗎？真正的聰明人看起來都像是愚笨的樣子，這樣做的目的是為了麻痺他人的不良意圖。

古人指出，看一個人的才能要分三個階段，當其幼小時聰敏而又好學，當其壯年時勇猛而又不屈，當其衰老時德高而能謙遜待人，有了這三條，來

安定天下，又有什麼難處呢？

　　看一個人在社會上的作為也應該有這樣的標準，如果有才能而又以正直為其立身之本，必然會以其才能而為天下大治做出貢獻；如果有才能卻以奸偽為立身之本，將會由於其擔任官職而造成社會混亂，可見有才必須有德，才能造福社會，否則就會禍及黎民，造成大亂。

　　判斷一個正直的臣子的標準是不結黨營私。看一個人的才能就要看事情是否辦得成功。看人不能僅僅只看其主觀意願，還要看其才幹和謀略如何。在戰場上馳騁過的駿馬雖然拴在食槽上，但一聽見催征的鼓角聲仍然會嘶叫；久經沙場的老將雖然回還家門，但仍然能夠料定戰爭的形勢。可見，老人雖然年紀大，但閱歷多，經驗豐富，仍有用武之地。

　　只要是有才能的人，在社會上他的才能會很快表現出來，就像錐子在口袋裡它的鋒尖會立刻顯露出來一樣，有才能的人不會長期默默無聞。

　　賢德之人對有些事是不會做的，所以可以任用而不必懷疑。能幹之人是什麼事都會做的，所以可以任用卻難以駕馭。由此可知，賢者與能者是有區別的。

充分了解對方

　　要想充分全面的了解一個人，不是簡單的事情。

　　首先，應先了解對方的一些經歷情況和生活狀況。

　　在應酬當中，各人的思維方式各不相同，他有他的生活願望，你有你的生活觀點，交談能否融洽則在於你話題的選擇。假如你不了解他的生活困難，而在那裡大吹特吹打高爾夫球或是環球旅遊的樂趣，他肯定提不起興趣和你談下去的，但倘若你告訴他一條快速致富的門路，不用你說下去，他也

會提問的,因為這正是他所關心的。

在談話中,經驗是重要的。對於應酬的話題和場面,應該具有一定的經驗,否則就會處於一種不利的局面;對於所涉及的話題應有專門的知識,當你和對方談到某一件事時,你必須對此確有所認識,否則說起來便缺乏吸引力,不能讓對方感到興趣,也無法與他人說到一起;充分明瞭人與人之間的關係的真理,有許多事情即使做法不同,但道理永無改變,這種永恆不變的道理,自己要常存於心;要培養自己的忍耐力,切忌凡事小氣。

經驗證明,「小氣」常使一個人吃虧;要常常保持中立,保持客觀,按照經驗,一個態度中立的人,常常可以爭取更多的朋友。甚至你的「死黨」,你也不必口口聲聲去對他表明,只要是事實上是「死黨」就行。對事物要有衡量其種種價值的尺度,不要死硬的堅持某一個看法;如果有必要對事情要保守祕密,一個人不能保守祕密,會在任何事件上都出現很多過失。不要說得太多,想辦法讓別人多說。如要對人親切、關心,應竭力去了解別人的背景和動機。

如果在交談當中,不顧對方的心理變化,而一味的將想法統統搬出來,那麼,你是得不到他的認同的。一廂情願的談話往往會讓對方厭惡。

不該說話的時候說了,是犯了急躁的毛病;該說話的時候卻沒有說,從而失掉了說話的時機;不看對方的態度便貿然開口,叫做閉著眼睛說瞎話。

在交談過程中,雙方的心理活動是呈漸變狀態的,這就要求我們在和人交談中應兼顧對方的心理活動,使談話內容和聽者的心境變化相適應並同步進行,這樣才能讓交談意圖達到明朗化,引起共鳴。

最後,應清楚對方的身分和性格特性。

性格外向的人易於「喜形於色」,和他可以侃侃而談;性格內向的人多半「沉默寡言」,對他則應注意委言婉語循循善誘。不設身處地替別人想想,只

一味的誇誇其談，其結果必然是失去了一批又一批的交談對象。

關鍵時刻，用「試金石」檢驗人心

　　人人都有許多朋友，那麼什麼是真正的朋友？不同的人有不同的想法。朋友是你前進中給你指明方向的人。朋友是為你解決困難的人，朋友是與你知心的人，朋友是關愛你的人。朋友是與你朝夕相處的人，而不會因為你存在著一些微不足道的缺點，而到處亂講的人。朋友是金，朋友是銀，朋友是陽光，朋友是月亮。朋友是星星。朋友是在你走向黑暗的時候，為你點亮明燈的那個人。朋友不會因為你現在處於困難時期，而離你遠去的人，朋友不會因為你處在人生低谷的時刻而拋棄你的人，真正的朋友不會人云亦云，不會在你受傷的傷口上再撒上一把鹽的人。朋友不會因為小人對你的栽贓，而遠離你的人，而是在這個時候，伸出援助的手來關心你，關懷你的人。

　　但朋友之情有厚有薄，朋友之心有正有邪。心正可以受其益，心邪則多受其害。心正與心邪都在一副笑面之下掩蓋著，特別在你春風得意時，大家禮尚往來，杯盞應酬，互相關照。

　　但如果風浪驟起，禍從天降，比如你因事而落魄，或蒙冤被困，或事業失意，或病魔纏身，或權位不存等等，這時，你倒楣自不消說，就連昔日那些笑臉相對，過從甚密的朋友也將受到嚴峻的考驗。他們對朋友的態度、距離，必將看得一清二楚。

　　那時，勢利小人會退避三舍，躲得遠遠的；擔心自己仕途受挫的人，會劃清界限；酒肉朋友因無酒肉誘惑而另找飯局；甚至還有人會乘人之危落井下石，踩著別人的肩膀向上爬。當然也有始終如一的人繼續站在你身邊，把一顆金子般的心捧給你，與你禍福相倚，患難與共。如古人所說：「居心叵

測，甚於知天，腹之所藏，何從而顯？」

答曰，在患難之時，此時真朋友、假朋友、親密的、一般的、「哥兒們」、「投機者」就涇渭分明了。

權力官位、金錢利益歷來都是人心的試金石。有的人在當普通一兵時自覺人微言輕，尚與夥伴們親如手足，同喜同憂。

一旦他的地位上升了，便官升脾氣漲，交朋會友的觀念也就變了，對過去那些「窮朋友」、「俗朋友」便羞於與他們為伍，保持一定距離。在利益面前各種人的靈魂都會赤裸裸暴露出來。有的人在對自己有利或利益無損時，可以稱兄道弟，顯得親密無間。

可是一旦有損於他們的利益時，他們就像變了個人似的，見利忘義，唯利是圖，什麼友誼，什麼感情統統拋到腦後。比如：在一起工作的同事，平日裡大家說笑逗鬧，關係融洽。可是到了升遷時，名額有限，「僧多粥少」，有的人真面目就露出來了。

他們再不認什麼同事、朋友，在會上直言擺自己之長，揭別人之短，背後造謠中傷，四處活動，千方百計把別人拉下去，自己擠上來。這種人的內心世界，在利益面前暴露無遺。事過之後，誰還敢和他們交心認友呢？

當然，大公無私，吃虧讓人，看重友誼的還是多數。但是，在利益得失面前，每個人總會亮相的，每個人的心靈會鑽出來當眾表演，想藏也藏不住。所以，此刻也是識別人心的大好時機。

進而言之，歲月也可以成為真正公正的法官。有的人在一時一事上可以稱得上是朋友；日子久了，同事時間長了就會更深刻的了解他們的為人、人品，「路遙知馬力，日久見人心」，說的就是這個意思。如此長期交往，長期觀察，便會達到這樣的境界：知人知面也知心。

春秋末年，晉國中行文子（荀寅）被迫流亡在外，有一次經過一座界城

時，他的隨從提醒他道：「主公，這裡的官吏是您的老友，為什麼不在這裡休息一下，等候著後面的車子呢？」

中行文子答道：「不錯，從前此人待我很好，我有段時間喜歡音樂，他就送給我一把鳴琴；後來我又喜歡佩飾，他又送給我一些玉環。這是投我所好，以求我能夠接納他，而現在我擔心他要出賣我去討好敵人了。」於是他很快的就離去。果然不久，這個官吏就派人扣押了中行文子後面的兩輛車子，獻給了晉王。

在普通人當中，有中行文子這般洞明世事的人並不多見。

中行文子在落難之時能夠推斷出「老友」的出賣，避免了被其落井下石的災難，這可以讓我們得到如下啟示：當某位朋友對你，尤其是你正處高位時，刻意投其所好，那他多半是因你的地位而結交，而不是看中你這個人本身。這類朋友很難在你危難之中施以援手。

話又說回來，透過逆境來檢驗人心，儘管代價高、時日長，又過於被動。然而其可靠程度卻大於依推理所下的結論。因此我們說：「倒楣之時測度人心不失為一種穩當的方法。」

不可用一把尺量人

《呻吟語》中有言：「目不容一塵，齒不容一芥，非我固有也。如何靈臺內許多荊榛卻自容得。」

這段話說出了一定的道理，任何事物都並非是一成不變的。並不是目不能容塵，齒不能容芥，這些都並不是人天生就有的本性。大家都說「眼睛不揉半粒沙子」，其實眼裡進沙總是難免的事，不小心便迷了眼睛，塵沙混入自是常事。

　　這樣說無非是想告訴大家，有些時候我們不能很容易的下結論，某事行或不行，某人好或不好。這就要求我們能夠善於掌握，巧妙處理各種關係。待人接物，做事謀生須得多方考慮才行。

　　任何人都不可能替別人選擇生活，也沒有誰甘心讓別人為自己選擇生活。所以，我們雖然可以不同意別人的看法或做法，卻不能不尊重別人的選擇。

　　或許，有人會說，朋友之間卻不是這樣。朋友嘛，志同道合，意趣相投，有很多相似之處。更有諍友要直言不諱，幫助判斷是非。我們並不否認這種說法的合理性，然而，我們也應當承認，即使再相近的朋友也終究是兩個人，他們的思想、行為並不能完全一致。而這些又往往會導致分歧或者說是不同看法。尤其在朋友之間，產生了分歧，便免不了會產生爭吵。不，應當說是爭論，但爭論也好，爭吵也罷，很難說一個就能將另外一個說服。並且，如果雙方各不相讓，又不能適時控制，那麼就很可能造成兩敗俱傷，相互產生隔閡，甚至反目成仇，朋友變成了敵人。

　　《菜根譚》裡有一句話說：「處事讓一步為高，退步即為進步的根本，待人寬一分則福，利人實利己的根基。」

　　人生活在這個大千世界上，需要很好的處理人際關係，需要與朋友友好相處，如何才能做到這一點？通俗的說，必須用善良的心來對待一切，必須時時檢點自己，也就是要嚴於律己。同時，對待朋友要寬容，得饒人處且饒人，也就是寬以待人。

　　嚴於律己能興國。唐太宗李世民，是封建王朝裡最為開明的君主之一，他為人處事以善良慎重為準則，他在哀悼魏徵時說：「用銅作鏡，可整衣冠；用古做鏡，可知興替；用人作鏡，可明得失。」在貞觀十三年說：「外絕遊觀之樂，內卻聲色之娛。」正是他嚴格要求自己的言行，才得到百姓的敬仰，

國家也因之昌盛。

嚴於律己，可使朋友從中感受到你的誠實，你的忠誠，也感受到你的為人。所以，你能很容易與朋友友好相處。

「萬金易求，良心難得！」人心很容易受環境的影響，物質的誘惑，偏見的誤導，惡人的撥弄，往往使人良心失落，失落了良心，怎能與朋友相處？對待朋友需要的是良心，對朋友要「寬」。怎樣才能算是寬以待人呢？

1. 不能以自己為標準來要求朋友

生活在大千世界中的人在性格、愛好、職業、習慣等諸方面存在著很大的差異，對事物、問題的認識與理解也不盡相同。因此，我們不能要求朋友與自己一樣，不能以自己的標準和經驗來衡量朋友的所作所為，要承認朋友與自己的差別，並能容忍這種差別。不要企圖去改變別人，這樣做是徒勞無功的。

2. 不可吹毛求疵

金無足赤，人無完人。「人非聖賢，孰能無過！」宋代文士袁采說過：「聖賢猶不能無過，況人非聖賢，安得每事盡善？」朋友與朋友在日常的交往中，不可避免的要出現或大或小的失誤，這時不要動不動就橫加指責，大聲呵斥，甚至恨不得將他置於走投無路的境地，而是做到「樂道人之善」，多看到朋友的長處。《論語‧陽貨》中有「寬則得眾」的思想。《論語‧微子》中周公曾對魯公說：「無求備於一人！」

3. 不要怨恨朋友

若朋友未能滿足自己的需求或有什麼過錯或做了對不起自己的事情，切不可懷恨在心。因為怨恨不僅會加深朋友間的誤會，影響友情，而且會擾亂

正常的思維，引起急躁情緒。凡事要站在朋友的角度想想，這樣或許能夠理解朋友的所作所為。

劉寬是漢朝時代的人，為人仁慈寬厚。在南陽當太守時，小吏、老百姓做了錯事，他只是讓差役用蒲鞭責打，表示羞辱。他的夫人為了試探他是否像人們所說的那樣仁厚，便讓婢女在他和下屬集會辦公的時候捧出肉湯，把肉湯潑在他的官服上，結果劉寬不僅沒發脾氣，反而問婢女：「肉羹湯燙了你的手嗎？」還有一次，有人曾經錯認了他駕車的牛，硬說這牛是他的，劉寬什麼也沒說，叫車夫把牛解下來給那人，自己步行回家。後來，那人找到自己的牛，便把牛送還給劉寬，並且向他賠禮道歉，劉寬反而安慰那人。

劉寬的雅量可謂不小，有禮也讓人三分。他感化了別人，贏得了人心，對待一般人是這樣，對待朋友更要這樣。

人人都有自尊心和好勝心。在現實生活中，對一些非原則性問題為什麼不得理也讓人三分，而顯示綽約柔順的君子風度呢？可有些人就是不這樣想，對一些小小不然的皮毛問題爭得不亦樂乎，非得說上幾點理由，誰也不肯甘拜下風，說著就認真起來，以至於非得決一雌雄才算甘休，結果大打出手，或者鬧得不歡而散，朋友結怨，反目成仇。假如對於一些非原則性問題，給朋友一個臺階，滿足一下朋友的自尊心和好勝心，不但朋友之間的友情得到加深，而且還顯示出你的胸襟之坦蕩、修養之深厚。

看人絕不能道聽塗說

人若看得透，準確判斷，就可駕馭事物而不為事物所控制，他做事看人便有準星，從不眼花繚亂，分得清黑白虛實。世事往往與它的外表不同，無知者只見表象；欺詐其實是膚淺的，而愚者卻趨之若鶩。要做智慧高手，先

得克服自己的道聽塗說。

　　槍有準星才能射中目標，人有眼力才能判斷是非。要學會洞察最深處的東西，摸清他人的底細。要學會謹慎，人生中就應該具備良好的判斷力。彷彿一種天賦智慧，使我們尚未起步就像走過了一半成功之路。隨著歲月和歷練的成長，理智完全的成熟，還可以使判斷力因時就勢、左右逢源。天生有判斷力的人憎惡奇思怪想，尤其在重大判斷上更是如此，講究萬無一失。看清楚事情並不很容易，可又不能不在這方面多動腦筋。

　　雙方的意圖都盡在不言中，在政商兩界甚至生活工作中，沒有極強的判斷力，就會落入陷阱。很多事物，都是假象先行，讓笨人緊隨其後，展露低俗、平庸。真相往往最後到來，讓愚者無法忍耐下去，失去判斷所必須的細心、觀察，匆匆的下了結論。一個草率的人是沒有保險的槍，經常會走火；有時竟連耳聽為虛這樣的道理都忘記，用耳朵代替了眼睛。

　　因為聽了別人對他的非議而頓時便覺得一個人可惡，因為聽了不利的傳聞而頓時便覺得他卑鄙，因為聽了別人的勸說便下決心永遠疏遠他。難道不覺得這對當事人來說是不公道的嗎？難道不覺得自己太淺薄了嗎？

　　晉景公因信奸言將趙氏忠烈滿門抄斬而演出千古悲劇《趙氏孤兒》；曹操因聽蔣幹傳言誤殺蔡瑁、張允而中連環之計，最後兵敗赤壁壯志難酬。古今中外，因誤信傳聞而鑄成的悲劇比比皆是，難道還不足以使我們引以為戒嗎？

　　學過辯證法的人都明白，對事物應該一分為二的分析，對一個人也應該辯證的、全面的對待。否則，對人先已有了成見，再加上別人的流言蜚語，便對某個人「蓋棺定論」，這只能說明我們的淺薄。一座山，可以橫看成嶺側成峰；一個人，可以左看忠右看奸；至於某件事，更會因為評論者立場不同而有不同的說法。所以，對一個人，不能用他的過去來說明將來，也不能用

一個側面取代全面。古人云：「耳聽為虛，眼見為實。」雖然不一定每個細節都能碰見，但對傳言應該進行調查、分析，弄清真相。這樣才能對某個人、某件事做出正確的評價，否則，來不及送上一份理解和支持，便會失去一份本該牢固的友誼。

甚至有時候，親眼見到的事情，背後也會另有原委，也就是說耳聞有假，目睹亦有偽。

人際關係的分歧，就是由於彼此的不了解。人與人之間的矛盾、不快、敵對、冷淡和疏遠，也大都是因為互相不了解。

如果你想要和別人合作、相處，首先就必須懂得了解別人。

一般人總喜歡提出意見，批評別人。當別人的行為達不到我們所期待的時候，我們就會顯得不太高興。即使程度並不嚴重，也會多少使別人感到壓力和緊張。

一個人如果想要和別人建立良好的人際關係，就絕不能要求人家依照自己規定的模式做事，或道聽塗說。解決人與人之間不愉快的唯一方法，就是去了解真相。

看透性格柔弱、內向的人

東晉大將軍王敦去世後，他的兄長王含一時感到沒了依靠，便想去投奔王舒。王含的兒子王應在一旁勸說他父親去投奔王彬，王含訓斥道：「大將軍生前與王彬有什麼交情？你小子以為到他那裡有什麼好處？」王應不服氣的答道：「這正是孩兒勸父親投奔他的原因，江州王彬是在強手如林時打出一塊天地的，他能不趨炎附勢，這就不是一般人的見識所能做到的。現在看到我們衰亡下去，一定會產生慈悲憐憫之心；而荊州的王舒一向保守，他怎麼會破格開恩收留我們呢？」王含不聽，於是去投靠王舒，王舒果然將王含父子沉沒於江中。而王彬當初聽說王應及其父要來，悄悄的準備好了船隻在

江邊等候，但沒有等到，後來聽說王含父子投靠王舒後慘遭厄運，深深的感到遺憾。

好欺侮弱者的人，必然會依附於強者；能抑制強者的人，必然會扶助弱者，作為背叛王敦父輩的王應，本來算不上是個好侄兒，但他的一番話說明他是深諳世故的，在這點上，他要比「老婦人」強得多（王敦每每稱呼他兄長王含為「老婦人」）。

柔被弱者利用，可以博得人同情，很可能救弱者於危難之間；弱者之柔很少有害，往往是弱者尋找保護的一個護身符，柔若被正者利用，則正者更正，為天下所敬佩。正者之柔，往往是為人寬懷，不露鋒芒，忍人所不能忍。

柔還有可能被奸者、邪者所利用，這就很可能是天下之大不幸。他們往往欺上瞞下，無惡不作；在強者面前奴顏婢膝，阿諛奉承，在弱者面前卻盛氣凌人，橫行霸道，他們以柔來掩蓋真實的醜惡嘴臉，讓人看不到他的陰險毒辣，然後趁你不注意狠狠的戳你一刀。這才是最可怕的。宦官石顯雖不能位列三卿，但也充分利用皇帝對他的寵信而日益驕奢橫逸，濫施淫威。在皇帝面前他卻顯出一副柔弱受氣的小媳婦神態，不露一點鋒芒。以博得皇帝的同情和信賴，借此卻又更加胡作非為。嚴嵩是一代奸相，可謂赫赫有名，恐怕要永留罵名於青史了，他奸也是奸得很有水準，把個皇帝玩得團團轉。奸賊在皇帝面前往往是以忠臣的臉孔出現的，總是顯得比誰都忠於皇上忠於天朝；而在皇帝背後卻欺凌百姓，玩弄權術，惡名昭著。正是這種人才善於耍手腕，以他的所謂柔來戰勝他的敵人，達到他不可告人的目的。他們往往長於不動聲色，老謀深算，滿肚子鬼胎，敵手往往來不及防備便遭暗算。

日常生活中有的人總是畢恭畢敬的模樣，一般而言，這樣的人與人交際應對大都低聲下氣，並且始終運用讚美的語氣。因此，初識之際對方往往感

覺不好意思；但是，交往日久，就會察覺這種人隨時阿諛的態度，而致厭惡。

觀察了解，這種類型的人的幼年期多數受到雙親嚴厲且不當的管教，而致心理扭曲。總是懷抱不安與罪惡感，心中有所欲求時就受到內在自我的苛責。久而久之，這些積壓的情緒經過自律轉化，就現形於表面。這樣的表象是他們所自知的，卻是難以修正的，因為借著畢恭畢敬的態度，他們才能平衡內在的不安與罪惡感，並且壓抑益深，態度益甚。也就是說，他們外表的恭敬並非內在的反映。

這種人常常過度使用不自然的敬語，常是敵意、輕視、具有警戒心的表示。因為常識告訴我們，雙方關係好時是用不著過多恭敬語的。比如：貴府的千金真可愛！你丈夫又那麼健康，實在令人羨慕……類似口頭的禮貌，並不表示對你的尊重，而是表示一種戒心、敵意或不信任。

公允的說，畢恭畢敬的柔弱者大多並非是什麼惡人邪徒。

之所以強調對他們的防範，是因為在他們柔弱的表象給我們帶來安全感之時，混跡其中的黑心者很容易偷襲得手。

有一頭鹿瞎了一隻眼。這鹿走到海邊，在那裡吃草。鹿用好眼對著陸地，防備獵人襲擊，用瞎眼對著大海，以為那邊不會有什麼危險。有人坐船從旁邊經過，看見這頭鹿，一箭就射中了牠。鹿倒下時自言自語的說：「我真倒楣，我原以為陸地危險，嚴加防範，而去投靠大海，想不到遇上了更深重的災難。」

由此可見，當我們與外表平柔之人打交道時，應該力戒鬆懈，小心測試他內心的意圖，而絕不能掉以輕心，以為此類人就可以不負重托，不行奸邪。常言道：害人之心不可有，防人之心不可無，對外表畢恭畢敬的人更應如此。

看人勿以個人好惡為標準

　　一個人是不是人才，應該以實際為標準進行檢驗才能得知，但在用人過程中，古往今來都存在著以個人的好惡為標準的事實。武則天的夏官尚書武三思就說：「凡與我為善者即為善人；與我為惡者即為惡人。」以個人的好惡為標準來用人，這在歷史和現實中也比較普遍的存在著。特別是在用人問題上，往往會搞小圈子、拉山頭，以我畫線，順我者昌，逆我者亡。與自己感情關係比較不錯的人，「說你行，你就行，不行也行」；而與自己感情、關係一般的，「說你不行，你就不行，行也不行」。其實，這種以個人好惡為標準來識人，在歷史上早就有人不贊成。古人就提出：想要知道一個人的品德，就要先了解他的行為；想要知道一個人的才幹，就要先聽其言，觀其行。

　　作為企業的領導者，能否堅持公道正派、任人唯賢，是關係到企業發展命運的大問題。事實上，憑個人好惡、親疏、恩怨、得失重人用人的情況比比皆是。有的人喜歡聽恭維奉承的話，把善於迎合他的人當成人才；有的人熱衷於搞小圈子，對氣味相投的人倍加重視欣賞；有的人看重個人恩怨，凡對自己有恩惠的，則想方設法予以重用；有的習慣於自己的「老一套」，偏愛「聽話」、「順心」、「順耳」的人。上述情況的存在，一方面容易使某些德才平庸、善於投機取巧，甚至有嚴重問題的人得到重用；另一方面又必然使一些德才兼備的優秀人才被埋沒，甚至遭受不應有的打擊。而這一切的最終結果都只能是給企業的發展帶來嚴重後果。用錯人，會使企業經營管理出亂子，甚至會因該人的某些舉措導致公司企業倒閉；埋沒人，會使部屬內部怨氣衝衝，工作無效率，久而久之，會使企業發展停滯，甚至更嚴重。

　　憑個人好惡用人，其主要原因在於私自作祟。但是也有一些人其用心是好的，但由於思想水準不高和思想方法不對頭，缺少識人的「慧眼」，「近己

之好惡而不自知」，結果用人就不能堅持公道正派、任人唯賢的原則。宋朝宰相張浚初次見到秦檜，見他言詞剛正，表情嚴肅，認為這個人一定正派，便啟用了他，結果鑄成了千古大錯。張浚的失誤就在於以言貌取人，並沒有看穿秦檜的本質。在現實生活中，還依然存在張浚式的人物，他們在看人用人上往往主觀主義、官僚主義、偏見和感情用事等影響。有時這種問題並無私心，比那些有意識的打擊報復、拉幫結派的用人錯誤，更容易得到一般人的諒解和容忍。也正因為這樣，在上可算心安理得，在下卻有苦難言，其危害也就更加嚴重。

1. 唯我型

主要是指那種以自己的是非為標準，嫉妒上司支持或重用他人（尤其是不同者意見）的人。這種人只准上司支持他，如果上司支持了別人（不管對還是不對），他就會對支持者說長道短。別人得到提拔，他就會感到難受，甚至會為此同上司鬧翻。同時，他還可能在同級及其部屬中尋找新的支持者，其手段也多是卑劣的。大家的關係本來很正常，由於唯我型親疏有別，很可能會人為的造成組織成員認識上的不一，問題就出在這裡。

2. 實惠型

是指那種得了實惠就說好，有奶便是娘的人。這種人唯一的是非標準就是看能給自己帶來多大好處，凡是能給他帶來好處的，他就說那人是大好人，除此之外，你給組織帶來的好處再多，他也視而不見。領導成員是有分工的，有些能給部屬解決一些實際問題，有些就做不到，不論是誰解決的問題，都應歸為組織的力量，而不能考慮個人的功勞。掌握實權的領導者如果將組織對部屬的照顧，歸結為個人對部屬的關心的話，在部屬中，勢必會產生感恩於個人的現象。

349

3. 順我型

指那種對待部屬是「順我者昌，逆我者亡」的領導者。這種領導者喜歡聽恭維的話，討厭別人提建議，容不得半點反面意見。在這種上司面前，拍馬屁的人常常吃香，而剛正不阿的往往遭殃。結果是該遭殃的吃香，該吃香的遭殃，部屬中勢必產生對立情緒。這種用人方式，無疑不利於組織的發展。

莫要以貌取人

「以貌取人，失之子羽」，一代聖人孔子給我們提出了警示，任何人和事物都是處於不斷變化之中，所以在對待人和事物的時候，不能釘住眼前一點表象，不要以貌取人，應該把目光放長遠一些，對人和事物從本質上分析、判斷，只有掌握了這樣的方法，才可以做出正確的、符號自己利益的決策。其實透過相貌和表情來了解人，是識人的一種輔助手段。但是，把它絕對化，把識人變成以貌取人，就會錯識人才，乃至失去人才。

古語講，相由心生。這是飽含人生經驗的一句話。心志高的人，面有奮勇之色；心高氣傲的人，是旁若無人的神色。神色與形象美醜卻沒有直接聯繫。有的人就把相貌美醜作為了識人的標準。長得醜、奇形怪狀的人，看了心裡不舒服，就「呀嚓」一下把此人的才能否定了。有的人穿著隨便，不注意衣飾外貌，像張三豐在成為武林泰斗之前，人稱他「邋遢道人」，就因為他不衛生。為什麼不講衛生，這裡不去討論，但他邋遢的外衣下卻罩著舉世奇絕的膽識氣概。

不重外表的人逐漸減少，但長相奇絕的人才仍不被賞識，這一點卻一直沒變。

曹操統一了北方，實際上本還可以輕鬆的取得四川，那樣劉備就沒有了根據地，歷史也許是另一個模樣了。

劉備進四川前，蜀地歸劉璋管轄。劉璋是個無能、懦弱的人，四川遲早要被人吞併，因此他手下的人才早就各打各的算盤。張松就藉去許昌向曹操求援的機會，暗藏一幅四川軍事地圖，如果曹操看得起他，就把四川拱手送給曹操。

曹操偏偏在這犯了一個錯誤。張松在四川是很有名的人物，但長得醜，尖頭、暴額、牙齒也露出來，短短的，只是聲如洪鐘。曹操一看這個醜樣子，立刻就把臉拉下來了，因為醜，他實在不喜歡，也就對張松很傲慢。

張松一生氣，地圖不獻了，把曹操手下眾人羞辱一頓，又迫得曹操撕毀自己的兵書，揚長而回四川，投靠劉備去了。

曹操是一代雄主，求才若渴，任人唯賢，此時卻陰溝裡翻船，丟失了大片土地，英雄的願望也得不到實現。他也稱得上雄才大略、英明當世，為挽留住關羽這個美髯英雄，費了那麼多的心思。實際上回過頭看，即便他留住了關羽，也可能又是一個徐庶，一言不發，不肯為他效力。就算效力了，以關羽的傲氣，也不會十分聽話，更難說以他一人之力能幫曹操打下四川，而張松卻是拱手奉送。這一正一反之間的差別，可以掂出以貌取人的嚴重錯誤。

可惜曹孟德一世英雄，文武全才，雄心壯志，因以貌取人，一念之間鑄成歷史的錯誤。

讀歷史，頭腦很清醒，而在實際工作中，有幾位能如此？

勿用「有色眼光」看人

用有色眼光看人，就是帶著固有的感情色彩，也就是帶看成見去識別人。雖然這是識人中的大忌，但用有色眼光去看人，在古今中外的歷史上都是屢見不鮮的。

用有色眼光看人，首先展現在對沒有出名的「小人物」起初的輕視上。法國年輕的數學家伽羅華把十七歲時寫出的關於代數方程式解法時文章，送到法蘭西科學院，沒有受到重視。二十歲時，他第三次將論文寄出，審稿人波松院士看過之後的結論是：「完全不可理解！」又如蘇格蘭科學家貝爾想發明電話，他將自己的想法說給一位有名的電報技師，那技師認為貝爾的想法是天大的笑話，還譏諷的說道：「正常人的膽囊是附在肝臟上的，而你的身體卻在膽囊裡，少見！少見！」好在貝爾並沒有相信這傢伙的一派胡言，憑著高度的自信將實驗堅持了下去，而最終取得了成功。

學術上的門戶之見，也是用有色眼光看人。一九六八年，英國皇家學會為研究碰撞問題而懸賞徵文。荷蘭人惠更斯文章最好，可是，因為他不是英國人，而被扣發文章。後來，他的論文被法國賞識，在法出版。他本人當上了法國科學院院長，為法國在科學上超越英國發揮了重要作用。

用老眼光看人是另一種表現形式：辯證唯物論告訴我們，世界上任何事物都是在不斷發展變化的，沒有絕對的靜止。一個人最初的工作可能會因為陌生和緊張而沒能很好的完成，用人者不能因此而懷疑他的能力。許多工作並不需要特別的智慧，而是熟悉，所以用人者應該考察新人在接受工作後是如何去做的。有的只知勤奮而沒有技巧，有的靠技巧而缺乏勤奮。對前者要提醒他用頭腦去做事，而不只是肢體；對後者要考察其是投機取巧，還是具有潛力。一個人最終的成就與最初的表現無必然聯繫，倒是前後的反

差越大，越能讓人敬佩，比如從奴隸到將軍者。用人者在識別新人時，不能奢望個個都是天才，只要做到勤奮、誠實和不斷進步這三點，就已非常難能可貴了。

考察人物的訣竅就是能從表臉形象和外部行動中看出人的真才本性，這也是讀心高手與低手的區別。但人才是變化的，「士別三日，當刮目相看」，有時一個人變化之大，是超乎人們想像的，在人的變化中，有先不能做後能做的，先廉潔後腐化的，有先邪惡後善良的，先平和後傲慢的。考察識別人才時，要充分考慮到這些變化。

《資治通鑑》記載著這樣一件事：唐太宗李世民令封德彝舉賢，時間過了好久，他也沒有完成任務。太宗詰問他這是為什麼，封德彝不慌不忙的回答道：「並非臣不盡心，在於今民沒有傑出的人才罷了。」唐太宗聽了這樣的回答心中十分不快的對封德彝說：「君子用人，好像用不同的器具，各取所長。古時候那些把國家治理得很好的君主，難道是從別的時代借人才嗎？你應該清楚，癥結在於你不能知人，怎麼能誣衊一世之人呢？」

職場小人研究室
喧囂的職場，你更需要看懂同事的小心思

編　　著：劉惠丞，禾土

發 行 人：黃振庭

出 版 者：崧燁文化事業有限公司

發 行 者：崧燁文化事業有限公司

E-mail：sonbookservice@gmail.com

粉 絲 頁：https://www.facebook.com/
　　　　　sonbookss/

網　　址：https://sonbook.net/

地　　址：台北市中正區重慶南路一段六十一號八
　　　　　樓 815 室

Rm. 815, 8F., No.61, Sec. 1, Chongqing S. Rd.,
Zhongzheng Dist., Taipei City 100, Taiwan

電　　話：(02)2370-3310

傳　　真：(02) 2388-1990

印　　刷：京峯彩色印刷有限公司（京峰數位）

國家圖書館出版品預行編目資料

職場小人研究室：喧囂的職場，你
更需要看懂同事的小心思 / 劉惠丞，
禾土編著 . -- 第一版 . -- 臺北市：
崧燁文化事業有限公司 , 2022.01
　面；　公分
POD 版
ISBN 978-986-516-971-8(平裝)
1. 職場成功法 2. 人際關係
494.35　　110020428

定　　價：470 元

發行日期：2022 年 01 月第一版

◎本書以 POD 印製

電子書購買

臉書